记得要幸福

[法] 克里斯托夫·安德烈 / 著
慕百合 / 译

Et n'oublie pas d'être heureux

Christophe André

广西科学技术出版社

致　克里斯提昂·博班（CHRISTIAN BOBIN），

一个始终无畏无惧，迈向心之所爱的人。

目录

CONTENTS

今天

AUJOURD'HUI

B

仁慈

BIENVEILLANCE

选 择

CHOIX

给 予

DON

努力

EFFORTS

感恩

GRATITUDE

和谐

HARMONIE

疯狂

FOLIE

幻觉

ILLUSION

喜乐

JOIE

轮回

KARMA

L

关系

LIEN

N

自然

NATURE

不幸

MALHEUR

开放

OUVERTURE

宽恕

PARDON

享受

SAVOURER

日常
QUOTIDIEN

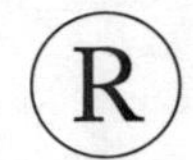

呼吸
RESPIRER

悲伤

TRISTESSE

瓦尔登湖

WALDEN

紧急

URGENT

V

美德

VERTUS

匿名

X

Y

阴阳

YIN ET YANG

Z

禅

ZEN

译者序

在生命前行时，尽己所能

慕百合

我并不擅长幸福。不过，这几年来，经由不断的努力，我确实进步了许多。我尽量让大脑维持清醒的状态，观察人类如何让自己快乐或不快乐。借由这本最新著作《记得要幸福》，我想要传递给读者的，正是这些我个人以及其他人的努力。有快乐，有痛苦，然而，都是丰富宝贵的，都是一些曾经长期帮助过我，以及影响我至深的经验与信念。

——克里斯托夫·安德烈

在这本书里，作者向大家叙述了自己的精进努力，也希望大家能够将他视作一个实践的范本，而不是成功的表率。他认为非常重要的是，不应该仅仅把一本书的作者视为理论家，也要把他看作一个正在付出努力跟自己的困难与缺陷战斗的人。他认为，只有像他这样天生并不擅长幸福的人，才需要用专业知识写下来，提醒自己时时努力不懈。

克里斯托夫·安德烈自许为积极心理学的尖兵，捍卫并且积极实践它。他定义积极心理学为“一门研究如何让人类精神领域运作良好的科学；探索那些能够帮助我们享受生命、解决问题、克服逆境，或者至少让自己生存下来的心理与情绪能力；培养我们精进内在的乐观、自信、感恩等等”。实现的方法则是相当简单，首先需要有动力，然后付出行动，经常练习；必须坚持不懈，并且学习接受逆境。

作者坚信幸福快乐的存在；然而，也正视困境磨难的时刻。他希望，积极心理学不要被视为天真盲目地相信“必须永远积极正向”，或“生命只有美好”。因为，幸福的功能不在碾碎苦难，而在帮助我们包容苦难，以最佳的状态渡过逆境。幸福是身为人类的第一要务。在这方面，每个人使用的方式不同，并非人人都能够掌握得很好；然而，我们所有人都在追寻幸福。最主要的原因是，如果没有幸福，生命甚至不值得一活。因此，追寻幸福不是要回避死亡，而是要珍惜当下的生命。

他也反驳了一些哲学家的观点，以为幸福只是幻影、只是概念。他自知不擅长幸福，因此努力不懈学习快乐，并且透过写作传达专业上的所学所知，清楚展现出自己的坚持。他补充道：“这是一种信念，一种科学的做法。”

积极心理学曾长期被医学界质疑，今日则已经被公认为是既科学又有效的全方位途径。自 1992 年以来，克里斯托夫·安德烈任职于巴黎圣安娜医院精神治疗与心理咨询部门，专长于焦虑以及抑郁症的治疗，特别着重于复发预防。他是行为及认知疗法在法国的领导者之一，也是第一位在心理治疗中运用正念方法的医生。

在这本关于积极心理学的著作中，他引导和建议焦虑、不幸及沮丧的人，如何在日常生活里猎获快乐。他也希望大家了解，这些人的病征不是因为精神错乱看到了不存在的维度；而是因为他们只看到、只专注于现实里的黑暗、苦难与不幸的一面，生活才变得沉重，甚至难以继续生存下去。

积极心理学要告诉我们的，就是如何从日常生活里的微小行为着手，“好好照顾自己”；积极心理学也可以说是一种预防的方式，让自己避免陷入抑郁症而必须接受治疗。作者认为：“传统的心理学，专注在‘修复’患者精神与灵魂的伤口。但是，我们也必须帮助病患开发出能够让自己更快乐的利器。”不只是为了让病患得到快乐，更是因为，我们现在知道了幸福是绝佳的利器，可以让人避免罹患精神疾病，也可以预防精神疾病的复发。

早在 1969 年，心理学家诺曼·布拉德伯恩（Norman Bradburn）就表明，愉快与不愉快不仅是相反的情绪，而且也代表着不同的机制，因此应该分别来研究。仅仅专注在消除悲伤与焦虑，并不能自动保证快乐幸福；就像消除了疼痛，并不表示一定能够得到乐趣。因此，不仅有必要释放负面情绪，同时也必须开发出积极正面的情绪。

克里斯托夫·安德烈认为："多亏有幸福，我们才得以生存。然而，生活也意味着面对逆境、遭遇苦难。因此，我坚持在这本书里同时涵盖积极心理学比较幽暗的一面。追求幸福到底是为了什么呢？一方面是为了避免错过生活中可能有的美好时刻。另一方面，也是为了让自己变得更强大，以便经得起逆境、不幸的考验。"因此，新生代的积极心理学旨在研究和加强积极的情绪，让我们拥有更大的生活乐趣，活得更好。

作者强调，大家不应该低估了积极心理学的重要性，以为积极心理学不过就是在传授一些空泛的建议，要求我们"想想生命好的一面"，或者是鼓励我们"正向思考"。积极心理学所做的，是寻找能够使人类精神运作完善的方式，并且鼓励大家找到"最适宜"的途径。积极心理学不在保证生活柔美、无波、没有苦难，而在确切地帮助我们无时无刻不拥有最好的自己，让我们能够时时祥和、快乐。

这本积极心理学入门书，提到了许多能够让我们更快乐的科学研究。书中内容以法语字典 ABC 的形式编排，广泛涵盖各种定义、概念、练习与建议，也运用了各式的字眼、小故事以及个人经验的表达，时不时透露出作者的日常生活片段，犹如零零星星的自传。这本个人色彩非常浓厚的著作，充满着生活的智慧灵光，以及作者所从事的科学专业。

作者旁征博引了许多理性的知识，循循善诱，传递积极心理学的理念及实践；也将读者当成好朋友，分享了许多他个人的看法，叙述中引用了许多有趣又有启发性的轶事与生活小插曲。因此，这本书很感性，也富知性；似散文，又充满诗意；是心理学、科学，又是作者的生活哲理；书中或灵光乍现，或沉吟生命，或分享专业知识，或叙述日常体验……就像字典，又像生命一样，无所不包。另外，中文读者们或许也可以借由这本书，一窥法国民族的生活习性与自己的差异。

对我来说，翻译是一项手工艺，译者正如工匠。捧着另外一种语文的创作，译者化为一面镜子，总是再三端详，期望尽量忠实地呈现作者原貌。潜心于文字之中，也让原文流动贯穿自己，以期与作者同呼同息。其实，就是忘我体会，认真地像表演者一样，迎接、伴随、融入角色，再以译文诠释出来，然后告别。

在我的旧识新交之中，总会遇到为抑郁症所困的案例。借由这本书，希望能够让他们感受到我想要相伴的心，以及虔诚祝福的念力。感谢人生旅途中的相遇相知，感谢他们的善良与勇气，让我们彼此看见了生命的困境与欢乐。

我希望将这本译作送给我的父亲，感谢父亲为我们的付出，并且希望他在颠沛流离、自立自给、历经如此不平凡的生命之余，可以非常坦然地为自己喝彩、以自己为荣。感谢父亲一直的叮咛："人生就是要乐观，要知道自寻快乐，津津有味地活着。"也请父亲记得："我们都很爱你，衷心为你加油，也希望爸爸，别忘了要快乐。"

最后，以一张明信片做结语。这是今年复活节假期，在法国中央山脉拉马斯特小镇（Lamastre）露天市场边，一家小小的传统书店里巧遇的卡片。仅此，向真实良善又美好的生命致意。

1926 年 2 月 25 日，巴黎

亲爱的宝贝：希望你跟着爸爸在家，一切安好。我们正在马路旁边，帮外婆粉刷房屋外墙。外婆很喜欢我们送的花，亲自找了好几个小瓶子，把花插得漂漂亮亮的，安放在房里各个角落。你画的小兔子，外婆觉得很好玩。对了，你应该从来没有见过像这样的明信片吧？

妈妈拥抱亲吻你

推荐序

幸福的阴影
VS
不幸的曙光

赖佩霞

《瑰丽》杂志发行人，身心灵成长导师、作家

超喜欢克里斯托夫·安德烈。谈论幸福的人比比皆是，但能把幸福跟苦难放在同一个字段，描述得如此精辟的人并不多见，这绝对是花上很多心思、深入探究，才领悟出的个中道理。

我是从作者的另一部作品《静能量》中认识他的，或许你也是他的忠实读者，如果不是，我倒想重申他在该书中提到的一个观点，以便你了解我对他的青睐。

我常常在演讲中转述这则故事：安德烈指出，冬天，每天一如往常洗着热水澡，并不会让人特别感受到幸福的存在。但是，当热水炉坏了几天，苦无热水，在修好之际，当水龙头一开，再次感受到温润的热水花洒在身上的那一刻，同样的温度、同样的场景，却能唤醒有别于以往的一份超完美"幸福感"。为什么?

因为少了不幸，幸福很难单独存在。他还引用一位哲学家的话："那些不主张幸福存在的人，很可能没有真正体验过痛苦。"真耐人寻味。

这一说，把人生中遇到的痛苦经验带到了一个与幸福、快乐同等的位置，不只同等重要，根本是如出一辙，缺一不可。这时，千年以来人们在灵性上不断努力追求的"离苦得乐"，相形之下，不得不让人重新质疑起它的可行性与必要性。相较于之前的作品，本书的书写方式非常独特，是一本需要花时间，细细咀嚼的智慧与经验分享之书。

阅读本书，我经常得停下来，甚至沉淀一会儿，以满足我心底那份渴望与其呼应，以及希望被渲染的需求。作者的诚实与诚恳，经常唤起我更深层的省思，很多事情我也曾质疑过，但由于不甚清晰，难免飘忽不定，也很难说个准。然而借由作者的自省、剖析、观察、研究、质疑，阅读过程不时让我打从心底里感受到一股共振，还有一种被了解的踏实感。

当静下心，沉淀到底层最核心处，不难发现，人与人之间根本没有距离，作者的心灵体会就是你我的经验……差异不大。这也是为何这么多年来，我如此热衷阅读成熟的心灵书籍。我在字里行间看到的总是自己，而且是令人欣慰、心仪的自己。

阅读间也不时检视着自己对于幸福的正向思考，是否也像大众一样，早早掉入一厢情愿的完美陷阱。这位长期与患者相处，专门陪伴焦虑症与恐慌症患者的精神科医生，时常点出有哪些灵性目标也许不够实际，哪些谬论与专业研究根本背道而驰，哪些具价值的人性弱点需要养分，哪些将我们往火里推的隐形推手需要监控。这里有许多不同于以往的观点被提出、被提醒、被质疑。

如今积极心理学的推广蔚为风潮，当全球都在强调幸福的重要与价值时，作者也指出，大量标榜这类讯息，小心让某些人更感受到自己极其不幸。这让我想起，美国每年到了圣诞节这种重大的家庭节庆前后，当家家户户、媒体、百货公司都在传播幸福和乐的画面时，也是全国自杀率骤升的高峰期。这种铺天盖地颂扬幸福的声浪，对一些正在面临情感波折的人来说，影响不容小觑。相较于大环境呈现出来的欢乐，反差之大，更教人深感哀伤、挫败，实难摆脱自己是被诅咒、被遗弃的可怜虫框架。

说到社会现象，不必讳言，如今我们已经活在一个几乎被媒体掌控的时代，而这种被推着走的形势，大大主宰了我们所有的消费习惯，服装、酒精、食物、信仰、爱情等，无一不受媒体影响，我们也都心知肚明，只要沾到金钱的边，其信息真实度都有待验证。而这些生活里会遇到的大小事，本书几乎都涵盖了，接下来你可以做的是静下心来，慢慢沉淀、检视。也许你也会发现，快乐、幸福就藏在这些日常生活琐碎的事物中。

我喜欢安德烈，喜欢他的诗意，喜欢他说故事的方式；即便已是精神科学领域的翘楚，他仍坦言，在幸福的学习上，自己实属资质不高之人，还是必须透过每天不断的学习跟努力才能让自己趋于正向一些。对于这一点，我认为是他谦虚了，但这也是我觉得他平易近人的地方；平实的陈述，很多时候让人觉得我们似乎都在面对同样的挣扎、同样的过程、同样的再度挣扎……

最后几个温馨小提醒：我们无论什么专业，无论年纪大小，套句作者说的话，学习“幸福”就像学外语一样，越早开始越好。还有，要记得留个位置给不幸。要记得，无论遇到什么样的困难，我们的内心都有足够丰沛的资源可供自身汲取。

“不幸是幸福不可分割的阴影”，它们同时存在。既然了解了不幸是生存无可避免的际遇，那么就让我们早一点做好准备，学习与之共存，别像个懵懂、天真的孩子，总幻想着它将永远远离。

是否愿意接受我们的邀请，一起务实地看待“接受苦难”的必要性？也许这一回，你真的可以从不幸中看到幸福的曙光。

前言

叫你们老板来！

直到这会儿，一切都很好，一切进行得都正常。跟一位我很喜欢的朋友在巴黎一家小餐馆里共进午餐，他外向，总有点亢奋又非常有主见。我们就快要讨论完工作了。在这么舒适的环境下，我们饱食了一顿可口的餐点，并且享受着有效率又面带微笑的服务。真是无可挑剔。

可是，朋友却中断了我们之间的谈话，皱起眉头，高声叫唤侍者。侍者有点担心，试图了解发生了什么事情。然而，朋友只是重复着同样的话："麻烦您，叫老板来！"侍者露出一副有些无辜又困惑的模样，表示歉意。我问道："怎么回事啊，兄弟？哪里不对劲呢？"他不回答，还故弄玄虚地说："没事，没事，你等着看吧！"他带着一点点得意的神情，让我半信半疑。

侍者陪同老板，从厨房来到我们面前："有什么问题吗，先生？"我的朋友，则报以满足灿烂的笑容回道："一点问题也没有，老板！只是我个人想要向您致意！你们的餐点美味可口，而且服务完美！"瞬时尴尬（我想从来没有人做过这样的举动），老板与侍者对这番赞语报以微笑，明显表示欣慰，我们之间热络地交谈了一下。显然，客人若叫老板出来，总是为了抱怨，从来没有是为了表示赞赏的。

而我，就在刚才发现了：积极心理。

负面心理？

在那次事件之前，无论是工作还是生活上，我总是怀抱着负面心理。我服膺儒勒·列那尔[①]的观点："我们不快乐。我们的幸福，只不过是不幸的沉默罢了。"

身为一位年轻的精神科医生，我对自己的专业有个简单的看法：治疗病患，让他们能够重新回到生活中；并且，期望不要再见到他们，至少不要太快再见到他们。而身为一个年轻人，尽管我觉得生命有趣，并且有时快乐；然而，我绝不是一个生来就有幸福天赋的人。日常生活中，当没有什么正面事情的时候，我就只会抱持着负面的心态，顶多像伍迪·艾伦（Woody Allen）一样一笑置之地说："我多想以一个充满希望的讯息来做句点，可是却没有！那么是否可以用两个绝望的讯息来作为交换呢？"总之，我真的曾经觉得"心理医生不好玩、人生没乐趣"。

然后，渐渐地，我在工作和生活上，睁开了眼睛。我不会在这里对你们详述自己的生活，因为在这本书里我已经说了够多自己的事情了（以我自己作为普通人的代表，而不是什么特别与众不同或杰出的人）。然而，积极心理学为我带来许多明显的良性改变。

今天我意识到，作为一个心理医生，我的工作不仅是治愈病患精神和灵魂的伤害（负面心理）；还要帮助他们开发自己良好的内在运作，或者帮助他们更容易让自己过得好，变得更快乐，并且享受生活（积极心理）。不只是因为我希望他们好，也是因为我知道，我们都会知道，幸福是防止精神痛苦发生或复发的利器（精神病院里有许多复发的病人，因此我们实在还有许多努力的空间去追求幸福）。

我们不能继续将心理治疗看作是这样的一个过程——"你对着我一遍又

① 儒勒·列那尔（Jules Renard，1864—1910），法国现代小说家、散文家、剧作家。代表作为《自然记事》（Histoires naturelles）和《胡萝卜须》（Poil de Carotte）。

一遍地讲述你的问题，然后我们再看看可以怎么处理……”我们不能一直等待着人们病发、复发，然后一次又一次地治疗他们。这就是我们需要积极心理学的原因。而且，必须确认那是对的“积极心理学”，而不是某种替代或赝品……

“不要再多想了！要积极正面！”这不是积极心理学。

记得我还是年轻的精神科医生时，前辈们总是对痊愈的抑郁症患者说：“好了，忘了这一切，现在都好了。只要正面生活，好好享受人生就好了。”可惜的是，往往几个月或几年后，病患又复发了。

自此，我们知道了抑郁症是一种倾向复发的疾病，如癌症会转移扩散一样。注意，这只是“倾向”，不是绝对；也就是说，如果不努力或没有改变生活方式，继续像以前一样，痛苦往往会倾向重新开始。这就是我们关注复发预防的原因。

我们不再告诉患者要忘记这一切，而是要他们改变自己的生活形态以及思维方式。我们不会一味地安抚患者（“一切都结束了，不会再这样了”），而是给患者希望（“有很多方法能够避免复发”），让他们睁开眼睛（“这是有可能复发的”）。我们会让患者明白“要记得这些”，不是为了吓唬他们，而是要激励他们好好照顾自己。我们应给予患者一个具体的方法，而不是一堆空泛的忠告。这就是积极心理学的工作！

痊愈后，当然不要再去想那些会让自己过得不好的事情（心理咨询可以帮助我们），但是也应该多想想那些可以让我们过得更好的事情（即是积极心理学的功用）。

然而，积极心理学并不只是提供空泛的好建议，像是“看生活中美好的一面”，或是鼓励人们“正面积极”。积极心理，不是一扇遮掩问题的屏风，不是只为了将患者的注意力转向幸福快乐，而忘了逆境和不幸也全然是生命的一部分。积极心理，不是生存的空虚幻影，不是一味期望生活对我们温柔以待，或者竭力强迫自己用这种方式看待生命。

积极心理，显然比这一切更宏大、更复杂、更微妙……

什么是积极心理学

简单地说，积极心理学就是一门研究如何让人类精神领域运作良好的科学；探索那些能够帮助我们享受生命、解决问题、克服逆境，或者至少让自己生存下来的心理与情绪能力；培养我们精进内在的乐观、自信、感恩等等。我们能从中学习如何让自己拥有，并且维持这些珍贵的能力；特别是，我们要让那些需要的人学会这一点。

身为医生，我当然知道这些对病人的益处：可以帮助抑郁者减少郁闷，让焦虑者舒缓焦躁；这不仅能减轻病患的症状，也能帮助他们转头看看生活中的各种幸福面。这一切，就是他们陷于疾病高峰期时所无法做的，也是他们好转以后所没有做的事情。更广泛地说，除了那些最不堪的人，所有人自然都可以学会履行“人的本职”，然后发挥到极致。

这种本职的首要目的就是成就自己的福祉和幸福，并且感染他人。这带来许多好处，不仅是在个人健康的范畴，还有益于人类社会。我们坚信，心灵健全的人，才能以最佳状态奉献自己，无论是在学习的场域（例如学校）、生产的场域（例如公司），还是在以勇气和宽厚来统率的场域（例如政治）。

积极心理学奠基于三部曲——信念、科学与实践。

首先，要有信念，确信生命就是契机。因为欠缺智慧，我们经常蹉跎生命。这里所说的，不是解决数学运算或复杂问题的智力，而是幸福的智慧，也就是能够看清生命的本质有好与坏的两面，并且欣然爱惜降临在自己身上的一切。要得到这种智慧，重点不是获得新的知识，而是要抛弃陈旧的定见，清扫心灵门前，为幸福开道（那个人人皆知，存在于简单里的幸福）。正如西蒙娜·韦伊[①]写的："智慧不需要去寻找，而在于去芜存菁。"

其次，这是一门科学。积极心理学与"好建议"或"老方法"（有时是很确切的直觉）的区别，在于科学研究的验证。积极心理学不光是良好的感知，同时也具有正确的论证：包括临床研究（探讨实践的效果）、生物学、神经影像学等等。这些都是有条理又严谨的研究，可以带给我们更多福祉。积极心理学经常与古代哲学中关于幸福的信念及概念不谋而合——例如，希腊人和罗马人认为智慧和公民的幸福追求，都是该被重视的合理目标，他们以此目标精进自己。

最后是实践。光有知识和概念是不够的，要进步，就必须力行实践。

五个实践积极心理学的规则

关于积极心理学，已经有许多研究和手册，而且都坚持以下几点，我们可以视之为积极心理学的基础。

ONE 重要的是我做的事情，而不是我知道的事情

两千多年以来，东西方的智者都传递着同样的信息：想要快乐地生活，只需要珍惜当下、亲近自然，过着简单朴实的生活，并且尊重他人，不轻易发怒……这些建议是如此理所当然，有时我们甚至会说这是"立意过高的陈词滥调"。然而，尽管看似平淡的陈词滥调，这些建议对我们还是有用的：若进一步了解，即可感受到话中的中肯。所有人聆听智者、满怀崇敬、深表认可。但听完后即远离而去，没有人身体力行，每个人依然故我。如果有人蜻蜓点水尝试一下，然后放弃，这已是最好的情况了。因为这些话实践起来比预期的困难，而且没有立竿见影的效果，很可能还挺无聊的，于是也就放弃了。

---

① 西蒙娜·韦伊（Simone Weil，1909—1943），二十世纪法国哲学家、社会活动家、神秘主义者。曾参加西班牙内战，亦曾亲赴工厂劳动；一生著述丰富，却因英年早逝，思想少为人知。近年随着其著作陆续整理出版，声誉日盛。重要著作有《重负与神恩》《哲学讲稿》《在期待之中》《伊利亚德或诗歌的力量》等。

如果智者有点恼火了，追在后面抓着我们的袖子不放，我们会说："好，好，我知道，我知道……"我们当然知道！即使是个孩子，也知道什么能使人快乐，什么能让生活美好！但是，我们不明白的是：困难不在于知道，而在于实践，而且是始终如一、行之有恒的实践。我们不了解，重要的不在于我所知道的事情，而在于我所做的事情。

也许，这就是为什么正向心理学对我们法国人来说总是这么困难。因为我们喜欢取笑多于尝试？还是因为我们太看重智力却没有足够的实践力？我们比较喜欢当幸福的思想家、评论者，而不是当一个幸福的工艺家、实践者。

TWO **没有辛劳，就不能幸福？**

我们都知道，要有更大的力气、更好的柔软度，就必须定期努力锻炼。空口说着"喂，从现在开始，我会尽量补强气力，还有柔软度"，加上殷切期望，这是不够的；你必须努力跑步、锻炼肌肉、练习瑜伽或体操，而且还要持之以恒。

这些道理我们都明了，然而却继续以同样的思维方式，看待自己心里的决定："这次是认真的，我有决心，我会试着不要有太多压力，更享受生命，少发牢骚，好好珍惜美好的时光，不要任由自己被忧虑污染了……"没有用的，这样是行不通的！这就跟锻炼体力或肌肉一样，光想是不够的，你必须锻炼。这种"心灵锻炼"，符合所有积极心理学的练习，并且不应该仅仅被视为可人的小配件，而应该当作是大脑网络在正面情绪运作时所产生的常态性创造和活动。

"没有辛劳，就不能幸福"，我承认这句话有点激进。有些生命赋予我们的幸福，就像出人意料又受之有愧的机遇，总之就是不费吹灰之力就降临在我们身上。但是，这从天而降的青睐却有两个缺点：一、这样的机遇并非如此频繁；二、如果我们的意念退缩到只剩下担忧或只专注于“我要做的事情”，我们可能就会浪费这些机遇，甚至看不到它们。

所以，一点点辛劳的汗水可以给我们带来更多快乐。一位朋友告诉我：“克里斯托夫，闻得到汗水的幸福，难道不就像一对耗竭心力相爱的夫妻吗？真爱，和真正的幸福一样，难道还需要谈什么努力吗？”没错，朋友，只是……爱情仍然是需要努力的！夫妻生活的路上，需要不断坚持、深耕、成长，以唤起爱情，让生活永保新鲜有趣。否则，即使一开始有爱，也不会有足够的“燃料”走完这条长远的路。

幸福也一样：我们的努力，并不保证招来幸福，也不会无中生出幸福；但是，这些努力会帮助我们，在幸福飞过时，能够好好把握、好好珍惜，并且，保持幸福永远鲜活。

研究显示，只有当你付出的是有效的努力时，才会增加幸福；如果努力是有效的，那么我们愈努力，成果就愈好。前提是：我们的努力要用对地方！积极心理学，就是要找出这“有效的努力”。

THREE **坚持不懈**

积极心理学的练习，并不提供立即的幸福感。即使能得到，那也是很罕见的。这些练习，只是为了准备和促进幸福感受，使我们更关注愉快经验，对生活中的美好事物以及美好时光更敏感。因此，就像其他任何学习，改变是缓慢渐进的。

大家都知道，学习新事物总是需要时间，才能得到实效。无论学习的是钢琴还是英语，水彩画还是日月球（bilboquet）[①]，我们都理解并且接受这个道理；可是，一旦涉及心理健康方面的学习，我们就会希望这学习能够立即见效。

---

① 一种接球玩具，把用长细绳系在一根小棒上的小球往上抛去，然后用小棒的尖端或棒顶的盘子接住。

事实并不如我们所愿，于是我们说："我试过了，可是行不通。"如此，得出的结论就是：方法无效，或者方法不适合我们。报刊的讽刺文章或电视节目里常常有这样的话："我们用尽了一切方法要快乐，结果你们知道怎样吗？都是骗人的，我们一点也没有更快乐！"这就像有人告诉我们："我拿起小提琴，琴弓摩擦琴弦，没有漂亮的音乐跑出来也就算了，竟然还发出可怕的声音。小提琴，真是够烂的！"

FOUR **绳索和股线**

积极心理学的练习，遵从我所说的绳索逻辑：绳索由许多股线组成，每根个别的股线都很细，不能承受任何重量；然而，一旦将股线编织在一起成了绳索，就能够牵引非常大的重量（比如，能够拉开不幸的盖子，哪怕它是那么沉重）。

积极心理学的意念练习，也是遵循这种模式，只有一种类型的努力、练习，并不足以改变我们的思维习惯。我们不仅要重复练习，还必须累积、增加各种锻炼，再把这些全部联合起来，才会成为重要的改变力量。这就像进食，我们不仅要多吃健康有益的食物，还必须维持多样又均衡的饮食。例如，水果即使有利健康，但单吃水果也是会出问题的。各式的积极心理学练习，就是我们培养幸福生活所需的多样特质。

FIVE **留个位置，给不幸**

积极心理学，并不是为了要完全避免不幸，那太不实际了。积极心理学的目的，是帮助我们别陷入不必要或持续太久的不幸之中。

因为，逆境和不幸确实是人类命运的一部分，所有东西方的传统，都一再地提醒我们：不幸，是幸福光明不可分割的阴影。因此，积极心理学也关注心理韧性（résilience），也就是个人面对苦难时的应对。我们不仅要尽可能地避免陷入痛苦，还要做到即使陷入不幸，也要从我们每个人自身汲取内心的资源。

当今世界，至少在富裕的西方社会，还有一个有趣的逆论：社会透过越多的保障和援助来保护我们免于不幸，心理治疗的实践（不仅是积极心理学）就越回归到斯多噶学派的传统论述里，重新看待接受苦难的必要性。在我们的生命里，不幸的事件是无可避免的，重要的是做好准备，而不是梦想着永远都不会遇见它们。

朝向清明的幸福

个人和集体的幸福，显然是积极心理学的伟大目标。但是，幸福不是一道屏障，用来让我们忘记逆境。反之，幸福应该是燃料，帮助我们面对逆境，正如克洛代尔[1]所写的："幸福不是生活的目标，而是生活的方式。"

幸福是支撑生命黑暗面的方式。没有幸福，生命就只不过是一连串的烦恼和忧虑，有时甚至是悲剧。生命也确实如此。幸运的是，生命不仅如此——生命也是欢乐与探索，带着我们渡过逆境，并且激励我们不管发生什么事情，都要坚持下去。

因此，不需要缘木求鱼地寻求幸福，不要像那些可怜的水果，被人刻意养在暖房里，从不着地、不识四季。唯一值得的幸福，是根植在我们生命四季里的幸福：它凹凸不整、不规则，又不可预料，但终究是最润美的——它有自己的历史，因而具有独特的内涵和风味。

然而，接受不幸并不意味着期望不幸或执着于不幸，更不是隐忍不幸。只是单纯地承认它阴郁的存在，知道它会定期出现在那里，出现在我们生命

---

① 保罗·克洛代尔（Paul Claudel，1868—1955），法国诗人、剧作家，被认作后期象征主义最重要的诗人。年轻时在巴黎攻读法律与政治，某年圣诞夜在巴黎圣母院参加大礼弥撒时深受震动，决心以追寻天主教信仰为终身职志。克洛代尔后来成为职业外交家，曾任驻中国福州领事和驻日本、美国及比利时大使。他在任职中国期间曾学习中文，并翻译改写一些中文诗，是近代法国文坛译介中国文化的第一人。

里的每一个时段——它可能以小小的笔触出现（像是幸福画面里的阴影），也可能以强烈风暴的姿态出现（也就是生命里最幽暗的时刻）。

我们也得承认，今天我们认为不幸的事，到了明天或后天可能就会被看作是“痛苦的幸运”，因为它扭转了你的生命历程。是否有必要急着寻求正面或负面的意义呢？是否应该期待发生在我们身上的一切都必须一致呢？还是应该接受这一切，带着微笑面对奥秘，虚心以待？

正如具有远见的诗人克里斯提昂·博班[①]建议我们的：“我很快就意识到，真实的援助从来不像我们所想象的那样。我们在这里，被甩了耳光；到那里，有人给我们一节丁香。而这些，都是来自同一个天使分发的恩惠。生命因不可理解，而光彩耀眼。”

就这样：耳光与丁香，即是本书章页里的内容。

而天使呢？天使，就在那里，在你身后，就在你的肩膀上。一如往常。

① 克里斯提昂·博班（Christian Bobin，1951—），法国作家、诗人，擅长以简朴精准的文字叙述隽永的人生故事，以超现实的手法描摹人性。其作品在经营诗意象的同时，亦呈现生命的无常感。

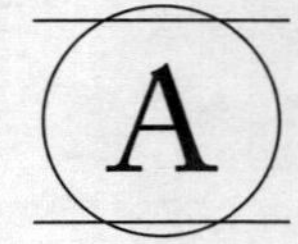

今天

AUJOURD'HUI

A b c d e f g h i j k l m n o p q r s t u v w x y z

如果只能用一个词来描述幸福，那一定就是：今天。

入门书　ABÉCÉDAIRE

写这本书的念头，有一部分是我对着自己书房里面一片欢愉混乱的景象冥想而来的。

书房里，当然充满了书籍和科学期刊，还有其他各式各样的东西：冥想用的板凳、绿色的植物、神像、圣母玛丽亚像，以及用来抓头的小玩意儿……有一面墙上，贴满了孩子们的图画，这些都是我女儿、甥侄辈、教子教女，或者其他孩子画的。还有朋友们送的画、新西兰全黑橄榄球队的海报、马丁·路德·金的画像、弗洛伊德公仔布偶、女儿的照片、土鲁斯橄榄球队（Stade toulousain）的旗帜。

这一切对我来说，都是幸福和对生命感激之情的源泉。这当中混杂着各式异样的组合——幸福也就是这样，一些看似不相干的时刻与经验的堆垒，就像书房里这些看似不相同的对象一样。

这就是本书构想的由来，如同集结了追求美好生活过程里的故事和感想，以一种称之为“积极心理学”，既现代又科学的版本呈现。这种纯以字母顺序排列的方式，或许更有助于彰显幸福的不可预测及其复杂的本质；更能够提醒我们，追求幸福其实就在于拾掇散落四处的小小幸福，就这样周而复始地让幸福生活的感觉浮现。

有时，我们会感觉到，这些时刻富有意义而且一切和谐。当然，这样的情形从来就不会持久。也幸亏如此，否则就太严肃乏味了。随即，我们又扩散，即又回到了生命里面。然而，这般不戴面纱的扬长逃逸，却是如此精彩又令人振奋。

这本书究竟是一本入门书，还是一部字典呢？乍看之下，两者颇为相似，都是按照字母顺序排列呈现。不同之处只在于，昔日入门书负有启蒙学童阅读的重责大任。我希望读者们在逐步翻阅这本积极心理学入门书的时候，也能够更加清楚地将它落实在生命中，让自己更幸福。

我个人完全信服，快乐是可以学得来的。首先，因为有许多研究如此证实。其次，因为我自己也学习了如何幸福。在幸福的领域里，我们会看到，有些人确实颇有天分；我并不是其中的一员。我应该只是个平庸的学生，因为科目有趣，所以努力罢了。然而，努力终究是会见效的。我们不会因此成为光芒四射的名家；只不过，相较于那些不曾努力过，或只是任由生命历程中的人事物带给自己幸福的人，我们显然是快乐很多的。

因此，天赋异禀的人一点也不需要读这本入门书，看破红尘的人也不会想读这本书。然而，其余的人或许会有兴趣读一读吧！

深渊 ABÎMES

“过去，是一个吞噬所有瞬间事物的无底洞；未来，则是另一个令我们百思不解的深渊。前者继续不断流入后者；过去流经现在，再流向未来。我们置身于这两道深渊之间，感受铭心。因为我们感觉到，未来流动在过去里。也就是这样的感觉，使当下存于深渊之上。”

杨森派[①]神学家皮埃尔·尼可（Pierre Nicole）的这段话被摘录在帕斯卡·基尼亚尔[②]的著作《深渊》中，我第一次读到时，深受震撼。以后，每次再重读这段话时，它总是继续震撼着我。这段话的音律，它的神秘和它的教诲，

① 杨森主义（Jansenism）是罗马天主教在十七世纪的运动，由荷兰乌特勒支省人杨森（Cornelius Otto Jansen，1585—1638）所创立。杨森派的理论强调原罪、人类的全然败坏、恩典的必要和宿命论。

② 帕斯卡·基尼亚尔（Pascal Quignard，1948—），法国当代极受推崇的大师级作家，对哲学、历史、音乐各方面都有深广的研究，尤其是研究十七世纪的专家；其书中故事常取材于历史掌故。自称思想上倾向庄子。著有《罗马露台》《日出时让悲伤终结》等书。

总让我忆起筑构在深渊之上的脆弱生命，以及不断流动的时间。真是令人恐惧。

然而，在这一刻恐惧之后，又该怎么办呢？深呼一口气，微笑着。拾起痛苦和担忧，拾起这当下疯狂的脆弱，接受事实就是如此，必须周而复始地思忖这万丈深渊。这不断提醒着我们的深渊，永不休止又无情地体现生命的深渊；在这深渊之中，当下不过就是“流动在过去里的未来”。然后，睁开眼睛看看周遭的一切：生命就在那里。再次呼吸、微笑，一次又一次。朋友告诉我：“不要用一些负面的语词开始你的入门书。”

可是，亲爱的朋友们，无所谓的，读者又不是傻瓜——他们知道，不幸从来就离幸福不远。它提醒我们显而易见的事实：面对恐惧，方能感到幸福的必要，以及幸福的极限。幸福，不能阻止深渊的存在，更没有阻绝深渊的必要；然而只有幸福，可以使我们挣脱对深渊的思索，使我们转而思考其他迷人的事情——像是生命、爱、美……

丰富 ABONDANCE

“过多”会扼杀幸福的能力吗？太过便利、太多幸运、过于保护、太多的爱？受宠的孩子，最终会不会生活得比较不快乐呢？有可能，因为他们容易变得麻木不仁。我们也有可能会变得无动于衷——我指的是，我们全部的人。

作为二十一世纪西方社会的一分子，我们是现今地球上得天独厚的居民。我们大多数的人都能够享有水、食物、医疗、文化等等，丰富且源源不断，会让我们的幸福能力变得麻木（幸好不是完全丧失），习惯于享乐——当幸福源源不断，终将失去让我们喜欢的魔力。

有两种情况可以让我们挣脱这样的“习惯”：逆境（提醒我们幸福的价值），以及觉察（让我们即使在一切顺利的情境中，也能保持警觉）。如果拥有足够的智慧，觉察即能让我们享受简单的快乐。然而，往往是逆境迫使我们打开双眼。

节制 ◆ ABSTINENCE

美国作家安布罗斯·比尔斯（Ambrose Bierce）的《魔鬼的字典》中，定义滴酒不沾为“软弱者屈服于拒绝快感的诱惑”。也有许多节制幸福的人，认为幸福会使他们永远软弱。因此，他们总是一再拖延，宁愿继续前进，不断工作，只为劳碌受苦。毋宁说，幸福，也是他们所向往的。他们自以为坚强，但也许仅仅是弱者，因为他们害怕放松，畏怯沉醉。

接受 ◆ ACCEPTATION

一切都始于接受。接受生命，也接受担心。接受担心？是的，也要接受担心。难道，只让不幸挂在脸上，却把幸福掩藏起来吗？是的，那也是。都要接受。

接受，并不表示要我们庆幸痛苦，只是要我们看到痛苦的存在。并不是说“痛苦很好”，而是说“痛苦是存在的”。接着自问：我该怎么办？然后接受各种可能的回答：改变现状或改变自己的反应？动起来或者耐心等待？我们往往认为，叛逆地说“不”（“不，不可能的；不，我要抗争”）比平静地说“是”来得有力。这想法有时是对的，但并非总是如此。最有力的方式，可能是以上两者的合成：“没错，就是这样，我接受，我了解，就是这样；但是不可以，我不能让事情往这个方向发展。”这样的论调很动人，可是如何真正实践呢？

真正地接受，就是在脑子里认可那些与我们意见不同的人，而不只是认可对方的论点（“对，他说得有道理”）。也就是说，接受对方的论点和意见跟你不同（“是的，我知道他不同意”），反驳之前，不忘聆听，并且好好理解。可以认可失败，但并不服膺失败。也就是说，认可逆境的存在，但是不因此而气馁。

接受，就是花点时间审视发生的事情；决定如何行事之前，花时间好好了解并且感觉事情的来龙去脉。这不是以接受来取代行动；而是，真正做出合适的行动选择之前，必须有这样的接受。如果没有接受，就只有冲动的反应，总是让我们一成不变、故步自封。

那么，幸福与接受有怎样的关系呢？其实很简单：接受，让我们免去许多徒劳甚至多余的争斗，不再陷入精疲力竭之中。身在其中，有时候放下才是最上策。脑海中的争斗，是因为我们无法接受现实而反复思考（“不可能的！”“不是真的！”“我是在做梦吧！”），这只会耗尽内在精力。

指控 ◆ ACCUSER

当我们遇到麻烦、感到失望的时候，只要再加上一丁点沮丧和愤怒，整个状况就变得恼人，成为我们糟糕的生活里一件不正常的事。我们无法再将之视为正常生活里的一个正常问题，我们极想要在周围环境或者自己身上找出罪魁祸首。这不禁让我们想起智者伊比克泰德（Épictète）的一段话：“指控别人应为我们的不幸负责，是无知的人；指控自己必须负责自己不幸的人，是已经开始学习的人；不指控自己也不指控他人的人，则是一个已经受过教育的人。”

如果我们学着不再动不动就指控、评判，不再把自己、别人或任何该死的生命看作是罪魁祸首，我们也就赢得了许多时间、精力和幸福。只要看看有什么需要修改，不再重蹈覆辙，以此为用，然后就可以将精力转移到另一件事情上了。浪费在愤怒和辗转反思上的时间，就是失去幸福的时间。更何况，伊比克泰德又加了一句：生命短暂！

购买 ◆ ACHETER

为了让自己放松、兴奋，或者鼓励自己；为了让自己多一点快乐，少一些不满；为了不去想生命里太多复杂的事情；为了进入一个虚饰简化的世界，只因为我们向往简易舒适；为了不去想当下生活中的不幸，还有空虚。花费（Dépenser），就是为了什么都不去想（Dé-penser）①……

当然，消费并不能使我们更快乐。可是在任何情况下，消费都可能是个陷阱，就像那个在路灯下找钥匙的主人翁——他在别处丢了钥匙，只因为路灯下比较亮，所以在那儿寻找。问题在于，消费就是故事中的亮光：购买东西，能给我们带来快乐。这是最省事的方法，显然可以暂时给我们快乐或失望。甚至，逐渐冷漠。购物无疑是消费社会中最简单的行为：买一个鼠标、办一张信用卡，甚至预支我们所没有的金钱（也就是信用赊贷）。任何时间，不论白天晚上，足不出户也能买东西。

在我们的社会里，还有什么其他的行为比这更容易呢？面对这一切人为的便利，幸福变得不再那么简单了。购买之前，请再三考虑："我真的需要这样东西吗？或者，只是在为一个自己也不知晓的缺憾，寻找省事的慰藉？"

丧志 ◆ ACRASIE

意志薄弱，使我们不能依据自己的价值观和意图行事。本来决定要保持冷静的，却发脾气了；明明晓得，宽厚才是放之四海而皆准的唯一存活之道，却偏偏自私行事；很清楚抱怨是没有用的，却怨天尤人。为什么会

① 法文的 dépenser（花费）一词由表示"分离、去除、解除"的前缀 dé 加 penser（思考）组成。

这样呢？帕斯卡尔[①]认为，这就是人性——“人，既非天使也非野兽；不幸，却让想扮演天使的人，成了野兽。”

心理学也讲到了自制能力的缺乏：那些并非早自童年就开始、从观察他人及亲身实践中学会的自我行为，是非常不容易掌控的。以积极心理学来说，丧志似乎是正常并且可预见的困难；至少对于那些成年以后才发展出来而非幼年就已经养成的行为而言，确实如此。

一旦我们决定改变，就牵涉到大脑的运作和反应，必须反复练习。在这段时期，不要以成果来自我批判。无论以人性还是以个人角度来看，有困难并不意味着不可能，那只不过是困难罢了。

佩服 ◆ ADMIRER

佩服是一种正面的情绪，在于欣然发现或凝思某事或某人的优良品质超越我们，并且使我们快慰。当这些特质不会造成我们的负担，或不具威胁的时候，比较容易产生钦佩之情。我们可以钦佩一个人或者他的某些行为，赞叹艺术作品或自然风景，甚至欣赏一只动物或一株植物。由衷的赞叹，让人感受到发现美好事物的喜悦。为什么会如此令人愉悦呢？因为，生命的美好之处以及令人钦佩的对象，能引起我们的兴趣，使我们领受感恩欣喜之情，并且丰富我们。

无法佩服，可能与心灵狭隘有关。敬佩某人，图什么呢？如果仔细找找，他总是有缺点的吧！那么，欣赏风景、动物、古迹呢？是啊，那又怎样，有什么用呢？好了，快去做点其他的事情吧，一些正经的事情，比方说，批评

---

① 帕斯卡尔（Blaise Pascal，1623—1662），法国著名科学家、哲学家。据说他没有正式上过学，十二岁在地板上用粉笔画三角形与饼图案，独自证明了欧几里得的几何学原理；他在十九岁时甚至提出了接近微积分原理的一些构想。在物理上，他奠定了流体静力学的基础理论。帕斯卡尔思考人的问题时，似乎获得某种特殊的体验，感受到宗教的无比吸引力，后来皈依天主教视为异端的杨森主义。其《沉思录》（Pensées），描述有限生命追寻无限上帝的心路历程，不仅成为法国名著，也是有意探索人类精神世界者的重要参考。

一下……

另一个无法佩服的原因，在于个人心理缺乏安全感：自信不足时，佩服是件痛苦的事。我们很自然地以为，佩服，尤其是佩服他人，是在矮化自己——“我没有他的那些优点”，甚至以为“我不如人”。平心钦佩他人，就是一种不藐视自己，也不理想化别人的钦佩之情。低估自己的人，不可能做到这一点。学习佩服他人又不贬低自我，对于幸福的追求或自我价值感的提升，均是很好的锻炼。

所以，积极心理学的课程会鼓励大家练习佩服：在一个星期当中，遵循两个基本原则，每天训练佩服！

第一个原则是：要用心，而不仅仅只用智力。只在脑海里注意到某事或某人值得钦佩，是不够的，而是必须暂时静止下来，花点时间来观察、了解所佩服的对象，以及感受沉思的愉悦。只需要几分钟的时间，仅仅停下来欣赏。面对风景或事物时，让身体停驻（而不是继续往前，只轻描淡写地领略刚出现的美丽）；面对个人时，则要停止智力思维（没有必要在鼻子底下挤出心满意足的微笑来证明成效，就只是花些时间沉潜冥想）。

第二个原则是：磨砺自己欣赏的眼光。不要只被特殊明显的事物吸引或启动，也要转向所有容易被急躁眼光忽略的低调无形事物，因为它们也是值得赞叹的。放低能够引起赞叹的门槛，会带来更多机会令自己感到欣喜。

逆境 ADVERSITÉ

逆境是生活的一部分，但是否能使我们更快乐呢？我的意思是：逆境是否能够促使我们更明智地面对幸福？能让我们更明白幸福的重要性吗？是的，当然。

逆境也能够帮助我们重新看待生命运行的方式：逆境让我们远离幸福，

也因此使我们更能够看清楚幸福。逆境（例如，自己或亲人的疾病、痛苦或困顿）让我们睁开眼睛，看见自己真正在意的事以及关注的焦点。

在我生命里，曾有过一段忧虑的时期，一位天主教朋友写给我这样的话："你知道吗，每天我静坐冥想时，我将你托付给上帝。有天晚上，我突然想到《约伯记》[①]三十六章十五节里专门为你写的一段话：'神借着困苦救拔困苦人，趁他们受欺压，开通他们的耳朵。'"

借由困苦打开他们的耳朵？迫使他们倾听自己的心，朝向自己的幸福？然而，我走的是正确的路吗？

在危机和逆境之际，我们经常会发现自己在物质目标上是多么地浪费生命、时间和精力，而不是投入在更重要的地方，比如幸福，或者爱情。有些研究已经清楚证实了这点：少许逆境能使人更坚强、更幸福；反之，过多的逆境或过度的保护，则会让人脆弱，失去幸福的能力。

但是，也不要延宕，因为有另一些研究毫不留情地告诉我们逆境所带来的"教训"——只有在面对逆境时立即行动、改变生命，逆境才会有用。若是拖延几个月，逆境不过就成了糟糕的回忆，而不再是改变生存的灵感和动机源泉了。逆境让你看清事物的精髓之后，要改变生命，不要蹉跎太久，否则眼睛很快又会闭上的。

烦扰 ◆ AGACEMENTS

有一件事，我无法每次都办到，但是当我能够超越的时候，还真是高兴，那就是：平心静气地接待烦扰。就像当我们全力处理着紧急要件的时候，电

---

① 约伯(Job)是《希伯来圣经》和基督宗教《旧约圣经》中一位绝对相信上帝的义人，伊斯兰教视他为一位先知。他受到祝福，行为完全正直，但是撒旦指控约伯乃是为了物质利益才侍奉上帝，于是上帝逐步撤去保护，容许撒旦夺去约伯的财富、子女和健康。约伯始终保持忠诚，没有诅咒上帝。关于为何受到如此惩罚，约伯和三个朋友进行辩论，然后上帝次第回答约伯和他的朋友。上帝对约伯后来的祝福超过以往，他又活了一百四十年。

话却阵阵作响；或者当我们明明有理（永远都是这样！），可是对方却不通情理。这里一点小东西，那里一个小零件，都同时出故障了，再加上其他的枝枝节节……

以前，这样的情况总是惹得我非常恼火，让我抓狂。然而，我渐渐明白了，这些都是正常的，都是生活的一部分。但是，再遇上麻烦时我还是一次又一次恼怒。

终于，我学着接待这些烦扰——先深呼吸，然后微笑，对自己说："好，好，很好，我明白了，事情没法像我希望的那样……"事实上问题就在那儿，烦扰并不会让现实变得跟我们所期望的一样。我们不但没有放掉原来的期许来适应现实，反而还攻击它、怨怼它，就只知道心浮气躁。如果我们原先的期许就是为了不要浪费时间，那么如此一来反而多耗费了三倍的时间。

我不断地自我训练，烦扰到来时，我渐渐发觉自己变得越来越有能力不要做出恼怒的愚蠢反应。我从"接受"做起，接着去面对与处理真正的问题。真正的问题，不在那些令人担忧的事情，而是我的心浮气躁。我让自己冷静下来，然后做我有能力做到的事。当然，这不是每回都行得通的，只要奏效，我总是高兴。

因为幸福，雪上加霜

AGGRAVATIONS À CAUSE DU BONHEUR

福楼拜[①] 在给朋友阿尔弗德·勒·波特凡（Alfred Le Poitevin）的信中，表达了自己的看法："你可曾想过，幸福，如此可怕的词汇让多少人溅泪？如果没有幸福这词，我们可以睡得更安稳，活得更自在。"

---

① 福楼拜（Gustave Flaubert，1821—1880），法国著名小说家，上承写实主义，下启佐拉自然主义之文风，被尊为十九世纪法国写实主义文学一代宗师。著有《情感教育》《包法利夫人》《圣安东尼的诱惑》等书。

正如有些人这么说：一心想要幸福，会不会反而使我们不快乐？这个说法实在让人无法确定。可是有一点是可以确定的——如果我们从外在接收到"你具备了一切能够快乐的条件"这样的信息，并且将这些外在的信息转化成自己的心声，不断对自己重复着"说得也是，我拥有了一切快乐的条件"，却不见有任何建设性的作为或努力——我保证你会很惨。反之，我们应该慢慢地、虚心地学习如何享受生命，不对自己做太多的设定；若陷入抑郁，就需要求助于护理人员。

一项研究显示，一味地标榜幸福，会让某些人更不幸。我们让参与者读一篇心理学的研究报告。第一组参与者所阅读的研究报告，其结论显示大多数人都比较喜欢快乐的人，而不是那些悲伤、无感或不表达的人。第二组参与者阅读另一篇结论相反的研究报告，报告中证实悲伤的人与快乐的人一样受欢迎；当中也提到，即使是负面的情绪，感觉和表达自己的情感也是很重要的。然后，要求参与者回忆一段让他们不愉快的情绪经验，例如忧郁、焦虑或压力。最后，研究人员评估参与者在这些测验之后的情绪。

当然，回忆起一件非常悲伤的事件之后，参与者显得比较忧郁；但更令人惊讶的结果是，一旦他们认为悲伤情绪是不太恰当的，他们就会更悲伤。事实上，该研究结果显示，第一组参与者（阅读的报告宣称大多数人比较喜欢快乐的人），远比第二组参与者（阅读的报告指人们可以感受与表达自己的悲伤）显得更难过。

社会一面倒赞扬幸福，形成一股压力，似乎谴责着那些正在悲伤的人。他们自责不能像周围那些自我感觉良好的人一样，并且隐约传达着这样的讯息：幸福才是常态，而悲伤是一种弱点。这也许可以说明为什么在多数人都觉得幸福且表示过得相当快乐的国家，如丹麦，自杀率却高得惊人。个人痛苦和集体快乐之间的反差，实在令人难以忍受。

该怎么办呢？第一步或许就是，当你不开心的时候，就不要暴露在"要幸福"的劝世语录之中。你应该先专注于了解与消化自己的悲伤情绪，并且以实际行动来减轻伤痛。对于不幸之人，我们也千万别这么不识相地急着提供"幸福教诲"——倒不如建议他们去散步，或看一部精心挑选的电影（记得，不要选爆笑喜剧，也别是催泪悲剧）。

高速公路休息站的幸福风

AIR HEUREUX SUR AIRE D'AUTOROUTE

生命中，有些偶然擦身而过的影像、面孔，会跟随我们好多年。

就在写这段文字的时候，我心中浮现的面孔，是一位坐在轮椅上的太太。那是一次收假回程，在高速公路休息站里见到的情景，那天的太阳惨白无力地穿透秋日多风的天际。一位先生推着这位太太，想必是她的丈夫，神色安详而没有特别的表情。但是，这位轮椅上的女士脸上却神采奕奕，微笑看着周遭的一切。她看上去是如此开心，完全无视自己的残障，这不禁引我注目。

当时，我因为旅途劳顿，而且因太晚启程而担心傍晚的塞车路况，心里正无端地闹着脾气。然而，该怎么说呢？这样的擦身巧遇让我受益匪浅。她愉悦的神情并没有使我自责，反而激励了我。

在那一刻，我并没有对自己说："你实在没有权利无缘无故地闹别扭，那些有理由不高兴的人，都还没像你这样子呢！"反而，我对自己说的是："老兄，你想怎样随便你。但是，你脑满肠肥又阴沉的死样子，看起来真的有点混蛋。这有啥长进？试着学学那位太太，向她的勇气和智慧致敬吧，微笑一下，记得要知足常乐……"那一天，这句话生效了，此后也经常奏效。

我很高兴自己的进步——虽然我还不能自然且一贯地保持好情绪，但是，当我被不必要的坏情绪（坏情绪往往都是不必要的）拖着走的时候，已经无需太费周章就能让自己张开眼睛。

那一天，刚巧是那位太太的笑容；其实，也可以是蓝天里惊鸿一瞥的云彩，或者是女儿无聊的玩笑。回应俗世里的小小乐趣，会慢慢给你带来进步。别再与这些微小事物擦身而过，打开心灵，让它们进驻我们内心。

酒精 ◆ ALCOOL

我完全理解，为什么酒精能够如此强悍地左右着人类的命运。

喝酒的时候，我们看世界的观点也跟着变化，感觉得到抚慰，所以好像就变得幸福了。所有的磨难，终于变得不再那么严重；其实困顿仍然存在，只不过看起来比较容易挺过去。

酒精让你觉得跟其他的人更接近了，一股四海一家的兄弟情谊由内心升起，顿时感受到与世界的连接。如果已喝到这种地步，就必须赶紧停下来，并且要深深地思忖、自问：我怎么了？原先对我而言是千斤重担的世界，怎么突然变得如此友好了？身边的一切都没有改变，只不过是自己的感觉不一样了。

一切都只是源于看待生命的观点吗？所以，结论很简单——我必须让自己即使不借助酒精，也能够如此平和喜乐地看待生命；我不必再借着买醉，才能够体验到和平友爱。学着不借助任何替代物，就能沉醉在生活里，并且珍惜当下的喜悦。

食物 ◆ ALIMENTATION

吃的东西是否会影响我们的内在平衡？当然，这还涉及吃的方式。不要狼吞虎咽（否则食物不能经由唾液和咀嚼进行消化），也不建议边吃东西边做其他事，像是听广播、看电视、看书、打电话等等；否则，会让我们无从细细品味食物，更无法接收到饱足感的信息，结果吃得过量。全神贯注吃东西，就能细细品味，因而感受到进食中的简单小乐趣。

我们要谈谈所吃下的东西，以及食物的本质。

许多研究显示，减少肉类、糖分而增加水果、蔬菜的摄取量，几乎能够改善所有类型的健康状况，也包括所有类型的心理状况。还有其他研究显示，补充欧米伽 -3 使我们不再那么焦虑，对抑郁症患者着实有益；另外，减少摄取糖分，则有益于过动儿童。不过，还没有足够的实例与数据来验证食物对心理健康的促进作用。

对身体有益的食物（少肉少糖，多蔬菜水果），很可能对大脑也有益。大脑需要脂类，千万不要避开脂肪的摄取，但请尽量限制动物性脂肪（如奶油），多使用植物油。其余的还缺乏明确的研究结果，但这显然是未来研究的重要领域。

哈利路亚 ALLÉLUIA

这个基督教的赞语，当然是源于希伯来语，意指“荣耀上帝”。信徒以歌唱或者祝祷来感谢上帝的帮助、保护，或者只是单纯感谢上帝让他们存在。在我看来，这不仅仅是一句信仰的用语，也是一种生命的智慧——庆幸自己能够存活在世上，而非不存于世。哪个世俗用语能够替代基督徒超级的哈利路亚呢？

悲伤的利他主义者 ALTRISTE

服务他人，使我们更快乐；快乐，使我们更愿意服务他人。我们提供的服务，能让接受服务的人更快乐一些（或者少一些不幸），也能让他们更容易去接近别人、给予帮助。这样做，就是在传播利他主义的良好共鸣。

利他主义和幸福之间，有不可分割的互惠关系。想必是基于这样的原因，大多数哲学及宗教传统都非常强调，慈悲必须出于喜乐，才不会让利他者受苦（不然，利他主义终究会枯竭）。

我们应该成为无私的利他主义者（altruistes），而不是悲伤的利他主义者（altriste）。利他主义有充分的理由让人喜乐，而助人的快乐从来不会断绝。这必须建立在对他人的感情基础上，也就是真诚喜悦地渴望帮助他人，并且乐于服务他人。阴郁者给人道德教诲；快乐者则亲身实践，无须太多长篇大论。实际行动胜过反复思索，欢乐总是超越悲伤。

利他主义 ◆ ALTRUISME

不求感恩，也无须回报，以他人幸福为己任，关注并且努力使他人幸福。

一些心胸狭隘的人断言，利他主义只不过是变相的自私：帮助别人，就是希望回报福利和快乐。他们甚至认为，利他主义者希望得到受助者的奖励和感激（希望有一天能有同等的回报，至少是自己所期望的回报），抑或希望得到社会的认可而受到尊崇。

这样的现象，是可能存在的，但也未必尽然。也许，是我们把动机和后果混为一谈了。利他主义会获得钦佩和认可，是显而易见的事。但这似乎只是例外，并非常理。今日的积极心理学研究，正朝着这个方向进化；这些研究显示，实践利他行为会增加为善者的幸福。

为什么实践利他的行为会使我们快乐呢？当然有各种原因，我们可能因为被感谢而快乐（我喜欢在没有红绿灯的斑马线上停下车子让行人通过，对方经常会向我报以微笑或招手致谢）；我们也能得到让人快乐的喜悦，这想必来自更隐秘、更深沉的情感。

感觉自己让世界变得更美好，或者至少变得不那么糟糕，或觉得自己似乎埋下了一颗温馨的种子，也许能够激励其他人多表达一点善良和无私，这一切都带来快乐。这感受隐藏于内在，却又如此强大，因为我们同时感觉到，成就了自己的人类职责，并且也感染给世界利他的援救因子。

朋友 AMIS

所有的研究都说：拥有朋友，与朋友一起欢笑、一起行动、彼此安慰、一同娱乐，都会带来幸福。阿波利聂[①]如此写道："任何时节，我都需要朋友；缺少他们，我就活不下去。"

心理学讲的社会关系，包括朋友、家人、同侪、熟人、邻居，总之就是所有与我们保有或多或少和谐关爱联系的人；社会关系是愉快情绪的来源（不论是路人的一个微笑，还是童年老友一番安慰的话语）。

我有很多朋友和亲近的人。我知道他们爱我，我也爱他们；我知道，在需要的时候，我们随时可以为彼此伸出援手。但是，我并不常与他们见面，至少不如我所冀望的那般。可能是因为他们住得很远，大家都很忙，也可能因为我是个独行侠——就算是有社交活动，但其实仍然是个独来独往的人。然而，我知道他们永远温暖着我的心，带给我幸福。

爱 AMOUR

以前，我在朋友的乐团里唱歌，也演奏手风琴。我们很喜欢表演皮雅

① 阿波利聂（Guillaume Apollinaire，1880—1918），法国诗人，剧作家，艺术评论家，超现实主义的先驱之一。

芙[1]的《可怜约翰的民歌》（La goualante du pauvre Jean），说的是一个缺乏爱情滋润的男子，其生命里的起伏兴败。副歌是："生命中有个道理！无论是富翁还是穷光蛋 / 没有爱情，我们一文不值。"

我记得，最后这句歌词在我脑海里萦绕了好几个礼拜——有时候，我觉得它说得不对（没有恋爱，也是可以幸福的）；有时候，又觉得它千真万确（必须时时接受某种形式的爱，才能让人感到幸福）。

当然，真正的大问题是：爱，这个庞然大物，它的定义是什么？如果能够让人快乐的，就是爱，可又不是 innamoramento（坠入爱河）的激情。激情是另一种东西，有迷药或酒精的作用；激情终究不会使人快乐，而是使人疯狂——对幸福的疯狂。我们慢慢地发现，所谓的爱，是各形各色爱的关系。能让人安适，不计较给予，也不计较接受，并且愿意受苦，愿意原谅。

爱，确实是幸福的主要粮食之一，如同我们赖以生存的食物。因此，爱总让我们焦虑自问：如果不再被爱了，怎么办？我们的焦虑，就如同担忧身体停止呼吸，心脏停止跳动。因此，我们就建构在这多重的依存关系上，也就是说，建构在多重痛苦和幸福的来源上。

生存焦虑 ◆ ANGOISSES EXISTENTIELLES

伍迪·艾伦写道："自从人类了解终将一死之后，就很难再完全放松了。"生存焦虑，如同意识到自己终有一天会生病、受苦、死亡，这些都不是荒谬的想法（不像是"坚信有一天外星人会来把自己带走"之类的妄想），而是迟早会实现，且相当实际的想法。

对于一些人来说，这是无法改变的幸福障碍，无论是由哲学的观点来看

---

① 皮雅芙（Edith Piaf，1915—1963），法国最著名、最受爱戴的女歌手，她的作品多是其悲剧一生的写照，代表歌曲包括《玫瑰人生》（La Vie en Rose，1946）、《爱的礼赞》（Hymne à l'amour，1949）、《不，我不后悔》（Non，je ne regrette rien，1960）等。1963 年因肝癌过世，终年四十七岁，法国政府为她举行了国葬。

（“快乐有什么用呢！真是荒谬，反正我都知道最终的结局会怎么样了”），或是由精神医学的观点来看（“我知道自己在浪费生命，但我就是无法不被这些恐惧纠缠着”）。

然而，对于另一些人来说，确定生命的短暂以及痛苦，反而带来另一种动机：“像我们所爱的人一样，既然大家都会死、都要受苦，倒不如尽情享受生命赐给我们的一切。”接受凡人皆会死亡，时时思索这一前景，尽力成为幸福快乐的凡人。除此之外，再没有其他的良方了。

动物 ◆ ANIMAUX

对动物来说，一切顺利的时候，是否就可以单纯高兴或完全满意了呢？它们是否也有幸福的感知——肚子填饱了而感到满足、有了安全感而觉得满意，并且希望身边围绕着其他友善的动物呢？或者像我们这样，摇摆在自省的意识状态里，感受到深深的幸福呢？动物的主人会认同这种想法，他们在自己的狗或猫的眼睛和身体里读出幸福。当然，这是难以印证的。

不过，可以肯定的是，宠物能给主人带来更多快乐：动物的确给予许多独居者珍贵的陪伴。譬如，狗最擅长无条件付出爱，能带来充满爱、稳定、安心以及情感表达的陪伴。猫，则给予一种优雅但有距离感的陪伴，它们不轻易让人拥抱，总是有难以预测的一面，因而显得更珍贵。狗让主人觉得爱永远不变；猫则让人觉得，主人必须先由它们所选择与接纳。无论如何，这都是小确幸。

抗郁药 ◆ ANTIDÉPRESSEURS

很不幸的，抗郁药并非“快乐丸”。

我是以一种刻意又有意识的态度写下“不幸”二字的。有时候，我希望能给病人开药，特别是在生活中精神受虐的病人，让他们有喘息和享受的机会。然而，这样做是行不通的。抗郁药不能使人更快乐，无法在大脑里合成幽默；抗郁药只能减少情绪痛苦的强度，正如止痛药减少我们身体的疼痛强度。但这就已经很不错了（而且并非所有的患者都能用抗郁药治疗，真是遗憾）。

当抗郁药奏效时，确实有可能带来惊人的效果——它可以使人更有能力好好享受生活，不仅只是减少或消除负面的情绪如忧郁或焦虑。于是，这仿佛悬而无解的痛苦灵魂，终于比以前更能够见到幸福的光芒。

尽管“依赖药物”可能会产生副作用及种种不便，有些病人还是不愿意，也无法停止这种治疗方式。这种治疗确实能够减轻痛苦，让病人比较容易与病魔战斗，并且让他们更能够欣赏与享受生命里的美好事物。因此，病人寻求建议：“怎么办呢？继续这样服药生活下去，还是冒险停止用药，尝试学习其他的方法？”

当然，以上两种做法都是可能的：继续服药是比较容易的做法（毕竟，吞药只需要几秒钟），而重新学习则是更有趣、更能令人满意的选项（但是，需要许多年的时间）。我们总是试图优先采用第二种做法。

但是，如果病人在过去的岁月里已经饱受精神痛苦，或者我们感觉病人脆弱又有危险时，我们宁可病人使用药物来得到幸福，而不是勉强停药，坐视病人受忧郁之苦。因为，拄杖前行，总比原地不动来得好些。

反典范 ANTIMODÈLES

在生活中，有让我们努力仿效的典范，也有反典范——与前者一样有鼓舞激励的作用，但提醒着我们千万不要像他们一样。

许多人竭力追求快乐，是因为自己父母的不幸福。因为眼见父母如何浪费生命，让他们深感这样的态度对追求幸福毫无助益。他们警惕着自己，不要像爸爸那样，不要跟妈妈一样——这就是我们竭力要摆脱的标记和典范。在生命的历程中，通常我们会意识到自己不知不觉又绕回曾经所经历过、所观察到的事件，并且下意识地又以父母为模仿对象。期许自己不要像父母，并非不可能的任务，只是得耗费一辈子的努力。

然而，文献上也有反典范的例子。对我来说，萧沆①就是一例。他所有那些充满了黑暗和悲观的警句，都奇怪地在我身上发生了振奋的作用（像是“哎呀！好了！荷枪上阵，快去找幸福吧！”）。这些警句精辟又卓然，并且总是贴切。而且，生命常常如萧沆所描述的那般，因此也就更多了一个不绝望、不屈服的理由。他自己似乎也是如此身体力行的，亲友们这样形容他：经常保持愉悦、充满幽默感、喜欢谈笑、漫步乡间。他的作品就像是发泄的管道，并不会因此使他不热爱生命。

感谢萧沆，以他自己的方式为我指出通往幸福的道路：只须朝反方向前进就行了。同样，也感谢所有成为我生命中反典范的人。

焦虑 ◆ ANXIÉTÉ

焦虑是幸福的障碍。然而，并不会完全让幸福变得不可能。相对于忧郁的人，焦虑者能够感知到正面的情绪，并且能够快乐。然而，至少有三个理由显示，焦虑仍然是幸福的障碍。

首先，焦虑会让心念对焦在问题上。这就是焦虑的作用，即在预估可能发生的危险。然而麻烦的是，在这种情况下，我们只会将注意力集中在问题上（在生命里，总会有足够的问题不断涌现在脑海里）。一旦陷在“担心”的情绪里，就明确说明了我们的小脑袋已经被大忧虑所占据，再也没有空间

① 萧沆（Emil Cioran，1911—1995），罗马尼亚旅法哲人，作品杂糅悲观、怀疑、绝望、虚无与神秘主义；对人世之磨难与苦痛、存在之虚妄与困顿有极为敏锐深刻的反思，因而呈现为一种极端的清醒。诗人圣琼·佩斯（Saint-John Perse）评价萧沆：“是瓦莱里之后，最伟大的法文作家之一，足令法文增辉。”

可以想其他的事情了；最糟的是，脑袋已没有余地可以想想那些微小的幸福（也就是说，只有在感觉到非常强烈深刻的幸福时，我们才会改变；平庸的小确幸再也起不了任何作用）。

其次是，焦虑会把我们推向完美主义，以及推向所谓的“幸福焦虑”，让我们不断地自问：“我够快乐吗？像其他人一样快乐吗？我确实得到了自己应有的快乐吗？”

最后，焦虑有时会对我们耳语：“好吧，我感到幸福，可是幸福会持续下去吗？万一，幸福停止了，会不会变得比以前更糟糕呢？”这是悲观主义者的逻辑。为了不想遭受落差，他们宁可不让自己置身于幸福之中。

焦虑和幸福 ◆ ANXIEUX ET HEUREUX

总体而言，大多数人都算得上幸福，同时也称得上焦虑。然而，若以为这个组合是完全可能，甚至是不可避免的，那就是不明了积极心理学了！

焦虑是现实的痛苦认知，幸福则是现实的快乐认知。我们都是在现实里经历这两种情况。焦虑对我们诉说：“没错，活着是件幸福的事，但一想到还有房租要付，烦恼和困难不禁油然升起。”幸福也对我们低语：“当然，烦恼和困难从来不曾远离；但是无论如何，能够活着就是天大的幸运！”我们知道这两者说的都有道理，不免犹豫起来。心念就在这两种现实的看法之间摇摆着，直到有一天，我们终于明白，真正的事实只有一个——人生是由幸福以及其他不开心或痛苦的时光所构筑而成的。

哲学家克莱蒙·罗塞[①]教诲我们，现实就是抗拒幻象和空想。我们常常借故批评幸福只不过是个幻象，因为不幸始终存在，而且死亡终将横扫获胜。这样的想法完全忽略了另一个事实：世间也存在着绝望和负面的幻象及空想。

---

① 克莱蒙·罗塞（Clément Rosset，1939—），法国当代哲学家。

唯有能够接受并且歌颂逆境，如此明彻幸福，才是真正的幸福。因为这样，我们才会既焦虑又快乐地存在着。

掌声 ◆ APPLAUDISSEMENTS

你们知道电视上那些扭着脖子、勉强笑着鼓掌的人，是怎么回事吗？那是“暖场人员”在巨星进场前，竭力带动观众。即使这样的举动可能让人有至少几分钟愉快的心情，但还是不免太人工、太索然无味了。

我想说的是另一种掌声。有一年夏天，我和一些心理咨询师同事，参加了一个在瑞士山区举办的冥想课程，真的很棒。我们学到了很多有用又有趣的事情，也如以往一样，经历了一些铭心的时刻。

这回的功课是学习正念[①]，鼓励感受体验历程，而不是讨论历程。课程中我们保持静默，尽可能全然进入当下的情境。比方说，聆听一位才华横溢的同事为我们演绎他创作的几段钢琴曲，我们闭着眼睛，坐在长板凳或冥想垫上，全心专注于正念。我们在正念中全然迎接每段乐曲，全然接受音乐的导引。聆听每段乐曲之后，我们保持静默，而不是鼓掌。

我很喜欢这种对无意识行为以及惯性反应的干扰。聆听一首乐曲之后，沉潜下来观察自身的反应，这是合乎逻辑的，既是对音乐的尊重，也是对演奏者的尊重。试一试，不要像电视上或讨论会结束后，无意识地鼓掌；而是以一股强大专注的潜静，来表明我们确实在现场。不管怎样，最后一段乐章之后的五分钟，放下一切，心存感谢和赞美！

---

① 正念（法文：pleine conscience；英文：mindfulness），佛教用语，可解释为时时保持觉知在当下，如实、不加任何批判地明了自己当下的身心状态及变化。

学 习 APPRENDRE

学习如何快乐？对于许多人来说，这不过是凸显了天真、空想，甚至是带点欺诈。但对我而言，这样的想法从来没有让我惊讶，或许因为我确实需要学习快乐，并且往往希望找出自己在这方面的不足。而且，我很喜欢学习，我一直都是通过学习不断进步的。我觉得自己在各方面都没有过人的能力，一切都经由努力或历练而来。

幸福，最初是一种情绪（继而充实并且扩大我们的内在）。因此，像所有情绪一样，幸福与身体有关。如此看来，学习幸福与体能运动是相同的。如果希望有更大的肺活量、更好的体力和柔软度，我们知道光靠期望是不够的，而是需要力行锻炼。然而，奇怪的是，一触及情感世界，我们就变得不实际了——我们认为（或者模糊地希望），只要决定少生气，不给自己太大压力，尽量享受生活，就能得到幸福。可惜的是，事实并非如此！就像肺活量、体力或柔软度，我们必须经常锻炼自己去承载、增强以及享受正面情绪的能力。

战 后 APRÈS-GUERRE

为生死存亡奋斗了很长的一段时间之后，仍不容易放过自己走向幸福。哲学家亚历山大·朱利安[①]在自己的著作中，特别把这样的情况称为“战后”：知道如何对抗厄运，却不曾准备如何享受幸福。历经大难之后复原的人，若希望得到幸福，是需要放下武器的。另一位作家埃里克·舍维拉尔（Éric Chevillard）也提出了他的见解：“当一切幸福的条件终于具足的时候，我

① 亚历山大·朱利安（Alexandre Jollien，1975—），瑞士作家、哲学家，因为出生时的意外，致使他终身残疾。他的哲学是一种生命的艺术，邀请读者抛弃成见，更加认识自我且发展自己的独特性；所有的脆弱、考验都将渐渐成为自由和欢愉的根基。朱利安与家人从 1993 年起在韩国首尔生活，并在禅师指导下学习禅修。

们却已经太习惯于不幸之中；就像太多的老茧，使人无法感受温润的慰藉。”

阿卡迪 ARCADIE

在初、高中时期，我学过希腊文，并且非常喜欢这个语文。

我喜欢想象着这个远古的希腊，苦心解读当时的作家。我很爱梦想阿卡迪州和那里平静的生活——这个在黄金时代被希腊和拉丁诗人歌颂为理想国，群山环绕且满布小村庄的地区，牧羊人过着与自然天人合一的生活。有一句著名的拉丁成语：Et in Arcadia ego，意指：“我也一样，曾经生活在世外桃源的阿卡迪。”

在一幅普桑[①]的画里，一群牧羊人发现一座古墓上刻着：即使，我们的生活曾经宛如昔日的世外桃源阿卡迪一般美好；但是，一旦我们死亡，就都结束了。所有的人间天堂，都只是过渡。

有趣的是，过去一想到这些，就会让我血液凝结；而今，却不然——再三反思默想阿卡迪，不会让我有逃离死亡的念头，而是升起追逐生命的心念。

金钱 ARGENT

费依多[②]有一出戏剧里的人物说道：“金钱不能带来幸福。”儒勒·列那尔在自己的日记中则写道：“如果金钱买不到幸福，把它还回去吧！”（不幸的是）金钱与快乐的关系，是不争的事实：社会上的富人通常比穷人来得幸福。然而，这种关系不是等比例的（只要对照以下的曲线图表就会知道），

---

① 普桑（Nicolas Poussin，1594—1665），十七世纪法国巴洛克时期重要画家，但属于古典主义画派，代表作为《阿卡迪的牧人》。

② 费依多（Georges Feydeau，1862—1921），十九世纪晚期和二十世纪初期法国著名喜剧作家，有“法国喜剧之父”之称。

精确地说，那是呈对数的关系。

换句话说，对于赤贫者，金钱可以明显增加他们的幸福，因为金钱可以满足人类基本的需求（如食物、住房、安全等等的需求）。然而，对于那些最富有的人来说，金钱对幸福的影响就降低了。

这是合乎逻辑的。试想，两万欧元对流浪汉来说，是有决定性作用的，但是对大老板而言却微不足道。一旦超过财富的某个下限（例如，能够提供基本尊严与平稳生活的最低财富），金钱就不再是最有力的幸福因素了。

有些人选择继续投入大部分时间和精力来赚得更多金钱，这么做还是能够增加他们的幸福感。或许新增加的财富能让他们在万一周转不顺时安然无虑，或仅仅因为他们喜欢财富带来权力、成功和掌控的感觉。然而，一旦获得了最基本的需求，一旦超越了曲线的转折点，我们其实有另一种方式比金钱更能使我们快乐幸福——把握时间好好生活，并且珍惜已经拥有的一切。

收入与心理福祉之间的关系

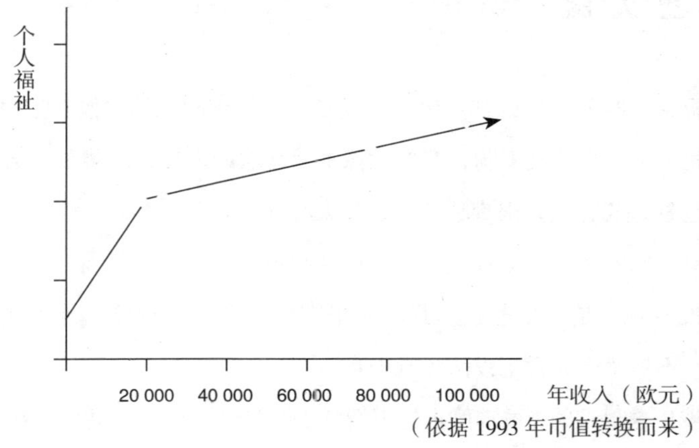

停战 ARMISTICE

六岁的艾丽斯非常关心时事，但有时会混淆一些概念。11 月 11 日晚上，全家齐聚饭桌前，艾丽斯对父母和兄弟说："你们知道为什么这些人在游行罢工吗？嗯，因为啊，他们签署了第一次世界大战停战协议！"每一年追悼大战死者时，我都会想到，历经四年大屠杀之后，终于能够返回家乡的幸存者，心里那份苦涩又诡异的幸福。

能够幸存下来，与家人重逢的幸福：又能够听见鸟儿轻声歌唱，而不是大炮震耳欲聋；又可以睡在温软的床上，而不是缩在污秽的战壕里。可是他们却经历了亲见死亡、屠杀和荒谬的悲伤，愧疚自己生还而其他战友却捐躯了。每当我看着这些老先生，这些战后余生的老兵，戴着勋章，举着旗帜，一脸严肃地走着，都会不由自主地想到这一切。他们如何能够在恐怖之后，重新获得幸福？

停止大脑 ARRÊTER SON CERVEAU

幸福，有时就是什么都不想，尤其是当我们想睡觉的时候。记得有一天晚上，我去给小女儿晚安吻，我们就像平常喜欢的那样，闲聊了一会儿。

"爸爸，我想我会很难睡着的，我太心烦了。"

"真的吗？你有什么烦恼吗？可以和我说说吗？"

"没有啦。是这样爸爸，我脑子里有很多东西跑啊跑，你能让它们停下来吗？不然我今天肯定没法睡觉啦！"

"哦！这很难的，很难停止想事情的。你在想一些让你担心的事情吗？"

"不是啦，我告诉你，爸爸，不要老想当心理医生啦，我只是想睡着而已，告诉我怎么让脑子停下来吧。"

“喔，好，我们试试深呼吸吧。不要想着自己必须睡着，不要一直说：‘我一定要睡觉，一定要睡觉。’而是，要放轻松。感觉自己的呼吸，专注感受空气缓缓进到鼻腔里、下降到肺部，然后呼出一点点温暖的气息，专心地感觉胸部和腹部慢慢地胀大和缩小……你感觉到这些了吗？”

一阵子之后，她说：“有啊，有啊。我感觉到了，似乎好了一点，可是还是不行啊，还有别的法子吗？”

“有点难呢，要知道，睡眠是没有办法控制的呀，只可以静静等着它来，现在只能试着不要心浮气躁，别强求一定要睡着。”

“嗯，好吧。算了。那拜托帮我抓抓背吧……”我照着做了。她也睡着了。教训就是：并非一定需要心理医生来帮助我们停止思绪。有时候，好好抓抓背就够了。

亚洲 ◆ ASIE

有时候觉得，今日亚洲扮演着智慧的角色，正如昔日阿卡迪所扮演的幸福角色一样。我们想象着，在一个神秘的地方，那里的人有着比我们更高尚的美德。这么想一点也不准确，可是却让人迷醉。

心平气和 ◆ ATARAXIE

快乐就是没有烦恼和痛苦吗？这个说法，并非一定有道理。因为，没有不快乐并不等于快乐。而且，烦恼和痛苦也不必然就不快乐——有时候，即使遭受生活或疾病的痛苦或折磨，我们还是可以快乐的。不过，通常我们需要安抚自己的痛苦，才能打开幸福之门。这是幸福的第一步，正如儒勒·列那尔写的：“我们不快乐：我们的幸福，不过就是不幸的沉默之音。”对于古代哲学家而言，心平气和就是激情安止，是件好事。那并不意味着冷漠或被动，不是漠不关心，而是内在解放的精进结果：摆脱不必要的牵挂、去除易怒的毒害。心平气和就是一片沃土，希冀开出幸福的花朵。

同情 ◆ ATTENDRISSEMENT

同情就是以柔软的心境，面对一些感人和脆弱的情形（例如面对一个赤子、一对老夫妇或者一个意想不到的善心举动）。今日常用“太贴心了！”（Trop mignon！）来表达这般的惊叹。女性比较容易有同情之心，因为男性往往贬低这样的行为（他们会说出“这也太娘娘腔了吧”之类的话）。对男士们来说，真是可惜。

用心 ◆ ATTENTION

丹尼尔·卡尼曼（Daniel Kahneman）是唯一获得诺贝尔奖的心理学家（尽管他得到的是诺贝尔经济学奖），也是积极心理学专家。他说：“用心，是一切的关键。”换句话说，掌控注意力的运作（也就是，我们可否意识到，在生命好或坏的方面，自己是如何运作注意力的），对于提升我们的主观幸福感，有不可轻忽的作用。

关注我们所做的事情，真的是幸福的源泉吗？答案是肯定的。我们对志愿者进行数周的微情绪取样作为当下幸福的评估，发现了几个值得深思的结果。第一，心绪愈游移不定，快乐就愈少，精神涣散是幸福的致命伤；其次，正面情绪的最佳指标之一是我们实践的用心程度，这远比实践的活动类型更重要。例如，专注于自己的工作，比东想西想地玩乐更能让人快乐。学习稳定注意力（如冥想练习），就是幸福的途径之一。

今 天 AUJOURD'HUI

当下，就是幸福的关键之一。当我们不快乐的时候，就只是生活在今天的不幸之中，根本不需要多想明天的不幸，否则不幸会持续、放大甚至溃烂。当我们快乐的时候，也千万不要忘记充分体验今天的幸福。因而，好好以爱和尊重来珍惜自己的每一天。

广受爱戴的作者 AUTEUR ADMIRABLE?

每当感觉到读者把我当成智者的时候，我总是尴尬不已。

从某个方面看来，当我们喜欢某位作家，我们常会不由自主地把对方理想化，设想他不同于其他的人，这是很正常的。我们认为他整天都是这般细腻，善解人意得像他笔下的书一样。我不想一概而论，因为我并不认识世界上所有的作家。但是，以我个人来说，事实并非如此。克里斯提昂·博班对此写下了精辟的见解："当人们谈论我的著作时，我这个人就不存在了。"

当然，作者并非都是完美的，即使那些像我这样专门写冥想相关书籍的作者，也是会暴躁发火的。即使那些写出优美空灵诗歌的作者，也还是得关心缴税的问题。作家与读者一样，都在朝向自己的理想目标而努力精进。在某些领域里，作家可能领先些许，也可能是因为他们付出过较多的努力，因而想在自己的著作里谈论叙述。读者不应该因为钦佩和尊敬而让自己盲目。

积极心理学始终不变的大原则就是：光明与幽暗，完善与不完善之间的紧密混合。因为如此，我们的生活，以及心理学，才变得这般有趣。

自制力 ◆ AUTOCONTRÔLE

有一天在书房里，我忙着做些文字工作，为了自己的下一本书，还有一些文章和序言要准备。我很喜欢写作，可是，有时候特别困难。就像那天早上书房里的情况，我有些无法集中注意力，又有些肠枯思竭。面对这些困难，我觉得自己的第一个冲动就是想逃脱工作。

几年前若遇到同样的情况，我可能就会睡个小午觉，或者下楼到厨房吃点水果，或者花点时间翻阅最近收到的杂志或书籍。这些都是让自己转换想法，以便重新回到工作的方式。这其实也是逃脱工作的借口。

今日，除了同样的借口，又有了些新的诱惑：像是，如果工作遇到瓶颈，我就会借机看看电子邮件，再来读读简讯，或者只要电话一响，就立即回答（而不是让它响着，等到傍晚才回电），甚至一直挂在网络上。以上的这些小事情实在没什么大不了的，但是，一不小心掌控就到了晚上，我也别想写出什么东西了！

就在我胡思乱想的当头，听见有人敲书房的门，是二女儿。她也在家里冲刺准备高中结业会考。她有话问我。

“爸爸，你能不能帮我保管手机？”

“保管你的手机？！”

“是啊，我想把它放在你的书房里。”

“好吧，可是为什么呢？”

“因为，如果手机一直在我身边，我就一点也没有办法准备功课。我会一直回答所有的来电和短信。一无聊的话，不是想打电话，就是想发信息。”

突然，我感觉面对自制力的挑战不再是孤军奋战！自制力，不是我们日常生活中的用语。可是，大家都很熟悉自制力实际上指的是什么，也知道培养自制力是绝对必要的。

自制力，让我们得以驾驭日常生活，让我们能够像水手一样完美地导航，适应各种有利或不利的风向。遭受玉力或环境改变时，缺乏自制力会导致我们失去判断的空间与时间，我们会丢失洞察、辨别的能力，只能任凭自己的情绪和冲动行事，因而错失应对问题的关键。反之，若具有自我控制的能力，我们就能够明智地衡量自己的选择、决定以及人生理想，然后响应降临在我们身上的一切。

因此，自制力就是整体能力的总和，在生命中的许多方面如健康、社交，抑或教学和专业上的发展，都是必要的。总而言之，任何可以提升幸福的途径，自制力都是非常珍贵的。

也许，在人类的生活中，自制的能力一直都是最重要的。然而，在今日它似乎显得更为重要。现代的生活环境既富裕又令人兴奋，却也可能是最不稳定的，因为我们必须不断面对诱惑！

在这物欲横流的社会中，我们时时被煽动——“犒赏自己一点快乐”“今天买，明天付”。还有各式各样迷人的口号，眩惑大家顺从自己的冲动。而且，我们的冲动完全被一些掌握着最新科学数据的广告和营销手法所操纵。公司企业和国民个体之间的对立，并不是处在一个平等的台面上。个人自由正在面对的是工业组织化的强大驱动力量。培育自制力，有助于让我们在这个对立位置上重新取得平衡。

自制力，就是抗拒冲动的能力。这种冲动带来立即的快感（实际的快乐），却牺牲随后的幸福（潜在的快乐）。例如，身为糖尿病患者，却吃糖（因为一时的快乐而缩短寿命）；明明知道要开车，还是饮酒；知道吸烟不好，还是抽烟；有工作要完成，却只顾玩乐。缺乏自制力，往往就牺牲了明日的幸福，只臣服于今日的快乐。

长远来看，自制力是幸福的必备要件，它让我们不至于牺牲原则，只图眼前的及时行乐与方便行事。

秋天 AUTOMNE

诗人最喜欢的季节，就像阿波利聂所言：“永恒的秋天，啊，是我的精神季节。”秋天之美带来的喜悦，是一种微妙的喜悦。混杂着对夏季的乡愁，但也因此有些厌倦（因太热而厌倦），并且等待着清冷和冬季欢愉的到来。

自愈 AUTORÉPARATION

大多数研究显示，面对艰难逆境的时候，我们之中大部分人都能渡过，不会有后遗症，只有少数人会有事后创伤的症状。事实上，心理也像生理一样，具备了不得的自愈能力，而我们却往往没有察觉到。

活着，就是采取行动，就是与他人建立联系。我们仰望天空，吃喝玩乐，越是投入生活，就越少转身朝向自己。越少朝向刚刚经历的痛苦，就越能让我们有机会训练自我治愈的能力。因此，经历困难之后，反复思考过去是最糟糕的事（这就像不断挠抓伤口，只会让伤口无法愈合）。尽力挣脱过去，才是最好的方法。但是要注意，摆脱过去并不是遗忘或抹杀过去，而是不再让自己陷在过往之中。

这样做很难吗？是的，是很困难的。但是，目标并不是要瞄准绝对的掌控，不是要“完全禁止反复思考”，而是要坚持不懈的掌控，也就是说，每次当自己又在老调重弹的时候，赶紧回到现在，观察现实并且针对实际情况采取行动，而非不断反刍着这些陷阱般的虚拟情境——无论是反刍着过去的痛苦还是未来的恐惧。

所有的欢乐，即使极其细微，甚至十分短暂、不完整又不完美，都能够抚慰生命中的伤害。这就是为什么平日越能够培养自己体会生活的能力，就越容易在生命的风暴期间或风暴之后，面对所有的伤害，也更易于开始重建生活。在这些时候，我不会刻意高兴，而仅是浸润在幸福的阳光下。等着太阳渐渐温暖我，重新给我一副焕发的容颜。

生活就是疗愈；幸福的生活更是如此。

之前和之后 AVANT ET APRÈS

有两种与幸福相关的正面情绪，用比较技术性的方式来说，就是“实现目标之前的正面情绪”以及“实现目标之后而来的正面情绪”，这两种正面情绪依赖的是两种不同的大脑途径。前者比后者更强大有力，因为那是我们物种存活的原因：实现目标之前的激励，比达成目标之后的享受来得更重要。

进化，仅着重物种的存活，而不在个人的幸福。因此，就生物面而言，我们具备了强大的能力去追求幸福。正像儒勒·列那尔所写的：“幸福，是要追寻的。”

然而，我们却不太具备享受幸福的能力，就像莎士比亚提醒我们的：“幸福的灵魂，死在享乐中。”好了，这一切都是预先设想的情况，但是，我们当然是能够摆脱的。我们并不会基于生物面的因素，当我们的香蕉或点心被抢走时，就无法控制自己而注定要追打对方。这就是“教育”（就个人层面而言），以及“文明”（就集体层面而言）。

未来 AVENIR

我已经不记得这是谁说的（人们常以为是克列孟梭[①]说的，不可讳言，这是一段精彩的政治家宣言）：“未来，不是即将发生在我们身上的事情，而是我们要去做的事情。”

有一个典型的积极心理学练习，叫作“我可能有的最佳未来”，能够帮助我们朝这个方向努力。连续四天，每天用二十分钟详细写下，希望自己的生命在几年后成为什么样子：家庭生活、朋友生活、专业生涯、旅游、兴趣爱好等等，到时候会有怎样的景象？

这个练习唯一的规则，就是一定要确切去写，利用二十分钟，而不是两分钟；要以准确详细的方式记下，而不是白日梦般的模糊笼统。想要得到练习的效果，所有这些元素都是重要的，唯有如此才会：一、让你渐入佳境；二、使你更积极参与计划。

这些事看起来似乎太容易、太简单了吗？好，就算它简单吧。但是，如果你真的做了，就绝不会认为这“太”容易了。

敬畏 AWE

一个冬季向晚，在阿尔萨斯省（Alsace）圣欧蒂山（MontSainte-Odile）的一个修道院里，我刚教完了一堂史特拉斯堡（Strasbourg）医学院的“冥想和神经科学”大学学位课程。这项课程第一次在法国教授，因为与冥想有关，所以选择在学校以外的地点教学。学生必须花整整一个星期的时间，在圣欧蒂山的修道院里上课，课中穿插冥想练习。第一周课程结束时，学生全

① 克列孟梭（Georges Benjamin Clemenceau，1841—1929），法国政治家，人称“法兰西之虎”，第一次世界大战时以七十六岁高龄担任法国总理（1917—1920），在战争中稳健的表现为他赢得“胜利之父”的封号。

部离开了，只剩下策划人员和教师们。

我也利用这个机会，独自循着环绕修道院的小径，在一片松树林间散步。修道院建在山顶上，隐没在一片森林中。那天，就像寻常的冬日，白雪覆盖一切。天空云层密布，太阳也已经下山，因而显得格外阴郁。我走得很慢，愉悦地倾听着每一步被踩在脚下的雪发出令人惊叹的声音。有时，森林偶尔出现缺口，地平线顿时在眼前展开，可以看见其他的山峦，装点着满是积雪覆盖的松树林。有时，抬起头来可以看见黑压压一片，那是尘世间的修道院。我有很奇怪的感觉——感觉还不错，但这不是幸福。天空里满是灰色，寒冷里尽带粗糙。我只是既惊讶又高兴自己能够在那里，有点被大自然的粗犷之美以及建筑物的历史痕迹所折服。

没有一个法文词可以形容当时的心情。英文有 awe 这个词，意指某种敬畏，夹杂着一点点的恐惧和莫名的害羞。心里生起的是某种被超越的感慨：当下所看到的、所经历的，远远超出平常的心理范围，超出语句和智识所能表达的，使我们无法丈量、无从把握它的复杂，以及它在我们生命中的重要性。

有些被远远凌驾在自己之上的事物震慑住了，仰之弥高不知所措。然而，又是如此高兴能够见到这般情景，还能够去观察，去细细品味，觉得自己十分渺小。这种特别的感受，不是快乐和幸福围绕着自己；而是，眼前看到，或所猜测及想象的，都让自己惊叹不已，于是只能安静地佩服着，只有屏息静默。

接着，慢慢而来的却是幽魅。

我记起 1992 年，这片阴郁的森林里发生了一次重大空难。就在这片又黑又冷的绵绵山脉，八十七个生命毁于一旦。我似乎看到了死者的幽灵，还停留在那里，盘旋飘忽在高大的松树枝丫间，用无动于衷的眼睛注视着我。

我还一直浸淫在敬畏的感觉里。但是，就在当下，我觉得自己对 1992 年 1 月某个晚上那些突然碎裂终止的生命，升起同情的心。几乎在我散步的同时，一片寂静里，我听见了自己越来越沉重的呼吸声。心脏怦怦乱跳，贯穿双耳。我是不是走得太快了？于是我停下来，给自己一些时间，感受新鲜的空气，缓和喘息。

这个绝妙独特的雪的气息。我似乎听到了，沉沉大雪覆盖下的山也在呼吸着。满山遍野的静。我任由心里的这些影像在身上游荡着：修道院、昏暗中圣欧蒂的陵墓、大学文凭、学生们的脸孔以及他们之间的讨论、坠毁的飞机，还有那些熄灭的生命。我被这种神秘的情绪感动着——一个人如何能够既安详又悲痛？如何能够庆幸己身活着，同时又为所发生的事情难过？被凌驾在自己之上的事情压垮了，同时又希望能够一直保有意识去感知生命？

片刻之后，我的身体又开始行走了，我要爬上修道院与朋友见面。我们会聊天，然后道别，各自开车、搭火车或飞机离去。我在散步时所感受到的谜团，一点也没找到答案。但是，我感受到生命的气息穿透自己，刹那之间悲伤起来，随后心灵再次得到安抚。

我感觉自己好像曾经是一只鸟，一瞬间被无形的巨人抓在手里，然后被释放，又回到天空。不明白究竟，什么也没看清楚。某个无限大、无限强的事物存在，有时攫住我们，有时又把我们释放了（通常会是如此）。

真是既美丽又可怕。

让我们保有期待，想要继续活下去、继续爱、继续温和地微笑。

敬畏……

B

仁慈

BIENVEILLANCE

a B c d e f g h i j k l m n o p q r s t u v w x y z

以仁慈之眼看世界：倾听和微笑；

慢慢来，给自己时间来判断；

然后采取行动。

巴赫和莫扎特 BACH ET MOZART

巴赫和莫扎特以他们个人的方式，让我们愉悦。巴赫的音乐，以数学的规律性与智慧，唤起我们内在的宁静和感恩，带动平和的奔放力走向神圣，让人想要潜心祈祷、看向天空、相信上帝。莫扎特的音乐，则是以轻盈和优雅，活跃我们的欢欣，让人渴望走出去、微笑、生活、周游世界，并且发现世界之美。

享乐的天平 BALANCE HÉDONIQUE

有白色，有黑色；有幸福，也有不幸福的时刻。最后，大脑把这些都放在天平的两端。想让生命美好，该怎么斟酌，又该怎么取得恰到好处的平衡呢？我们显然需要拥有比负面情绪多出两到三倍的正面情绪，才能让自己感觉良好。因此，没有必要强求全然的正面，或者担心自己的愤怒和痛苦。然而，重要的是，必须有足够的快乐幸福时光，确保可以限制、抵消，并且让你好好管理负面情绪。

福佑 BÉATITUDE

福佑，就是“上帝应允信者，获得自己真正向往的幸福”。福佑，经常被人嘲笑；他们以为接受福佑就表示把自己降低到幼稚、仰慕的被动状态，在尘世间不再具有运作的能力。我们无法追求到真正的福佑，因为它不属于这个世界；我们只能试着做好，让自己心安理得地享有福佑。有时候，在生命中某些完美和谐的时刻里，我们能够感觉到一点福佑的滋味。幸福，正犹如预感到福佑的美味……

八福 BÉATITUDES

在“登山宝训”里，耶稣宣扬了著名的“八福”，即虚心的人、温柔的人、哀恸的人、饥渴慕义的人、怜恤的人、清心的人、使人和睦的人、为义受逼迫的人，有福了。有福是“应当欢喜快乐，因为你们在天上的赏赐是大的”。这是耶稣对不幸和善良的人所说的一段话，并且承诺他们永恒的幸福王国。对于不幸之人，将能获得安慰作为幸福，因为上帝是美好又仁慈的。对于善良的人，自己的美德即是奖励，因为上帝显然希望我们可以在人世间享受幸福的况味。否则，为什么上帝要鼓励能够给自己和他人带来快乐的美德呢？

美 BEAU

这是一个美感诞生的故事，一个关于自然之美震撼了人心的故事，发生在某一年暑假的阿尔卑斯山，我们和表兄弟姊妹一起在山里的一次小远足。我最有运动细胞的一个女儿，和她的两位女友，也与我们同行。

走了一段路之后，来到一片森林，就在登上壮丽的山顶之前，眼前出现一个巨大的天然圆形剧场，真是神奇的美景。我们选的是一条比较容易上山的路径——识途老马们熟知的大摩公山（le Grand Morgon）。我觉察到女儿被这个地方感动着，而且这好像也是第一次，女儿在我还没跟她说什么之前，自发地惊叹道：“爸爸，这里真是美得让人不可置信！如此美丽，让人以为好像置身在电影《魔戒》里一样！”

然而，就在说出惊叹美感的这一刻之后，她随即嬉闹起来，同行的朋友也跟着一起发起野疯，这群女孩尖叫着，像高山草原上的小马儿。她们以另一种肢体方式，来赞叹眼前的美景。随后，登上山顶的路径有点陡峭又有些远，不免伴随着埋怨；但是没关系，因为我见证了一个诞生——一个美感的诞生。

总而言之，这是一种感动的能力，一种为之欢愉并且能够说出来的能力。多么美好的一天啊……

安适 BIEN-ÊTRE

这是一种动物性需求，并且是身体上的——就是没有任何一处不舒服、就是肚子饱饱的、就是在一个愉悦舒适的地方、就是被仁慈所包围并且感到安全。这就已经很不错了！通常对动物而言，这已经足够了。但是对人类来说，并不尽然，他们有两条途径可以选择。

就量的方面，我们借由参与不断更新且越来越多的外在乐趣，继续寻求、增加或延长安适的感觉。就质的方面，我们则转向内在的追求：意识到这样的安适，并且将它升华为幸福。这样的经验因此显得更耀眼、更有意义，也有可能成为更深刻的记忆（反之，单纯的幸福往往容易被人抹杀或遗忘）。

这里只有一个练习可做，这也是积极心理学最重要的练习之一：享受并且意识当下的幸福。必须不放过当下所有的幸福吗？并不尽然。因为，生命里除了幸福，还有其他目标。不过，还是要尽情去追求幸福！

主观安适 BIEN-ÊTRE SUBJECTIF

大多数科学研究里，幸福的学名是“主观安适”。在研究人员眼里，“幸福”这个名词含有太多哲学和宗教的意味，所以创造出了“主观安适”一词，虽然少了些性感，却不会有历史的包袱，因此也比较不会挑起太多的争议。

仁慈 BIENVEILLANCE

仁慈，就是见贤思齐。带着友好的眼光看世界，永远不会忘记人类的良善、脆弱和令人感动之处。必须学着超越那些烦心或失望的事情，不要因此而却步。仁慈是双慧眼，可以看穿恶劣的态度和不良的习惯，穿透防御和挑衅的硬壳，直视他人内心脆弱的地方。仁慈，也可以扫除痛苦，除去信仰的浮夸，这些都是人类伪装成强势或聪明的手段，是幸福的障碍。仁慈，是一种生存的决定：决定迈向生命，期望见证生命美好的一面。这并不是说，只看生命好的一面，而是说，首先从生命好的方面开始。

仁慈，是迎向世界与世人的最佳基础。大家都从仁慈善心开始，然后思考：仁慈不会让人丧失批判能力。必须由仁慈善意出发，而不是像那些乱发牢骚的人，总是先以挑剔和恶意的眼光评断事情。要注意的是，仁慈不是宽容那些会困扰我们的事情。仁慈不是中立，而是大气；不是退缩，而是往前。

练习仁慈：先从心情好的那天开始，从不太会困扰到自己的事情开始锻炼。然后，增加难度。如果在非常恼火或身心状况不佳的状态下，还能够保持仁慈善意，那就表示已经达到登峰造极的修养了。我还从来没有到达过如此境界，因此，只能保持沉默和倾听。

别人的幸福 BONHEUR DES AUTRES

能为别人的幸福感到快乐是件好事，这表示，我们已经了解了两件重要的事：第一件，羡慕和嫉妒是不必要的痛苦；其次，别人的幸福对我们来说永远都是好事，它不会减损我们，而是能够美化世界。

因此，无论是在情感上还是在智识上，嫉妒他人一定是错误的，因为这会增加自己的不幸，而且这也是个错误的判断。因为，如果别人幸福，对我们也是有利的——人类越幸福，相处就越愉快，世界就越宜居。

幸福与欲望 BONHEUR ET DÉSIR

欲望，让人心头发痒；幸福，则让人轻盈起来，不再需要任何东西，只希望这样继续下去。幸福的时光，就是欲望的消失，在那一刻，我们拥有了一切所需。尽管这里所谓的“一切”并不是指什么大不了的事，可以是一缕阳光，可以是孩子的笑声，也可以是一本让我们增长见闻的书；当下，我们是幸福的，这就足够了。

幸福，就是丰足（“拥有自己所需要的”）和安抚（“不再需要其他任何事物了”）。

幸福和快乐 BONHEUR ET PLAISIR

快乐，是一种爱抚；幸福（一旦我们意识到它的含义和影响时），则是由这种爱抚形成的恬静体会。夏日宜人的凉风轻轻抚过脸上，这是快乐。意识到这凉风代表的所有意义（“我活着、现在是夏天、天气温和、自己拥有一副躯体”），这就是幸福。

好心情 BONNE HUMEUR

好心情，是幸福的情绪，幸福的小零头。比方说，钞票满满，是幸福的时刻。乐透彩金，那数字后面的零，多得甚至令人一下说不出数字，那是极乐——无妨做做白日梦，但可别指望太多。

善 行 BONNES ACTIONS

童子军承诺力行善事。他们的百件善事列表里，我发现了一些特别是在营地要做到的善行——帮助比自己年幼的童子军提水；照顾心情郁闷的人；对请求服务的人报以微笑（即使对方一再要求）；与吵架的人和解；显扬一位刚被批评的人的优点；放慢脚步陪同疲惫的人；微笑感谢那些拒绝我们热情的人；冒着水被喝光的风险，把自己的水瓶借给别人；随手关上营地或牧场的栅栏；拿掉粘在狗毛上的蓟刺；借东西给别人的时候要微笑；主动帮忙，不要等别人开口要求；把路上被辗碎的蜗牛（或刺猬）拨到路旁；挂好从晒衣线上掉下来的衣物；安抚生气的人；阻止游戏作弊；向乡间路人问好；拾起草地上的绳子；捡起地上可能会造成危险的玻璃碎片；捡起草地上的锡箔纸或灌木丛附近的废纸；有人在十字路口犹豫时，帮忙带路；清理让树木窒息的常春藤；与自己不是特别喜欢的人分享点心；与别人分享自己用零用钱买的东西；加满借来的水瓶（或水桶）后，才归还主人；仗义保护弱小；重新定向一个意见分歧的议题……

当然，我们可以认为这些都是对童子军的期许，但是，如果大家每天也都这么做，相信地球上的气氛会大大改善。

良 好 情 操 BONS SENTIMENTS

有一件事情令我愤怒到极点：有些言论，一味批评感化人心的文学，责难道德的宗旨，将其冠以“教忠教孝”（moraline）[1]之名，并极尽挖苦之能事，

① moraline 一词，颇含贬义，尼采曾用来形容基督教的道德。词源学名词后缀用法中，–INE，广泛应用于药品的名称上。“moraline”是虚构的药名，描述使用一个虚构的产品来提振士气。

实在令我愤愤不平。这样幸灾乐祸地打击良好情操，总让我不寒而栗。

以似是而非的巧辩作借口，结果就成了真确的智识；至少在法国，批评而不尊重幸福，仍然被认为是高尚的行为。[①] 使用的方法始终都是同一套，即为了拒绝而曲解；他们将那些行之已久的忠告，转换成“幸福的独裁”，将那些简单（却很难实际应用）的建议，说成是“白痴的窍门”。他们就这样来挑衅身为治疗师的我。

我的经验是，让一个有良好情操的人睁开双眼看清现实，比让一个负面的人拥有仁心善意来得容易。就这方面而言，解救过度重视教化，是比解救负面否定来得容易。

“起来，动一动！”

《BOUGE-TOI LES FESSES!》

在行为治疗中，或是在生活里，都应该尽量做一些我们建议别人做的事情。只会建议别人做，自己却不去实行，那是多么荒诞的想法！

有一天，我和一位正处于轻微抑郁期的病人谈话。他告诉我，自己有严重宅在家里的倾向：坐困愁城，少有行动，几乎足不出户，动也不动。他原本就是个在家工作的人，这样的情况让他的生活几乎静止了！抑郁症会变得更严重的原因之一，就是这样静止不动的生活方式。于是，我们开始全面思考，有什么事情可以让他重新投入，行动起来。

突然，我意识到当下的情形真是有点荒谬——就在讨论如何行动的同时，我们自己却牢牢地粘在椅子上！于是，我告诉他：“嘿，走吧！穿上大衣，我们到外面继续讨论，出去遛遛！”他有些惊讶，但还是欣然接受了。

外面的天气糟透了，又阴又冷，还下着毛毛细雨，是典型的十一月

---

① 作者批评法国社会以崇尚智识为先，鄙视道德的行为。

天，凄风苦雨。但是，没关系，我们先在圣安娜公园（Les jardins de Sainte-Anne）走了一下，接着又到了邻近的老鼠山公园（Le parc Montsouris）。我们一边走路一边说话。最后，回来时我们既平静又高兴，庆幸拥有这一段边走边谈的时光。

病人告诉我，这段散步让他十分受益。他想起了，朋友偶尔在周日来看望他时，他们会一起散步。他非常喜欢与朋友一起散步。其实，我也很高兴能与他在这样灰暗的天空下走走。突然间，天地变得不再那么糟糕扫兴。在这样的一天里，加入了这段一同散步的插曲。

我要求病人每天都应该走一个小时，就像我们刚刚一起出门散步那样。我提醒他，一个防止胡思乱想的方法是：与其用意志来制止，倒不如出去走走。当我们互相道别的时候，我已经迫不及待想再见到他，好想快点知道这方法是否对他有效！

微笑的面包师 BOULANGÈRE QUI SOURIT

我在距离住家有点远的一家面包店里买面包。下午 7 点 25 分，面包店快打烊，已经没有多少选择了。我前面的一名年轻女子问面包师，是否可以只买半条面包。她解释说："只是要做个三明治。"女面包师回说不行。可是再过 5 分钟就打烊，面包可能就卖不掉了。让我惊讶的是，女面包师带着非常甜美的笑容，既不矫揉也不挑衅，更没有任何尴尬。仅仅一个真正的微笑，一切尽在不言中；她表明理解客人的意思，但是她不接受客人的要求。既没有解释，也没有不愉悦的情绪，就只是一个平静、充满笑容的"不"。

坦白说，如果是我，我会卖那半条面包。但是，这并不是让我最感兴趣的地方。我最感兴趣的是她的笑容，实在太厉害了。这位看起来并不特别好商量的客人，面对这断然的拒绝与坦然的微笑，显得有点吃惊，旋即也微笑回答：“好，我就买整条好了。”她甚至还跟面包师天南地北地聊了起来。

这不禁让我想起了我家附近的女面包师，经常粗鲁又不苟言笑（但是，她店里的面包真的非常好吃）。同样的情况，当她说“不”的时候，会因为脾气如此恶劣，而让人觉得有十足的攻击性。而我刚刚见证的这个“不”，处理的是同样的问题（必须买整条面包，或是什么都不买），却进行得如此顺利！

有人会说，好了，基本的问题不就是面包嘛。可不尽然，不是这么简单，应对方式也是很重要的。面包和应对，人类的两种食粮。微笑地说“不”，是一种缓和的方式，你同时接收“拒绝”和“微笑”，那么，被拒绝就变得仅是小小的痛苦罢了。

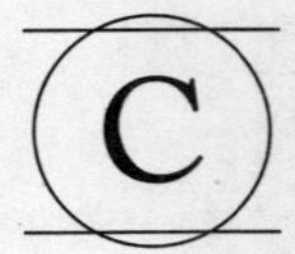

选择

CHOIX

a b C d e f g h i j k l m n o p q r s t u v w x y z

你往往不会想到，囿于自己的旧观念；

然而，你还是有选择的：

说出来或生闷气，建构或破坏，嘟囔或微笑。

购物推车或现实生活

CADDIE OU LA VRAIE VIE

滑雪度假的某一天，轮到我去当地小超市，准备二十人份的食物。选了一些东西放进购物推车之后，我就径自离开，钻到角落里的开架上找东西去了。当我抱着一堆牛奶食油之类的物品回来的时候，购物车竟然不见了。我到邻近的走道找了一下，糟糕！推车竟然不翼而飞！

谁会偷一辆购物车呢？我告诉自己，应该是放到别的地方了，于是我重新再找。忽然，我看到自己原先买的东西，被扔到一堆胡萝卜上——显然是有人拿掉我的东西，然后占用了购物车，就这么让我灰头土脸地找了一刻钟。当然，我起先有点恼火，因为被人敲走了一欧元。重点是，我还得再回停车场推另一辆购物车。其实，最让我难过的是，人心不古。

我四下环顾，看到的不再是单纯诚实的游客和与世无争的当地人，而是潜在的罪魁祸首。在我眼中，只乘下无礼、懒惰、不诚实和没有公德心的人了。总之，只因为一个人，就毁了超市的小小人伦。我对这个迷你罪行困惑不已——那个手脚利落偷走别人购物车的顾客，如何能够泰然无事地塞满一车的食物后去结账呢？

我不喜欢面临这样的情形，这让我伤心，并且得费尽心理能量才可以冷静下来。权衡轻重后，我告诉自己，这没什么大不了的，还有比这严重许多的事呢。而且，这样的小小恶作剧，一直都存在。做这些事的人，在我需要帮助或遇到麻烦的时候，也许也会慷慨相助。总之，我必须费一番功夫，才能让脑子清静下来——重新让次情绪（愤怒）升为主情绪（悲伤），然后安抚悲伤的情绪使其平静。

话说，我新拿到的购物车，可是寸步不离自己的视线了。每次跟一个“嫌疑犯”擦肩而过时，我总是带着警察的鹰眼：这个人笑得太过了一点？眼神飘移？举止怪异？该不会就是他吧？

这个故事的教训是：我还是像平常一样，蛮幸运的，只失去了一欧元和五分钟。只花了这么小的代价，就得到了两个实际的小提醒：一、恶搞是生活的一部分；二、即使像我这样的心理医生，也和其他人一样，鸡毛蒜皮的小事就能让我落入巨大的情绪风暴里。

加油，老兄，努力吧……

正面调焦 CADRAGE POSITIF

积极心理学，就是要不断地调整取镜，又要姑息马虎。调焦的方式，最好是既温和又坚定。

有一天，我参加了一次会议，有个被称为“调节者”的人，邀请大家向演讲者提问。他是一位经验丰富的主持人，因此很清楚，经常有一些要求发言的人并不是为了提问，而是想要进行一段漫长的独白，发表自己对演讲内容的看法，结果往往是满厅的抱怨。因为，这段长篇大论即使有趣，也会缩短大家可以问问题的时间。况且，规定就是规定，必须遵守，大家都要尽量言简意赅。

那天的主持人很幽默，有点调皮但又很清楚地说：“好，我们现在就开始接受提问。我要提醒大家，所谓的问题就是：简短，并且以问号作终结。”如果我没记错的话，那天多亏了主持人，我们经历了一场名副其实又非常有趣的提问。

蟑螂、樱桃以及负面迂回

CAFARDS, CERISES ET BIAIS DE NÉGATIVITÉ

这是实验心理学一个著名的例子：一只蟑螂足以让人对一碗漂亮的樱桃却步；可是，一颗漂亮的樱桃却不足以使一碗蟑螂变得吸引人。实践积极心理的最佳理由之一是：如果不这样做，就会变成负面迂回的受害者。

为什么负面总是比正面强呢？因为，我们的大脑是以确保存活为先决条件，而慢慢进化形成的。因此，大脑总是全面优先考虑坏消息，来面对一切可能的危险（例如捕食者的攻击）。至于“好消息”的处理（例如寻找食物、休息的地方或者性行为等等的可能性），则排在第二位。始终都是如此，始终都是将存活列为优先考虑项，即使因此而错过吃、喝、休息或消磨时间的机会。

不能忽略任何一个攻击者或任何一个可能的生命威胁。因此，生存第一，生活质量则其次。这也就是为什么，感受负面情绪总比感受正面情绪来得更容易，也更快速；因此，负面情绪持续的时间往往比正面情绪长，带给我们的感受也比正面情绪更强烈（记得危险，永远比记住美好的时光来得重要）。

今日，我们不再生活于布满捕食者的丛林里，因此，我们必须尽力重新平衡这一切！

卡里古拉 CALIGULA

在大多数人的印象中，卡里古拉是个疯狂、堕落又残暴的罗马帝王。因为他有杀人不眨眼的妄想症，最后也被自己的禁卫军暗杀了。而一般人所不知道的是，他统治初期，在他的名字还没沦为疯狂的代名词之前，卡里古拉其实非常英明，广受人民爱戴。

到底是怎么回事呢？有人指出，是因为权力的腐化。加缪[1]笔下一部名为《卡里古拉》的戏剧中，则提出另一番假设。加缪认为，导致卡里古拉疯狂的关键，可能是他深陷在一段自己无法接受的死亡痛苦里。

卡里古拉：一个女人的死亡，有什么大不了的！不，不仅仅如此而已。这是真的，我似乎还记得，就在前几天，我曾经深爱的女人死了。然而，什么是爱呢？微不足道罢了。我发誓，她的死亡，实在没什么。只是告诉了我一个真理，一个让我不得不看清月亮的真理。一个再简单清楚不过的真理，有点愚蠢，却很难找到又很难承受的真理。

赫利功（Hélicon）：这个真理究竟是什么呢，卡里古拉？

卡里古拉，转用一种平淡的语气：人死，人不幸福。

卡里古拉刚刚痛失了妹妹，同时也是他乱伦的情妇。这般深沉的悲怆，把他推向了毁灭性的愤怒，让他迁怒于一切与幸福相似的事情。我们也是一样，每当被痛苦淹没的时候，也像卡里古拉一样，被推进厌恶世界的深渊。

死亡集中营 ◆ CAMPS DE LA MORT

集中营是恐怖和不幸的巅峰，没有任何事物跟本书标题的关系，比集中营来得更遥远了。但是，历史学家感兴趣的是幸存者的回忆——囚犯如何能够存活下来，如何能够面对这样的恐怖、这样的绝对苦难？

以我之见，若不仔细研读幸存者的文献，就不可能对“幸福”产生任何形式的思考和理论。在这些丰富、感人又令人不安的史料里，有几件事情深

---

① 加缪（Albert Camus，1913—1960），出生于阿尔及利亚的法国小说家、剧作家、评论家及荒谬哲学的代表，曾被视为存在主义者（他本人多次反对），1957 年获颁诺贝尔文学奖，其所主张的人道主义精神使他被誉为“年轻一代的良心”。

深地打动了我。首先是，女性存活比例比男性高出许多。其中最有说服力的解释是，女性彼此之间表现出来的相互支持；相对的，男性常常互相忽略或彼此对立。

社会关系是正面情绪最强大的源泉之一，除了实质的影响（例如工作、取得食物时互相支持），社会关系也造成心理影响，而且非常可能就是促成集中营里女性存活下来的原因。我不知道在这里谈幸福，是否合理、是否有些亵渎？但是，在地狱般的境况下，这种人性温暖所带来的抚慰，想必是无比珍贵的。

这些集中营文献里透露出来的另一个惊人现象是，审美和智力经验的坚持，像是面对落日、诗歌、歌曲或音乐而深受感动时，笔下所流露的情感。然而，集中营里的囚犯并非都是艺术家或知识分子。这一切未必直接攸关幸福，却是一种正面的情感、一种提升，就像我们感受到壮阔美丽时，便能超越平凡。这种升华感动了我们平凡的生活，于是成了动人的经验。当它出现在死亡集中营，出自那些受到死亡以及不人道威胁的心灵时，是多么令人震惊。有时，这甚至是一种救赎。

卡桑德拉 ◆ CASSANDRE

卡桑德拉是特洛伊王普里阿摩（Priam）的女儿，非常漂亮。她得到阿波罗神的恩典，能够预测未来。然而，这个恩典并非没有私心——当卡桑德拉拖延阿波罗的求爱时，阿波罗的报复就是让她所说的话永远不被相信。卡桑德拉一辈子都在预言即将降临在她和家人身上的恐怖和不幸，但是没有人听信她，而这些不幸都应验了。

传说中还提到，每个人都试着回避她。这也难怪，悲观的人总是让人厌烦，因为他们最终会让周遭的人沉重无比，令人想要远远逃开，导致众叛亲离。不过，还是要试着听听他们说的话（有时候也是有道理的），然后重新调整他们所说的话（他们很烦人，并且自讨苦吃）。

因果 CAUSALITÉS

心理学的“因果”一词，常针对我们的个性：“她很悲观，因为她父母就是悲观的人。”或者针对事件：“我没法融入今晚的聚会，我觉得很不自在，因为在场的人学历涵养都比我高。”

有时候，探究为什么很有趣，但往往也会让人落入陷阱。只要研究改进两个面向：一、为什么我会这样？二、怎样才能改变？不需要花太多时间自问“为什么我们不能更快乐”，应该多想想“怎样才能快乐”。

妥协 CÉDER

以幸福和福祉之名，要妥协到什么程度，才不是懦弱呢？即使朋友做错了，也不对他生气？不纠正一个没礼貌插队的人？智慧何时停止，放弃又何时开始呢？只顾自己的舒适，是不是就等于放弃公共利益？我没有放之四海而皆准的答案。否则，有时牺牲这种舒适是会引来争议的。因此，只在心平气和的时候，再这样做吧。

正向反心理学的确定 CERTITUDES ANTIPSYCHOLOGIE POSITIVE

正向反心理学，可以是激进的：“这些幸福小伎俩，都是胡说八道或锦上添花，行不通的。”若不那么激进，则会说：“不管怎么说，这些对我不管用。”过渡时期则说：“我现在心情不好，一听到幸福就让我恼火。”在我看来，只有后两者才能找到出路。

大脑 CERVEAU

显然，我是否舒适安康，关键几乎都在于大脑的运作。虽然，身体其他部位如心脏、胃或皮肤等也有作用，但仍以大脑为平台，以它为控制站、终点站，是至关重要的中心。多亏了我们把这个领域夸大称为“幸福的科学”，还有神经影像学、神经生物学等等。我们开始知道，快乐或不快乐的时候，脑壳里到底发生了什么事——什么地方发生何种动力节奏的变化、什么部位开始消耗过多的氧气、哪些部位进入睡眠状态……

有些人担心，科学的探索会让我们的生物小秘密日益透明化。对我来说，这些既不会打扰我，也不会让我特别关注，反而令我心安——这些反复平稳的努力，可以跟药物或毒品一样慢慢改变大脑，令其朝向正确运作，甚至更有效。这让我很开心！

幸运 CHANCE

法国人是出了名的爱发牢骚、情绪抑郁。这跟他们对幸福的看法有关吗？在法文中，“幸福”一词的词源是“好”和“运气”两个字的组合。这么说来，“幸福”就意味着要靠运气啰？这样的想法足以让人打消努力的念头，只会助长我们悲观埋怨的一面。然而，我们都错了：现代针对幸运所做的研究表明，运气不是从天上掉下来的，而是由非常务实的态度和行为累积的结果，只是我们没有意识到。

第一点：幸运是一种心态，一种理解生命的方式。有一个测试：你正在银行提领支票本，一名蒙面男子出现，挥舞着枪要钱；逃离之前，为了吓唬群众制止追捕，歹徒举枪四面扫射，一颗子弹打中了你的手臂。你到底是幸运，还是不幸呢？假使是个忧郁的人，你会说：真是运气不好！如果我早五分钟或晚五分钟到，就不会碰上这样的麻烦了。而且，我还是唯一受伤的人。然而，假使是个快乐的人，你会说：好险！只差二十厘米就是心脏，幸好有守护天使的保佑！

第二点：幸运也是态度的总和，有利于好事的到来。曾有研究显示，自认为幸运的人，到达新环境的时候，较会环顾四周（在一项研究中，他们能够注意到研究人员放在地板上的钞票），或者比较容易与陌生人谈话（能够接获讯息、微笑、沟通等等，对他们来说，当下接收到这些讯息是愉快的，以后也可能对他们有利）。因此，幸运和正面情绪之间，存在着良性循环：越快乐，我们就越幸运；越幸运，就会令我们越快乐。这似乎也是最强的因果关系：感觉幸福让人更幸运。幸运，就好比幸福的“副作用”。

改变：可能性 CHANGER: LA POSSIBILITÉ

幸福的能力是否有可能再进一步呢？长期以来，人们一直认为这是不容易的。无论是在极度伤心之后变得更好，还是在狂喜之后变得更糟，总是不可避免地又会回到折中的地带。这都是真的，然而现在我们重新发现了，有利的事件发生之后，或者经过一番努力之后，我们可以更稳定、更持续地提升幸福感。

因此，好消息是：我们比较不会被自己的过去、不安和习惯所束缚。不太好的消息则是：这也可能有相反的作用。如果我们一直反刍或抱怨，或专注于生命中不好的一面，幸福感是会降低的。因此，要注意，保持一定的幸福感！

改变：步骤 ◆ CHANGER: LES ÉTAPES

美国作家马克·吐温（Mark Twain）说：“改掉习惯，不是把它从窗口扔出去，而是必须带领它一步步走下楼梯。”

事实上，光决定要幸福，是绝对不够的。就像任何学习一样，还需要有步骤的计划。想想你为了要更快乐所付出的努力，就像慢跑或健身所做的努力一样——有些日子里，我们提不起劲，但是如果还是去做了，通常会觉得比较好。总之，在任何情况下，做一定比不做好得多。

淋浴时唱歌（以及在其他地方唱歌）◆ CHANTER SOUS LA DOUCHE （ET AILLEURS）

我表弟马克常常在淋浴的时候开怀唱歌。当我们一起度假时，老远就知道是不是有人在使用浴室。他总令人不由得微笑起来，想攫住几个从他欢乐的肺里高声飞扬出来的幸福分子。

听人唱歌，真的能让心情愉快。春天的一个周日早晨，窗口飘出来快乐的歌声，原来是我另外一位表弟在淋浴的同时，欢喜地唱着歌剧。他是个喜欢在角落里独自唱歌的小孩。

歌声里，洋溢着小确幸。不言而喻，歌声本身传递的就是幸福。只需要听着那高扬的欣喜，就像卡通影片《丛林奇谭》（Le Livre de la jungle）[①]里，棕熊巴鲁唱给毛克利的生命寓意：“只需要少少一点，就能幸福。”大多数人都以为，只要克服自己的忧虑和不幸，最终一定能幸福（就像一首美国歌

---

① 《丛林奇谭》是迪斯尼于 1967 年制作并发行的动画电影，改编自吉卜林（Rudyard Kipling）的同名小说《丛林之书》（The Jungle Book），主角是名叫“毛克利”的人类男孩和名叫“巴鲁”的大熊，故事讲述毛克利从小被狼群养大，和动物朋友们在森林里的冒险旅程。

曲：《别担心，要快乐》）。

另外，有些人总在提醒，不幸从未远离，就如夏尔·特雷内[①]唱的《我高歌》（Je chante），很少人知道，歌曲以自杀结束：

绳子，
你将我从生命里解救出来，
绳子，
接受祝福吧，
因为，多亏有你，我才能归还灵魂。
今夜吊死自己。
并且，从此……
我高歌！
夜晚和清晨高歌，
我高歌在不同的路上。
出没于农场和城堡，
一个唱歌的鬼，
大家都觉得很有趣。
我躺下，
在满布花朵的斜坡，
苍蝇
不再咬我。
我很快乐，一切都好，不再饥饿，
真是幸福，终于自由了！

---

① 夏尔·特雷内（Charles Trenet，1913—2001）是法国的国民歌王，二十世纪二三十年代就已成为香颂的代表人物，与皮雅芙齐名，一生创作了许多脍炙人口的歌曲，并曾参与电影演出。

尽管如此，这首歌仍然是法文歌曲里，讲述幸福最优美的歌曲之一。正因为它提醒了欢乐里的悲伤，所以这首歌成为丁表达幸福最强烈的歌曲之一。

“去除本性，马上又故态复萌”
《CHASSEZ LE NATUREL, IL REVIENT AU GALOP》

我不喜欢这句话。因为它会让我们很快就放弃改变的努力。当我们决定改变自己习惯性的情绪（比如少发牢骚、少抱怨、看事情的光明面、珍惜美好的时光、表达自己愉快的情绪……），单单期望是不够的，还必须经常培养和练习设定的行为和态度。这就好比试图跑得更快更久，或希望有更大的肺活量、更好的体力以及柔软度。

我们都知道，就像慢跑、瑜伽或健身运动一样，仅仅希望是不够的，还必须定期锻炼。希望改变情绪和心理，也是一样的：只有规律地实践，才能使自己不断进步。如果我们停止跑步，肺活量就会减小；如果我们停止快乐，就会失去幸福。

狗和猫 CHIENS ET CHATS

研究告诉我们，猫和狗常常是主人幸福的源泉。尽管猫狗各自风格不同，却也可以算是快乐大师。我们比较容易佩服猫儿们那十五到十八个小时完全放松的长长午睡时间。可是，狗儿们或许更幸福：像人类一样，狗对主人无条件的爱是肯定的，这也正是它们能够拥有强大幸福感的原因。

从猫和狗身上，我们可以得到启示！我们在与人交往时，可以有时像猫，有时像狗！随着对象的不同、时间的不同、心情的不同，以及亲人的需要不同，有时保持亲切的距离，有时又能无条件地给予。

选择快乐 CHOISIR D'ÊTRE HEUREUX

我们真的可以说“我选择幸福”这样的话吗？生命里的某些时候，并不允许我们这样说，因为在那些时候我们只能为生存奋斗，别无其他选择。但在其余的时间，我们可以选择照看幸福，留心幸福产生的条件。选择让幸福容易一些。

选择 CHOIX

在富裕的消费社会中，我们往往以为有更多的选择是一件好事。然而，并非每时每刻都是如此。在十五类品牌的橄榄油、二十种款式的车型、三十个度假地点之间做选择，并不真的是一件多么好的事情——还记得最后一次面对几十道菜单的餐厅，自己是如何却步的吗？这样多如牛毛的选择，存在两个缺点：一来，我们必须承受不必要的迷你焦虑；再则，白白耗费心力。

事实证明，完美主义消费者（即“做最好的选择”）相较于权宜型消费者（“好吧，别再自找麻烦了，这东西看起来还行，就是它了，我可没那么多闲工夫”），多了焦虑又不容易快乐。想来，这道理适用于超级市场里，也适用于我们的生活。不要混淆富裕和自由，更不要混淆富裕和幸福。

严肃的事情 CHOSES SÉRIEUSES

生活中，有严肃和不严肃的事情。对很多人来说，心理学并不在严肃事情之列，更不用说积极心理学了。有一次，我为一所著名的精英学校校友演讲，主题关于幸福。与会人士都有相当高的科学涵养，因此我非常着重强调积极心理学的学术研究。根据他们的表情和反应，我准备的内容相当适合。

主持人礼貌地听完了我的演说，与听众之间一连串的问答之后，就在我正要离开讲台时，他介绍下一位演讲者出场，该讲者也是这所精英学校的会员。主持人说："我们再次感谢安德烈博士！好，现在，让我们言归正传……"此话一出，引得全场哄堂大笑！

不言而喻，原来我扮演的角色，不过是热场的舞者或小丑，充其量，就只是大家的余兴。若是在几年前，这样的事可能会惹恼我，但现在已经不会了。我甚至觉得有趣——在生命的大舞台上，最好还是要确切地知道自己处在什么样的位置！

墓地 ◆ CIMETIÈRE

墓地是深思幸福最理想的地方（当然不是在亲朋好友的葬礼上）。在墓地里，我们可以找到安宁与孤独，感知时间正在消逝，预示有一天我们也终将消逝。一切事物的相对性，所有的点点滴滴，都在帮助我们了解，在下一步来临之前，人世间的生命，是多么令人兴奋的机缘。

当然，这样的练习只能在心情好，并且没有什么大灾难的时候做。在平静的时刻，做这样的练习，总是比较恰当的。

萧沆 ◆ CIORAN

我实在有些费解，为什么自己如此需要阅读萧沆的书。尽管萧沆的亲朋好友形容他是个时时愉悦且充满幽默的人，然而，萧沆却着迷于阴郁，就像保罗·瓦莱里[①]着迷于学识一样。例如萧沆写道："我生，只是因为我可以依照自己的意愿选择死亡：若不是抱持着轻生的念头，我早就戕害自己了。"或者又像他写道："精子，是纯然的盗匪。"

长久以来我一直自问，为什么会如此喜欢像萧沆这般阴郁又悲观的作家，而我却是有志于幸福的追求。我一直认为，这是因为他说出了我悲伤和抑郁的底调。或者因为他是个反模范：一旦超过一定的程度和一定的重复性时，哀伤和悲观就不再具有传染性了，这就是所谓的饱食效应。即使是喜欢的事，也会因为过多而导致停止。

记得以前，我们为了治疗烟瘾，有时候甚至要求他们一根接一根不停地吸烟，直到呕吐。高度悲观，也可比拟饱食效应，因此具有挑战性。或许，高度悲观也让我们想要拥有轻盈和幸福，并显示出承受生命的绝对必要。我喜欢萧沆，也因为他很清楚我们思维的陷阱，以一种嘲讽的智慧，揭示我们的错误和过分："焦虑，应该可以说是最糟糕的狂热。"

有一天，是克里斯提昂·博班让我睁开双眼，明了自己为什么如此喜爱萧沆："实际上，他完全释放了现实希望的领域，因为他去除了所有轻易的沉醉……他用一把小刷子，清除了所有垃圾般的轻易安慰。对我而言，经过此番清理之后，真正的话语才能开始。他做的是冬神的工作，终于清除了枯枝：这就是所谓的为春天做准备。"我喜欢萧沆，正是因为他为我们清扫并且开出面前的幸福之道。

---

① 保罗·瓦莱里（Paul Valéry，1871—1945），法国作家、诗人、哲学家，1891 年结识马拉美（Stéphane Mallarmé），深受其影响，后因自认无法超越马拉美，心生绝望而放弃写诗，专心研究数学与哲学。1912 年，纪德（André Gide）与他联系，重印他的早期诗作，1917 年出版《年轻的命运女神》（La jeune Parque），一夕成名，1925 年入选法兰西学院院士。他的诗作富哲思，常以象征笔法呈现生与死、灵与肉、永恒与变幻等主题，对法国当代知识分子影响深远。

钟声 CLOCHES

一个春天的星期天早上，所有的钟声响起，太阳已经高挂天空，空气开始和暖。再过一会儿，朋友们会来家里，我们准备在花园里午餐，其间或许会有孩子们的叫声和蜜蜂嗡嗡的声音。很幸福的感觉。因为我出生在一个天主教国家，钟声的音韵律动着我的童年，以及日后的生活。突然间，我不禁自问，如果是僧人又会是什么样的光景呢？同样是春天的早晨，寺庙的诵经吟唱，是否也带给他们宁静和安然呢？

协调一致 COHÉRENCE

那些骗子、说谎癖的人、邪恶的人、虚伪的人、暴力的人、有问题的人以及制造问题的人，他们能够幸福吗？他们是不能幸福的。他们能感受的是快感、舒缓、满意，而不是幸福。他们永远无法感觉到与世界和平一致，也永远无法感觉到自己正在对周遭的人行善。我一直无法相信，混蛋也能幸福。

结肠镜检查和终峰定律 COLOSCOPIE ET RÈGLE PIC-FIN

是的，我知道，结肠镜检查与积极心理学实在没有直接的关联。然而，你会明白的……

这是1990年间进行的一项科学研究。当时，结肠镜检查往往在没有麻醉的情形下进行，因此是一项相当痛苦的检查（从肛门插入导管，探测病人的下消化道）。参与研究的154位患者，必须每分钟记录下自己的痛苦指数（由

0 表示无疼痛，到 10 表示无法忍受）。有些结肠镜检查时间很短（历时 4 分钟），有些很长（超过 1 小时）。检查结束后，由“痛苦量表”可以判断出，曲线以下面积越大者，病人所受的痛苦就越多（最后获得两类结果，得出以下 A 和 B 两种不同病患的曲线）。然而，当他们被问及整个过程中所受的痛苦时，病人的主观判断与客观测量却不尽相同。

自我疼痛的评估，实际上涉及两个具体的因素：感觉最疼痛的时刻（即“巅峰”痛苦），以及检查结束时的疼痛感觉。这就是我们所谓的“终峰”定律。所以，如果我们再回头看那两条曲线，结肠镜检查时间短暂、总疼痛量较少的患者 A 所保有的记忆，比检查时间漫长、痛苦较多的患者 B 来得糟糕。患者 B 在检查接近尾声时，疼痛早已经降到可以忍受的程度；然而，患者 A 的检查，则结束在最糟糕的痛苦巅峰上。

肠胃专家或疼痛专家当然对这类研究结果非常感兴趣——当痛苦以舒缓的方式结束时，能够淡化痛苦的记忆。这无疑就是分娩的情形：当过程完美地画上句点时，大多数女性都愿意再重新体验相同的经历。

现实中，在整个生命里，我们也是以这种方式来运作的。我们有一个强烈的倾向，就是以终峰定律来判断生命中愉快或不愉快的事件：二十年的幸福婚姻记忆，很可能因为最后一年离婚时的冲突，而付诸东流。终峰定律，作用于生命中的任何时刻。研究显示，如果要求受测者每天评估他们的假期，最终的结果并不太受实际同步评估的影响。有重大影响力的，是假期的最佳时光以及假期的最后时刻。这个评估结果，才是决定来年是否还继续同类型假期行程的原因。

以上给我们的教训是：如果可以有一个或两个很棒的时刻，尤其是在接近结尾的时刻，我们会不自觉地美化一段沉闷的记忆。如果我们的伤痛在接近尾声时还没有达到巅峰，那么这一段困难时期或许不至于留下太沮丧的回忆。这也就是为什么，好莱坞的大团圆结局，总是受到欢迎的。

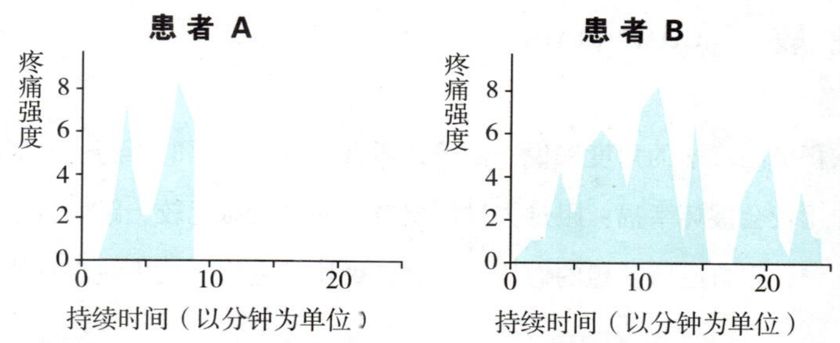

一个痛苦经历的记忆，不依赖于痛苦经历的总量（曲线下面积），而是取决于最后的痛苦强度。图中显示，患者 A 的结肠镜检查记忆，比患者 B 来得糟糕。

说长道短 ◆ COMMÉRAGES

朋友之间讲别人的坏话，是件好事吗？我可不这么认为。然而奇怪的是，除非我们是贤人圣者，否则对我们大多数人来说，说长道短实在有着不可抗拒的吸引力。怎么解释这样的现象呢？贬抑缺席的人，即使没有恶意，怎么可能有趣又吸引人呢？

通常，我们比较容易贬抑那些惹恼我们或优于我们的人（这是另外一种惹怒我们的方式）。因此，说长道短，就是无意识地惩罚那些我们批评的人。这也是一种情感的释放，一种解脱——大部分时候，我们所谈论的都是不敢在对方面前说的话。

我有个朋友，是个有智慧的人，甚至决定不再批评那些不在场的人，只要有人开始，或试图鼓动，他就会拒绝："要么，我们想想可以如何当面告诉他，不然，我可不感兴趣。"我也努力效法这位朋友。但并不是每次都把持得住……

比较 COMPARAISONS

从积极心理学的角度来说，比较，通常被视为幸福的毒药。人们常说，有三种比较会破坏幸福：跟过去过得比较好的自己做比较、跟比自己幸运的人做比较、跟自己所梦想的做比较。这三种比较之后，几乎注定只能更不快乐了。

我记得曾跟某个病人说到这一点，他也告诉我他的看法："有很长一段时间，我很容易羡慕别人的幸福，好像这样，就会让我减少什么似的。好像地球上的幸福是有限的，就像金钱一样是有额度的。如果邻居幸福，就意味着我身上会少一些幸福。然而，我终于意识到，如果自己再继续这样下去，会注定永远不幸、永不满足。渐渐地，我努力不和别人比较，而跟自己比较，只问自己：到底有没有进步？也学着为别人的幸福欢喜。起初也是出于自私的理由：毕竟，当人们幸福的时候，也比较容易交往！另外一个利他的理由则是：有什么好希望别人不幸的呢？"

现有的研究显示，幸福的人比较不会去跟他人比较命运，也比较能为他人的好运高兴。也就是佛教徒所谓的"无私的爱"。今天我们发现，培养"好意念"是很重要的，拥有这种想法的人，获益良多！

同情心 COMPASSION

同情心，是对他人的痛苦表现出敏感与关切，并且希望痛苦能够减少或终止。我们经常会遇见苦难的情况，而这样的敏感与期望，当然就是采取援助和支持行动的先决条件。

乍看之下，同情心似乎会使我们远离幸福，或者会终止我们生活中的幸福。因为，同情心是一种痛苦的形式：看到别人受苦，会使我们痛苦。这是真的。但是，谁又能够想象幸福是可以永久存在于尘世间的呢？谁又能说，应该无视别人的不幸呢？当然，没有人会这么说。相反，幸福让人有同情心，让我们在面对周遭一切的时候更开放，甚至更能够看到周遭不适当的情形，而且给我们能量去拯救有需要的人。我们甚至可以做得更多，幸福因实际的同情行动而变得更强大。

同情心教导我们看到真实的世界，而不是我们梦想的世界；同时也教导我们，走向痛苦、救援痛苦，是可以不放弃幸福的。同情心用积极心理学的文化价值（分享快乐，以此作为动力），来包裹我们天生的慈悲（人类内在天生具有感受别人情绪的能力）。

配偶 CONJOINT

配偶是最了解我们情感能力的人。我们之中很多人，鲜少对外人表达自己的埋怨、负面情绪和坏脾气，通常我们都把这些保留给亲人。因此，把配偶视为自己的上司，有时也不失为好办法。因为，我们不可能希望某人幸福，同时又把他当作负面情绪的垃圾桶。

觉悟 CONSCIENCE

幸福，就是一种为人带来觉悟的福祉。福祉就是能够温饱、安全无虞、四周环绕着平和关怀的同胞。无论是一只猪、一头羊、一只火鸡还是一个人，都有感受福祉的能力。能够拥有福祉已经很不错了！但是，人类还可以感受到比福祉更强烈的东西，叫做幸福。多亏有这样反省的意识能力，人类才能够说：“我正经历的生命，真是一种幸运，一种恩宠；在这一刻，我的生命既美且善。”就这样，人类将简单的福祉，超越成为更强烈的幸福体验。

如此改变观点，可能使这个充满觉察的当下，对我们来说变得更愉快，因而以更深刻的方式存留在我们的记忆里。日后遭遇艰难的时候，这些都是能帮助我们的资源。然而不幸的是，如果我们的心思被其他的事情占满了（像是我们的忧虑、未来会发生的事情，或是一些扰人的小细节），那么我们可能经历了许多愉快的时刻之后，却没有得到应有的益处。结果，我们就只经历了动物的福祉（但这已经算不错了），还没有达到幸福的境界。这就是为什么我会喜欢加缪的这句话：“我现在所希望的，已经不是想要快乐，而是希望能够有觉悟。”

安慰 ◆ CONSOLATION

“我们的目标就是要幸福。要达到这个目标，只能慢慢来，必须天天实践。当我们置身快乐的时候，还有很多事要做——就是，去安慰别人。”儒勒·列那尔在他的著作《日记》中，优雅地提醒我们，获得幸福：一、能使我们展开，朝向他人的不幸；二、让我们有力量帮助不幸的人。若是没有幸福，这个工作将会变得更复杂。

传染性 ◆ CONTAGION

快乐，就像所有正面或负面的情绪一样，是会传染的。年复一年，研究人员已经证实，与快乐的人交往会逐渐增加我们的幸福。或许，这是让自己变得更快乐的最轻松的方式！

快乐 ◆ CONTENT

快乐似乎不如幸福来得强烈高贵，比较轻率，比较孩子气。小孩子不会在见到某个人之后说："这位先生看起来不太幸福的样子。"他们会说："他看上去不太高兴。"快乐，没有幸福的贵气。也许这正是它的最大优势——快乐，就是在当下那一瞬间幸福，对生命没有更多的期待，也没有更多的要求。努力希望活得快乐，不要多问自己是否真的幸福；特别是对那些完美主义者来说，这还是个蛮合理的计划。

相反 ◆ CONTRAIRE

在《自幼被禁锢的人》（Prisonnierau berceau）一书中，诗人克里斯提昂·博班这样说："我是由所有事物的反面来认识事物的：由黑暗认识光亮，由沉默认识歌唱，由孤独认识爱。"哲学家安德烈·孔德–斯朋维勒[①]写道：对他来说，幸福是一种"相对的主观状态，当然是不用赘言的。因而，我们甚至可能对幸福的存在提出异议。但是，对于那些遭受过不幸的人来说，他们已经不再只有这样的天真了。至少与不幸对照之下，他们知道，幸福是存在的"。

我们都知道存在着幸福的相反（是不幸），也知道缺乏幸福（就是存在的虚无）。是否真的需要亲身体验，或者只需要单纯地知道以上两者的存在，就能成为追求以及维持幸福的动力来源呢？

---

① 安德烈·孔德–斯朋维勒（André Comte-Sponville，1952—），法国哲学家，以唯物主义者、唯理主义者和人道主义者自许。孔德–斯朋维勒原本信仰天主教，后来成为一位坚定的无神论者，虽然不再信仰神，但他仍然敬重基督教文明，认为宗教生活为人类带来了丰厚的遗产，酝酿出种种美好的事物。他主张人类文明始终都有灵性的追求，但即使没有宗教，人们一样能感受到超乎个人存在的、对无限的接近。

掌控 CONTRÔLE

幸福，就是有时暂且放松，善用当下，任由自己。但是，我们渐渐理解，或多或少掌控周遭环境，能够增加自己的安适；许多研究已经证实了这一点。例如，在养老院里，我们看到的是一群生活掌控能力已经全面降低的老人。然而，有一所养老院为了改善老人们的日常生活，建议他们在室内种植绿色植物，还每星期放映一次大屏幕电影。老人们可以自己管理（选择要种植的植物，自己浇灌，并且决定要播放的电影节目），或者由工作人员代劳。

以上两组，无论是在幸福和健康方面的受益，甚或是死亡率，都有非常明显（甚至高达两倍）的差异。

绳索与铁链 CORDE ET CHAÎNE

所有积极心理所做的努力，就如绳索的每一条股线。各自分离时，没有一根能够提起重物而不断裂的。然而，当我们把这些单独的股线搓在一起，就变成了坚固的绳子，有时候甚至比铁链还厉害。当逆境越艰难时，就得付出越多各式各样的努力。

鞋匠 CORDONNIER

我们都听过这句谚语："鞋匠的鞋子总是最差的。"身为积极心理学专家的我，常常被别人问：我是不是个快乐的人？我是不是个穿着好鞋的鞋匠？我的回答是：我是个小心爱护鞋子而两脚娇弱的鞋匠！我也并不擅长幸福。和许多人一样，我也有焦虑和抑郁的倾向。我会对心理痛苦及预防深感兴趣，显然不是巧合。所有推荐给病人的治疗方法，我都是第一个使用者。

有一句类似的英国谚语是这样说的："鞋匠的孩子们总是赤脚。"至少在我看来，这不是我的情况。我知道自己很不擅长幸福，于是竭尽所能找到了一位在这方面颇有才华的伴侣，说服她嫁给我，并且将她的幸福品位和追求经验传承给我们的孩子！

身 体　CORPS

必须让自己的身体快乐。心灵与身体的安适息息相关。这就是为什么散步、活动、按摩、享受性生活等，都是得到幸福的机会。如果我们有意识地经历这些生活，乐趣便会成为幸福的契机。另外，我们也可以很简单地感觉到生命在我们体内脉动。如果能够经常意识到这般简单活着的幸运，即是幸福的源泉了。这是条双向道——当我们感觉快乐的时候，如果也能注意到快乐流动至体内的方式，我们就可以触摸到所谓的"生命的跃动"，也就是说，身体正处于愉悦、轻盈的状态，而且蓄势待发。

古 埃　COUÉ

二十世纪初，药剂师及心理治疗师埃米乐·古埃（Émile Coué）以自我暗示方面的研究闻名于世。这并非像人们以为的那么简单，他的观察和建议全然立基于大脑运作对情绪与健康的重要影响，他的研究结果到了今日依然得到印证：越反复咀嚼阴郁的想法，事情越可能变得不顺利。真是言简意赅。研究显示，书写、阅读、聆听对自己有利的话语，无论是对健康，还是对自制能力的提升都有影响（例如，可以使我们少吸烟、少饮酒等等）。不幸的是，反之亦然——如果总是听到别人或内在的声音说自己差劲，或者认为自己无法战胜疾病，最后我们终究会信以为真。

然而，吊诡的是，每个人都确信，在脑袋里无休止地重复自己很差劲，是有害的；但是，每个人也都信服，在脑袋里重复自己能够超越困境，是行不通的。也许，古埃的自我暗示法和美国那些永恒正面思考的化身，对我们来说已经太浮夸了？总之，在任何情况下，最好是尽可能保持内心友好又实际的正面想法。

骤老 ◆ COUP DE VIEUX

记得第一次别人叫我“先生”时，我觉得有些诧异，即使我已经做好准备并且训练过了。在这之前，当我还是医学院学生，甚至后来当上实习医生时，就经常有人叫我“医生”了，这称呼当时也曾经给我同样的感觉。然而，第一次有人问我有没有孙子时（因为我在罗浮宫博物馆买了一张“大家庭”的优待卡），就更让我哭笑不得了！随即，我告诉自己，一切都很好，其实我也到了可以有孙子的年龄了。因此，接受年龄以及连带的可能性，是很正常的。生命悄悄地提醒我们想要忘记的事情，友善地迫使我们去适应这一切。

幸福有罪 ◆ COUPABLE D'ÊTRE HEUREUX

因为幸福而愧疚，这感觉真奇怪！我们脑子里到底在想什么呢？大多数情况下，困扰我们的是：我们幸福的同时，也意识到其他人的不幸。然而，幸福不是零和，却是像爱，无穷无尽。自己幸福，既不会减少他人的幸福，也不可能增加他人的痛苦。

夫妻 COUPLE

至少在统计图表上，伴侣是幸福的源泉！一般而言，有伴侣的人觉得自己比其他人幸福，也就是说，比那些单身、丧偶、离异的人幸福。随着岁月的增长，夫妻生活可以带来人类的幸福：由一开始的恋爱感觉，逐渐添加上亲情、同志情谊、安全感，以及跟孩子共处时多彩多姿的快乐家庭生活。有了伴侣，就不需要单独面对生活，以及物质或生存的逆境，享有简单的安适。

是否找得到两人生活的幸福手册呢？里面可以说的事情，想必多不胜数，但是在那些我们想不到的细节里，一定得包含这一点：懂得为降临在配偶身上的好事而欣喜。我们常常认为，应该在配偶有困难的时候支持对方，这确实应当，长久以来也一直是夫妻的主要功能之一。在以前生活艰难的时代里，免于孤独面对疾病或不幸，是至关重要的一件事。然而，到了今日，无论是物质还是社会条件都允许我们过单身生活，人们对夫妻生活则有了另外的期待，比如希望夫妻生活能使双方充分成长，要过得比单身生活更为幸福。否则，实在不值得这么麻烦，因为夫妻生活确实也有绑手绑脚的地方。

研究显示，积极快乐（不是只会说“是啊，很棒”，还要会表达情感、提出问题等等），是维系夫妻生活的好预兆。另一个促进两人幸福、关系持久的因素是：在家庭生活之外，定期花些时间在愉快的环境里共处。日常生活中有固定基调是很好的（每天晚上回家与配偶和子女相聚）；但是，以一些从未做过的事情来点缀生活，让日子变化一下，则会更棒。否则，夫妻生活貌似一盘缺盐又少酱料的菜，虽然包罗了一切我们所需要的，却难免有点平淡乏味。

幸福表兄弟 COUSINS EN BONHEUR

舍维拉尔写道："不幸，是很不挑剔的。它不介意以任何事物或其反面来滋养扩大。无论如何，没有什么可以和不幸搭调的。这样的决绝，就像是最不可触及的洪福一样。"是的，那些牢骚鬼和快乐的人看似不同，其实近似——他们都只是一味地确信世界只有一面。我们到底比较想与两者之间的哪一个交往呢？我们正在接近两者中的哪一种人呢？

创造力：老鼠，猫头鹰和奶酪 CRÉATIVITÉ: LA SOURIS, LA CHOUETTE ET LE FROMAGE

有很长一段时间，压力被过誉为完美和创造的手段。正如我们反复强调"若想美丽，就必须受苦"，我们认为完美的代价就是受苦。多项积极心理学研究结果告诉我们，其实不然。其中有个研究，要求志愿者参与一项帮助老鼠走出迷宫的游戏。其中半数老鼠有正向动机鼓舞：帮助老鼠走出来，让它可以享用一块美味的奶酪（算是小确幸）。另外一半的老鼠则受负面动机激励：帮助老鼠走出来，让它逃脱盘旋在迷宫上的猫头鹰的追捕，若不能及时逃脱，最终会被猫头鹰吞食（以期远离大不幸）。这项测试很容易，所有参与者都很快地发现了出口。然后，就是创造力的测试：那些帮助老鼠找到奶酪（正面的动机和情绪）的参与者，比那些帮助老鼠逃离猫头鹰（负面的动机和情绪）的参与者，有高出两倍的解决问题的效率。

这研究给我们的启示是：做事的心态是非常重要的。以上两组参与者完成了相同的任务，但用的却是不同的心态。同样，依照我们行事的方式，轻松或紧绷，在找到出口的当下，以及之后参加其他活动的心理状态，是截然不同的。正面的情绪和动机，让我们的心智向着新颖的思想和创造力开展；

负面的情绪和动机，则是相反。

危机 ◆ CRISE

有件事情，总是让我十分吃惊：有人质疑，我书中常常谈到的幸福与宁静，是不是与这个处在全球经济危机的时代有些不搭调。宁静、内在平衡，抑或幸福，并非要我们与世隔绝，遗世独立，只求独善其身！宁静，既非一潭死水，也非离群索居。恰恰相反！书中所谈的，是为了要让自己内心稳定，能够为了日常生活中的愉快小细节而欢喜，尽可能拥有宁静的动力。如果可以如此，就更能帮助我们积极行动，改变世界——即使这个动力本身不是完全安详宁静，即使必须挑起战斗承受震撼，甚至必须竭尽全力，才能“动起来”。继而，仍需要平息下来，喘口气，为接下来的行动做准备。因此，需要尽全心，努力让自己平静下来！我们需要所有的能量：启动的能量、复苏的宁静力量，还有希望幸福、期待重建的能量。

中年危机 ◆ CRISE DU MILIEU DE LA VIE

换句话说，就是四十几岁时的危机。就是当我们意识到，以后剩下的时日比以前少了，将来可以活的日子少于以往活过的日子了。因此，我们开始以不同的方式，思考生命和幸福。我们比较不想为了将来而牺牲现在，越来越不想说“今日吃苦，明日享受”之类的话了。在一般情况下，中年危机使我们更加看清幸福——也就是，开始明白“时不我予”。因此，大多数的研究说明了两个要点：第一，大多数人，至少对西方人来说，幸福水平在四十岁到五十岁之间达到最低点。第二，事后看来，大部分人通常都算得上安然渡过中年危机，只有少数忧郁或退化（像是不顾一切否认自己的年龄，只想重温青春岁月等等）的例子。相反，追求幸福的能力却增长了，并且更满意自己的生活。随着新的挑战来临，七十岁以后事情又变得更复杂了，例如亲友陆续亡故、罹患行动不便的疾病等等。这并不意味着幸福就远离了，只是说，需要更多的努力和专注，才能保有幸福。

生命中幸福感的演进

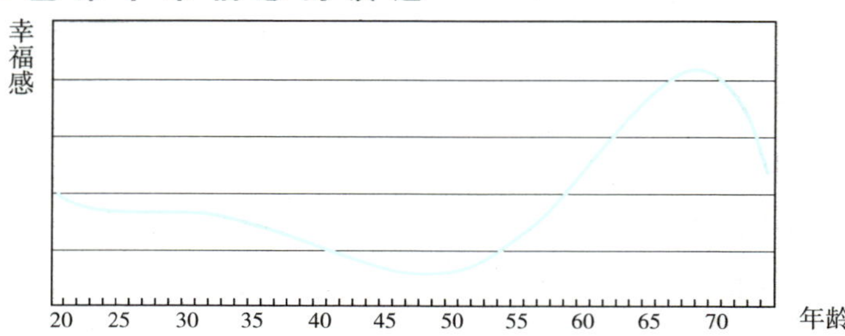

解读平均值：对照二十岁，四十五岁至五十岁显然是比较不快乐的；而六十五岁左右又明显地变得比较快乐。

研究范围：法国。

数据源：1975—2000年欧盟民意调查。

诟病幸福　CRITIQUES DU BONHEUR

诟病幸福的起因，有许多种，例如：妄自尊大者认为，幸福不过是在诓骗一些糊涂虫；知识精英则以为，幸福是傻瓜的专利。

然而，历史有趣地呈现，诟病幸福是在西方民主化之后才出现的。在法国与美国革命前，幸福一直被崇尚，哲学家仔细思量幸福的本质，以及到达幸福的途径。之后，十八世纪的革命人士下令，幸福不单只是富人的专利，人人都有追求幸福的权利。从此一切就改变了。例如：沙滩在旧时只属于特权分子专有，如今挤满了平民百姓。从十九世纪开始，针对幸福的批评已经十分泛滥了。即使会让人反感，即使都是心怀恶意，我们还是应该来听一听这些批评。

其中，最有说服力的论点或许是：幸福会成为真理路上的诱惑或障碍。幸福被认为不过就是一种次等价值，一种披着有点形而上学外衣的精神慰藉罢了；被认为只是拖鞋式的舒适罢了。这情形就像是偏移好奇心去注意其他的东西，而不专注在该被注意的幸福之上。乍看之下很愚蠢。再看第二眼呢？就知道错了。所有的研究举证，都表明了相反的现象——幸福，往往会激起我们对周围世界的兴趣与动力。

罪恶感 CULPABILITÉ

即使是负面情绪，也是有好处的，比如罪恶感。经常有人批评“犹太教—基督教的罪恶感”。但是，请想象一下没有罪恶感的世界！对人凶恶狠毒绝对无关痛痒，不会有任何不舒服的感觉，也不会有任何遗憾、任何反省的世界。蹂躏弱小的铁石心肠世界，一定不会是个令人快活的世界。罪恶感促使我们反省自己有意或无意对他人所造成的痛苦。质疑自己，这种伤害是否本来可以避免，也提醒自己如何避免再犯。

一些研究表明，适量的罪恶感其实是有益的，可以使人更有同情心，期许自己不作恶，也让人更有解决冲突的能力。而且，在一般情况下，容易感受到罪恶感的人，善于倾听，可以减少无谓的暴力，并且对他人有责任感。

好奇心 CURIOSITÉ

好奇心，是一种亲炙未知事物的愉快情绪，可以是正面情绪的来源和结果，因为正面情绪能够使我们迎向世界，给予我们冲劲。好奇心有一部分与个性相关，另一部分则与情绪状态、心胸的开放度以及接受能力等等有关。

没有什么比悲伤、忙碌与忧虑更能抹杀好奇心的了。在这些时候，我们宁愿故步自封，牺牲好奇心所可能带来的发现和惊喜。好奇心能延伸我们已知的世界，从而提高我们的生活乐趣和体验。如果没有好奇心，世界将不再令人叹为观止，这是多么的可惜啊！

天鹅 CYGNE

有一次，我听了一整天一位奢侈品业主管的演讲。她说，在专业职场上，她总是给人一切简单轻松又和谐的印象，但在现实中，背后却付出了很多不易察觉的努力。她用天鹅游水做比喻：天鹅轻松优雅地前进，但在水面下，小小的双蹼却使尽力气拍水……我们欣羡别人的时候，是否能看到轻松的外表背后，对方累积了多少过去和现在的努力呢？或者，有时我们也有让别人欣羡的时候——我们又是付出多少努力，才让自己远离痛苦辛酸的想法，和那些不必要的怨怼？要付出多少努力驱逐乌云，才能够让太阳挂在天空中呢？

给予

DON

abc D efghijklmnopqrstuvwxyz

给予时，只保留一件事情，就是：给予的快乐。

丹 麦 DANEMARK

在最幸福国家的排行榜里，丹麦常常位居翘楚。于是，有一年夏天，我带着全家到丹麦度假，试图了解丹麦人的秘密……行前，我阅读了一些相关的数据，得知丹麦国民满意度的因素中，特别提到贫富差距相对较小，又有十分强烈的文化与个人价值的共识。而且，丹麦还是一个运作良好的福利国家。度假期间，我观察丹麦人的日常生活，得到以下平实的结论：回到法国以后，买一辆自行车，尽量多吃鱼，多跟附近的邻居聊天。这就是我做的事……

决 定 要 快 乐 DÉCIDER D'ÊTRE HEUREUX

决定要快乐，就像决定出去走走一样——穿上鞋子，然后期待鞋子能够为我们自动自发地前进。这样很好，起码是第一步。当然，比起趴在沙发上胡思乱想，散步确实比较好。但只有这样是不够的，还必须自己行走。我们可以帮助自己进入幸福，与幸福相遇，甚至可以精进幸福。反之，我们不能命令幸福。实际上，决定要快乐，就是决定尽可能时时努力，让自己更快乐。

作 者 题 字 DÉDICACE

这件事情发生在某次我新书的全国书店巡回读者见面会上。我很开心有这样的机会认识读者，与他们聊聊。即使很短暂，我还是尽可能诚恳亲切。因此，有了很多愉悦又有趣的小小分享与对谈，有时甚至令人兴奋、感动。总是会有一些深刻的时光，是不寻常或不可预期的。

那一次，我与一位有点怪异但十分和善的女士聊天。她告诉我，自己有时是如何的孤独。随后，这位女士要求我为她与她女儿在刚出版的新书里亲笔签名。我照做了，顺口还问了一些问题，像是她女儿是个什么样的人，是否喜欢心理学等等。在我的一连串问题之后，她说，女儿已经去世很久了，而她一直深陷在沉重的伤痛中。这本签名书是她用来让自己感觉女儿仍然在身旁，永保记忆犹新的方法。

我完全被震慑了，不知道该说什么，或做什么，只是摇着头不断重复着："对不起，对不起。"而这位女士一副心不在焉的神情，看起来并不怎么难过，仅仅因为我的签名书而高兴，继续与我谈话。她那悄然痛苦的脸、她的生活和想法，永远不会与那些从未失去过孩子的人相同。然后，她夹着我的书翩然离去，脑子里和心里永远存着自己的女儿。

见面会如常继续，我却带着隐约的不安和深沉的震惊。很高兴遇见这位女士，希望我的书能够帮助她。就是这类非常特殊的情绪状态，使我们变得更人性——我既非快乐也没有不幸，或者更贴切地说，应该是这两种情绪同时并行。

别人的缺点 DÉFAUTS DES AUTRES

有时候，有些人由于具备我所没有的缺点，令我极为吃惊。然而，我也能够辨识出其他那些我也同样拥有的缺点——我甚至能够以"专家"自居。我知道这些缺点以何种方式表现出来，我也清楚它们的伪装面具，以及有时候迂回的表达方式。别人的缺点，在我心情好的时候，能够激发我的善良和同情心。我知道，坚持不懈地对抗自己的缺点，是一项多么庞大的工程，往往必须持续奋斗一辈子。能够完全改掉一项缺点，是很罕见的。但是，如果稍加努力，就可以明显地削弱某个缺点对我们生活的影响力。所以，我对自己说，眼前这个讨厌的人，说不定正处于这样的奋斗工地中。因此，我提醒自己要好好做：与其抱怨此人，倒不如努力经营自己。

泛滥的否定 DÉFERLEMENT NÉGATIVISTE

故事发生在圣安娜医院，那是一位每年都会来进行两次咨询的病人。平常，她是由另外一位我也认识的心理咨询师治疗，一切都进行得很好。但是，为了心安，她还是保留了我们每次相隔很久的咨询。

我们每次的对谈情形都颇相似：一开始，她向我倾泻一波又一波针对自己或周遭的负面洪流。在这阶段，我保持镇定、微笑，不与她唱反调，同时慢慢引导她回到常态（比如反问她："您真的认为是这样吗？"）。然而，她一点也听不进去，继续述说着满满的不幸和忧虑。当然，在她身上确实发生了不幸的事情，她没有瞎编。然而，在这过程中她却完全不跟我说自己生活里那些还过得去的部分。

然后，总是在最后的五分钟里，她降低警戒，开始露出一点笑容，也开始权衡事情的轻重。她告诉我，跟我说话让她感觉好多了。这段咨询显然让她轻松不少，尤其让她安心的是，我没有放弃原则——我依旧坚持认为，尘世间的生活可能不是最好的，但也不全然是地狱。我有点被她搞得精疲力竭，但同时也松了一口气，庆幸咨询终于结束，也庆幸她能够以更好的精神状态重新出发。我能够得知这些，是因为她经常在咨询之后写信给我，表示我们之间的谈话让她在接下来的几周或几个月里有所受益。

我花了几年时间，终于了解，我们的对谈有迟来的效应，也就是说，咨询并没有立刻产生效应，我的病人需要时间在脑子里消化我们之间的交流，然后从中受益。起初，我有些悲哀，有些无力感，也很紧张，不想再见到她。继而，我了解了自己该如何帮助她——保持冷静，继续喜欢她，让她明了尽管有这些洪流般的抱怨，尽管这么吃力不讨好，我还是默默地坚持。我始终相信她，相信她好的一面，相信她的生命智慧。

当我在预约名单上看到她的名字时，总是会叹气：“会很难熬……”继而微笑：“我很高兴可以听她说说近况……”这不禁让我想起帕斯卡尔的格言：“有时候治愈，经常放松，永远记得聆听。”这就是我对心理咨询中的疑难杂症的一句真言。

游行 ◆ DÉFILÉ

这是一个大约十五年前的久远记忆。那是某一天下午，我走在巴黎近郊住家小镇的主要街道上。突然，一群小孩的游行队伍漫步在马路上，由两名警察帮忙开路。原来是嘉年华会，学童们化妆打扮，应该是要去附近的体育馆参加一场小型狂欢聚会。

这样的情景，令我感到逗趣又感动，于是我停下脚步，看着这群小孩鱼贯前进着。在几个行人和父母的注目下，有些孩子欢喜又兴奋，有些孩子则有点纳闷又担心自己正走在马路中间，因为那是幼儿园孩子永远不会行走的地方。这个景象既可爱，又有点令人感伤，因为这场嘉年华游行几乎没有观众，孩子们挥舞着旗帜，然而没有什么人观看。游行活动总是令我不自在——不是令我担心，就是令我伤感。没有观众的表演活动，每每使我难过。但是，我还从不至于在他们经过的时候，露出沮丧的神情！因此，为了鼓励他们，我待在原地鼓掌，并且跟他们打招呼。眼下，他们也许就只缺了一个快乐的旁观者。

就在这群小孩中间，我瞥见了当时只有四五岁的大女儿。我完全忘了，她也可能在那里！我端详着她的脸：她带点担心，难以置信又全神贯注地从内心观察着眼前的这幕情景。她没看见我。我叫了她，她才发现我，脸上亮起了笑容。她跟我打招呼，还叫小朋友们看我，随即更卖力地摇着旗子，好似终于发现了这场怪异游行的意义。接着，小小的游行队伍渐行渐远，我看着女儿又回头一两次，向我挥手告别。

再见了，心爱的女儿，再见……然后，有一种莫名的关于人类生命的脆弱感，在脑海里油然升起。在路人漠不关心的眼光下，这些孩子为了一个自己也不明了的游行走来走去。这片刻，正如整个人类的形象：脆弱、无依、迷失。那天，我应该本来就有些哀伤吧。

今日再想起来，这个记忆好似梦境一般。你们可以注意到，有些梦境即使在多年以后，也持续存在内心里面。我想自己还记得这一幕梦境般的情景，是因为感受到当时场面的奇特和不寻常，引起了自己复杂且浓烈的情绪；还有，那一刻的悲伤，让我的感受跟那个本来该是欢乐的小小表演变得超级不搭调。喜庆的华服，总是会有小小的裂缝。据说，光线就是由这些裂缝穿透过来的。有些日子里，这些光线是暗淡的。然而，我却很喜欢。我喜欢这个带有一点甜蜜惆怅的记忆。它提醒了我们自己的脆弱：女儿、我，还有人类的脆弱。

戴德宜 ◆ DELTEIL

我差点忘了自己最喜欢的作家：乔瑟夫·戴德宜（Joseph Delteil）！一位淘气又快乐的智者。他曾经是二十世纪三十年代巴黎时尚和文学的宠儿，就在盛名之际，急流勇退隐居到蒙波利耶（Montpellier）附近，一个原来是瓦窑，而后被命名为拉·马散（La Massane）的地方。在那里，他过着快乐又简单的生活，直到生命尽头：‘在乡居的三角楣上，我刻着孔子的名言：寡欲。”

戴德宜穿着邋遢，活像只蜗牛，经常头戴贝雷帽，脚踩木鞋，颂扬大自然和生命力，服膺“旧石器时代的幸福”。以下摘录他在《封斯瓦·达西斯》（François d'Assise）一书中的精彩段落：“已经过了第一段秋天。因为秋天有三段：明亮的秋、落叶的秋和无声的秋。永别了！永别！永别！熟透的田野、枯黄的草原，万物随风齐唱。再见了，箩筐高藏起来，美酒已经酿好，谷仓丰盈。回家安歇……”这段话多么振奋着我，让我高扬，让我疗愈。

明天 DEMAIN

明天和幸福之间，真是说来话长。对我们而言，有时候，明天意味着光明和希望的源泉，以期待忍耐逆境：“今天很艰难，但是，明天会更好。”通常，唉，冀望明天，让人堕入陷阱。我们告诉自己：努力在今天，幸福在明天，就在职业、家庭、经济等等目标达到的时候。最好不要一直跟自己这么说。因为，明天也可能就是我们的死期，而不是幸福之日。

“奋力让自己快乐！”

《DÉMERDEZ-VOUS POUR ÊTRE HEUREUX!》

说真的，有时候，真想摇醒那些抱怨快乐太不容易的人！他们说的虽然真确，但是，也有一些人坚信快乐是一定会来到的——身为心理医生的我，可从来不敢这样说。因为我知道，想要快乐是如何复杂。然而，我却很高兴有些人敢这么说，因为他们比我更有优势，或者比我更少障碍。因此，耶稣会贾吾安（Jaouen）神父就用了这句“奋力让自己快乐”作为书名（实在太棒了）。这本充满能量的书，让我满心欢喜，它散发的不是自私，也不是缺乏自觉，而是一个人如何以有点粗鲁的方式，来帮助别人快乐。

依 赖 DÉPENDANCE

快乐，就是依赖。菲利普·德莱姆[①]甚至写道："幸福，就是拥有某人（并且意识到有一天可能会失去）。"是因为依恋爱情、依附幸福吗？就像依赖着呼吸或食物。其实很正常，因为这些都是每个人的基本需求……

情 绪 依 赖 DÉPENDANCE À L'HUMEUR

情绪依赖是专业术语，但也是重要又实用的概念。每种情绪状态，都关联到心理研究人员称之为"行为程序"的情绪：也就是说，每种情绪出现时，都伴随着一些已经自动设定好的特定倾向，进而引发行为。以悲伤而言，采取的行为倾向是反求诸己、静止不动，以养精蓄锐反省己身（也就是倾向于抑制行动）。又如在焦虑时，则衍生审慎的态度，观察环境，仔细评估危险。愤怒时，表现出充满威吓和敌意；厌恶时，则退一步保持距离。这些行为倾向都是自动产生的，可以称为由情绪引发的"第一行动"。这些行为倾向适用于自然环境下，在古时候曾经帮助人类在面对人身危险或威胁时做出最好的处理。但是，它却不太适合用来面对文化环境里象征或虚拟的危险。

例如，愤怒时身体会产生自然的挑衅行为，对动物而言这是用来恐吓对手和伙伴的方法。然而，发生在人类身上时，情况则可能变得比较复杂。有时候，外交手腕反倒比狂吼尖叫来得更有用。悲伤引起的抑制行为，可以帮助动物恢复力量，让时间淡去悲伤，就像等待暴风雨过去一样（动物是不会辗转反刍自己的悲伤情绪的）。不幸的是，这种抑制行动在人类身上则可能

① 菲利普·德莱姆（Philippe Delerm，1950—），法国作家，其特殊的文体被法国文坛称为"果酱体"，作品获得法国各大文学奖项肯定。目前在法国诺曼底担任文科教师，同时创作不辍，作品包括小说、散文集和青少年文学。

会加重悲伤的情绪（这也就是抑郁症患者的写照：越没有行动，就越郁闷）。因此，确认进而约束这类情绪依赖和行为程序，有时不失为良策。至少可以一试。例如，即使忧郁让我们感到非常疲累，还是起身去散步。步行一小时之后，疲劳和忧郁可能仍然存在，但是若持续二十几天，每天散步一小时，困扰就会一一消退。

当我们面临工作困难时，情绪依赖会服从情感反应而放弃继续工作，或者到脸书或电子邮箱绕一圈，“转换一下想法”。这样做并非总是好方法……这么说并不是要我们永远不去听从自己的情感反应，而是要检视一下，自己是否过于臣服情感反应。不过，相反的情形（比如在找不到解决方案之前一直坚持工作）也未必会更好。必须专注、灵活使用洞察力——聆听自己的感应，看看会将自己推向哪里，然后再选择去还是不去。

你们可能已经注意到了，一直到现在，我所提到的都是负面情感的行为情绪依赖。同样的情况也存在于正面情绪：快乐和幸福促使探索自己、亲近别人，并且更有信心表达自己，这通常没有问题。但是，如果处于敌对恶意的环境下，或者在遭遇不幸的情况下，也是会有些不适宜的。所以，最好有点辨别能力和自制力，要自问：“被情绪左右如此行事，是不是现下最好的方式呢？”

消费和不思考 ◆ DÉPENSER ET DÉ-PENSER

消费社会，诱惑我们不去深思幸福，也不去寻思如何让人更幸福的方法。消费社会诱惑着我们交出自己的幸福，让我们以为消费行为替我们代劳，能够比我们做得更好；我们不再需要知道如何幸福，只需要付钱消费就可以了；也不再需要使用大脑——消费（dépenser）听起来就像是不思考（dé-penser）。您不用思考，只要交出钱来，我们为您思考就好了！因此，即使不想扫兴但还是必须说：消费之前，请三思。这样不仅节省金钱，还能让我们的幸福更扎实。因为，购物之于幸福，正如蜜糖之于肠胃，能够使人快乐，但却没有什么营养。

抑郁 DÉPRESSION

可以用很多方式来谈抑郁。抑郁症里，没有欲望，没有乐趣，也没有任何幸福的能力。结果，生活展现出来的是所有粗鄙的面貌，正如一连串的烦恼、试炼和苦难。这确实是抑郁症的某些表向。幸运的是，抑郁并不仅此而已——在所有痛苦的时刻之间，还是会有一些幸福的绿洲。然而，抑郁却不让我们到达，阻碍我们享受这些幸福绿洲。在极度抑郁的时候，当事人会认为什么都无法改善（这种想法当然是错误的，可是却又如此强烈）。唯一的出口，就是停止生活在地狱里。自杀的意念，几乎总是或强或弱地存在于抑郁症患者心中。

克洛代尔因此在《日记》（Journal）一书中写下了这句深刻的真理："幸福，不是生活的目标，而是生活的方式。"我们不是，或者不仅仅是为了幸福而活；然而，至少有些时候我们是可以幸福的。生命赋予我们幸福时光，而我们要知道该如何迎接，就像为汽车加满了汽油，是为了能够继续走长远的路。

最后一次 DERNIÈRES FOIS

生命中有许多的"再见"，其实是我们没料到的永别。不知是永别，无疑让我们少些心碎。时下造访的景点、眼前道别的朋友，都可能是最后一次。意识到这些实在令人伤感。或许正因为意识到这些，所以我们了解了事物的另一个侧面，于是朝向幸福的方向眺望。当下这一刻，每一秒钟旋即有了特殊的意味，认知到永远都不会重新再来一次了。一旦我们认清，生命就是穿越许许多多类似这般“假的再见、真的永别”，当下就顿时变得震撼人心。继而我们明白，原来生命是独一无二的。我们接受了当下每一刻的独一无二——这是心的体悟，而不是智识的了解；体悟是永不休止的欢乐源泉。

笛卡尔和他女儿 DESCARTES ET SA FILLE

法语词汇里有“孤儿”一词，形容失去父母的孩子，却没有词语来形容失去孩子的父母。1640 年，勒内·笛卡尔（René Descartes）眼见自己不到五岁的女儿芳杏（Francine）去世，哀恸欲绝。他经常被人们视为冷静的理性主义者，却在 1649 年出版的最后一本书里写下了一段精彩的灵魂至情论。一年后，哲学家去世。有些人视这部论文为笛卡尔最重要的一部著作。书中清楚表明，理性的哲学尊崇至情：“我所培养的哲学，不会野蛮粗暴到拒绝至情；相反的，唯有在至情上，我灌注了生命所有的温柔和幸福。”爱女之死，是否如此撼动了哲人，甚至改变了自己的学说呢？

绝望 DÉSESPOIR

每当厌烦一切的时候，我总是喜欢重新思考这句意第绪文谚语：“绝对不要屈服于绝望，因为它是不守信诺的！”或许这就是所谓“绝望的能量”吧？先让绝望入侵我们，眼见决堤，想象自己即将离开尘世远离痛苦；想象自己开始升天，用一种安宁且超然的眼光注视一切。高处俯瞰，一切显得多么美丽啊！突然之间，忧虑似乎变得渺小。最后，又可以回降到尘世了！终于找到解决的办法，看看自己将如何脱离困境。就像这句话：“即便是邪恶，一切都能善解……”

哲学家安德烈·孔德－斯朋维勒解说得又更深远了，他认为：只要还有希望，就不能有幸福。只有在我们停止冀望，只求单纯品味时，幸福才会突然窜出来。在我看来，这句话通常只说对一半：抱持着对未来的希望，也能为我们带来快乐，但不应该因此蹉跎品味当下。对我而言，如果真的要求心灵在这两者之中择一的话，最好还是选择珍惜当下，而不是希冀未来。很幸运的，大脑本来就具备这两项功能，只看我们自己如何锻炼了。

欲望 ◆ DÉSIRS

幸福，并不需要时时满足欲望。有时候，虽然我们既没有要求，也没有寻找或希望得到什么，幸福却降临在自己身上。有时候，我们甚至不会因为欲望的满足而感到快意——这就是被宠坏的孩子悲哀的地方，长期被可怕的欲求不满症所折磨，才刚得到满足，又兴起了追逐另一个目标的念头。当满足需求比品味生活更能给我们带来快乐，也就表示，我们在寻求幸福方面还有很大的努力空间……

幸福的责任 ◆ DEVOIRS DU BONHEUR

幸福是财富。然而，就像所有的财富一样，幸福必须附带一定的责任。比如必须要谦虚，不因为自己的幸福而冒犯了不幸的人；还有分享的责任，就是利用幸福给予我们的能量，回馈给其他人，倾听、关爱并且帮助他们；另外，还必须特别承担谨慎的责任：除非他人明确要求，否则不要擅自给予任何关于幸福的提示。生命里有些时候，我们刚好处在无法聆听教诲或无力实践的阶段，这时候，最恼人的莫过于“幸福导师”硬是要来上一堂我们没有要求的课程。

服丧和安慰 DEUIL ET CONSOLATIONS

我和一位刚刚失去伴侣的朋友在一起。他的情况非常糟糕，眼睛里时时含着泪水，胸口疼痛难抑，常常不得不暂停说话。在这些时刻，我仿佛听到他心碎的声音，好似冰块掉进悲伤的热水中迸裂的声音。我有些不好意思，当下竟然还有这样荒谬的想法："你兄弟都这么伤心难过了，你干吗还想冰块的事啊？况且，这冰块是从冷到热，可是你朋友却正在绝望的冰渊里。"然后，我对自己说，不是这样的，朋友心碎的声音也许与冰块迸裂的声音其实是一样的，因为两者有相同的现象：当他向朋友娓娓诉说时，内心可怕的冰冷也正在一点一点地加热。正因为如此，才有爆裂的声音。或者，他的心碎裂的声音，是我的幻听。

他完全沉浸在悲伤的氛围里，甚至没有意识到我的心神竟然在几秒钟之内脱离了当下情境。我很明白，自己就只能身处当下，因为任何安慰的话语都无济于事，一切为时过早，现在说什么都会落空。我看着他，温柔怜悯地微笑着，把手放在他的手上。他又哭了。我深深呼吸，试着以心灵感应传递给他所有的爱、关怀和情感。

我觉得，如果开口说话，也只能说一些不着边际的蠢话，对他一定毫无帮助。但是，我们也不能就这样两个人面面相觑一整天，彼此对泣。于是，在安慰他之前，我问他那几天是如何度过的，请他说出心理和身体的感受。我们回到了现实，痛苦的现实。但是，至少我们可以对谈了。

接下来，慢慢地，我给予一些建议："我知道，此刻的你伤心欲绝，什么话都没有办法安慰你。我只是想要你一次又一次，继续活好每一个当下。每一次，当悲伤的巨浪向你压过来的时候，你就深深呼吸，或者哭一场，尽量将自己置身于汹涌波涛之外，给自己一点喘息的机会。然后，立即采取行动，比如走路或工作，尽可能让身体和大脑再次活络起来。仅此而已，没有其他的努力要做了。"

过了一阵子，当我们再见面时，我要他慢慢开始想起自己伴侣活着的时候，而不仅仅是已经过世的她，并且在笔记本里写下他们共同度过的快乐时光——为她曾有的生命欢欣，而不是为她的死亡哭泣。他告诉我，自己有一些难以置信的梦想，几乎每天晚上都与她说话。

我告诉他，在挚友去世后，我也持续好几年跟他说话。每个幸福的时刻，我都不忘对他说："嘿，兄弟，这一切也是你的。"只要意识到，或想象着，好友就飘浮在我的肩膀上，与我一起享受生活、同声欢笑，我就能感到无比的快意。什么都无法安慰我们，所有远去的亡者，都让我们伤心欲绝。

虽然幸福并不会因此与我们决绝，然而，永远都不会再是相同的滋味了。幸福改变了，就像我们也改变了一样。我们可以继续与亡者生活下去。和他们一起生活，也有一点是为了他们而活。有趣的是，诗人比心理学家描述得更好，例如朋友博班写的："父亲过世至今，已经十三年了，他在我的生命里，却越来越壮大，越来越有地位。这些死去的人，会变得越来越壮大，真是很诡异……这个人就像是留滞于筛子底部的金子一样，光芒四射，永恒不变。在我们的眼神还没有因为敌意或怨恨之类的事而变得黯淡之前，我们看见了那个人最深刻、最美好的一面。"

责任和快乐 ◆ DEVOIRS ET DÉLICES

由于我的心理医生身份，通常他人打电话来，总是因为情况困顿而向我求援。我现在说的是我的私人生活，而非我在医院的工作——在工作上，我本来就必须尽全力响应病患的来电。我要说的是，那些朋友、朋友的朋友、朋友的小孩，或是堂表兄弟等等的来电。这样算下来，就牵扯出一大票人了。所有凡人痛苦无助的磨难，离婚、失业、抑郁症等等，都等着我来建议和安慰。这类事情通常令我不悦。

结束了一天的心理咨询工作回到家里，还要回电给留言的朋友，只是因为对方或是担心女儿，或是正闹着离婚。真让人喘不过气来。我也很想清静一下，享受一下家庭生活、周末或假期，我并不想一直扮演着救援的角色。别人比较常打电话给我，只是因为我的工作性质是帮助别人。我叹了一口气，告诉自己，我一点也不想响应这些留言。

可是，我还是不得不回电话，因为亲朋好友有难，同是人类又是心理医生的我，不得不去处理。就只是这个缘故。但是，我一点也不喜欢抱着厌烦又生气的心情来帮助别人。所以，我需要花一点时间让自己沉稳下来，告诉自己，这是做人的责任。

亲戚朋友知道你给自己限定的范围，你不能服务全世界的人（例如你不能去帮助邻居朋友的表亲）。但是，在范围之内的人，你就必须协助，必须心甘情愿地去帮忙。快快乐乐、全心全意去帮助别人，庆幸别人对你的信任，以助人为乐。因此，每当我竭尽所能帮助别人之后，自己总是很开心。

鲁索（Jean-Jacques Rousseau）说得好："借由责任，或借由快乐"，可以成为有德之人。美德的实践（如利人、慷慨、善良、率真、勇敢、坚韧等等），通常也被认为是奋斗的结果。然而，只要我们谨守典范，让美德长存在自己身上，完美典范也能自然地表现出来；并且要好好保护自己（如果自己不够好，就不能好好帮助别人）。

积极心理学极力提醒的两点，就是：从出生开始，所有美德已经强烈地潜藏在我们身上；实践美德会令我们喜悦。这就是关于快乐的部分；然而，我们必须刻意培养美德，千万不要让它萎缩。这就是关于责任的部分。

幸福独裁 ◆ DICTATURE DU BONHEUR

有些知识分子喜欢谴责今日的"幸福独裁"。结果，我们就把幸福的权利，变成了幸福的责任。我们将成为第一个无法幸福的社会。我实在不太赞同这些论说。在我看来，与这有关的并非只是责任，而是生活中各方面如工作、性爱、亲子、婚姻、健康等等的表现。今日的许多内在制约，替代了昨日的外在约束（家庭、邻居、社会的眼光，强制规范着我们的生活方式、打扮等等）。幸福也是其中的一项，不大于，也不小于其他的事情。

二十世纪七十年代，盛行着奇怪的“不幸独裁”——强调所有的不幸形式，装模作样或神情严肃地关注全世界的不幸，才算是可信和有良知的人。以上种种，令我十分恼火。

说话伤人，却不伤己

DIRE DU MAL SANS EN FAIRE

儒勒·列那尔在《日记》一书中写道：“我需要不断地说他人的坏话，一点也不在意会伤害到对方。”这段清醒的告解出自一个曾经满怀名利梦想、勇往直前的家伙，他终究磨尽雄心抱负，以至于颓萎丧志，无法得到幸福。儒勒老兄从来没有办法缓和自己的渴望（他太沉迷于封闭的巴黎文艺社交圈了），也无法与过去（他那从来不知道幸福为何物的童年）和解。他并不想伤害任何人。然而，遗憾的是，由某个角度来看，说别人的坏话不就已经是伤害自己的事了吗?

分心和分散 DISTRACTIONS ET DISPERSIONS

我们这个时代，从某些方面来看，堪称绝妙美好；但是从另一方面来看，却是毒蛇恶煞。依赖与分心是这世间的缺陷——依赖无限多的信息来填满我们的计算机屏幕空间，让自己分心。只需要坐在计算机前面，就能任其吸引几个钟头。结果，我们不再需要思考，只要反应就可以了。这是不利于幸福能力的——现有数据显示，注意力不稳定加上注意力分散，会增加负面的情绪。农民出身的思想家古斯塔夫·提邦[①]就说道：“中世纪哲学家将妓女的不孕归咎于每天游走于好几位性伴侣的众多胚胎之间，数量竞争，彼此销毁。这样的说法，亦能巧妙地比照适用于今日的文明形态。人类疲于追逐各式新颖的诱惑，既没有能力也没有时间，让这些新事物在自己内心成熟，以至于思想和灵魂之间的差距越来越小，就像受孕随即流产……”

如果我们不反思幸福，如果只知一味扑向眼前的消费社会，所招揽的必迷惑自己的幸福承诺，结果让大脑荒废。无论怎么样，我们都不可能会快乐的。

给予 DONNER

你不给予的，最终也是会失去。这种说法虽然夸张，但却有用。做出给予的选择时，正确的选择往往不是自己原先所认为的那样。例如，要把酒留下来给自己，还是送给来访的朋友呢？哪一方会在喝酒的时候怀想起两人的情谊呢？由此可知，给予是为了让对方快乐，加深双方情谊，也是为了表达自己的感情。让我们安心的是，给予的同时也在训练自己不要执着，学着朝向事物的本质，随遇而安。

总之，像我这样对未来感到极度不安，视之为威胁又担忧匮乏的人来说，给予无非是一场无休止的战斗。我必须不断自问：今天我所给予的，明天会不会让自己匮乏？然而，如果我会花时间来思索这个问题，其实就已经成功了一半——因为，我已经能够明白，大多数自己拥有的事物都是可以给予的，不需要顾虑太多。只要让自己多学习给予就行了！

---

① 古斯塔夫·提邦（Gustave Thibon，1903—2001），宗教学家、天主教作家，也是天主教神职人员。他是神秘主义者西蒙娜·韦伊（参本书《前言》注释）的至交及后者著作的整理编辑者。

温柔 DOUCEUR

温柔，不是优柔寡断，也不是懦弱无为。温柔可以同时是坚定、勇敢（就像与孩子相处时，我们在孩子们眼中的样子）。温柔，是为了使世界更适合人居，也是面对苦难迟早引发暴力的解药。对自己或对他人的温柔，是没有不同的。要记得，在目空一切、挺胸昂然的背后，我们都只不过是个柔弱的孩子。

记得有一天，我主持一个心理治疗技术同业人员的研讨会。我已经忘了确切的演讲主题，但是我清楚地记得那天的某个时刻。就在参与者互相练习的当儿，我跟往常带动研讨会时一样，突然觉得有些疲累。研讨会是很累人的，因为大家时时刻刻都需要我。不只在带动讨论时累人，连休息的时候也一样，总有一些学员来问问题，甚至吃饭的时候也不放过。总之，我累了，但我还是留心着学员之间的互动，并且思考接下来该如何进行活动。

其实，我应该休息一会儿，什么都不做才对。然而，也就是在这样的细节里，我察觉到了自己的进步。当时，我很自然地转身，走到窗户旁看着天空。就在那一刻，我听见微弱的声音在内心喃喃自语："对自己温柔一点。"我慢慢呼吸，微笑着，并且意识到在那一刻，除了自己那讲习员的超我完美主义心态在作祟之外，全身都知道当时最该做的就是让自己休息一下。我很清楚这不仅对自己好，学员也将受益——在这练习结束之后，我会放松又平静地回到他们之间，一定比紧张抓着工作不放且忽略自己真正需求的我来得更好。而且，我告诉自己要"温柔"，而不是"软弱"！我没有趁机打瞌睡，而是整顿自己，对自己温柔一点，这也完全兼顾到了自己行事的严谨态度。

今天，我很惊讶，竟然需要花上许多时间才发现，对自己温柔既不是软弱，也不是自满，而是智慧。没关系，我很高兴终于明白了这些。

疼痛 ◆ DOULEUR

在一次会议上，一位神经科同事说："你们知道，哪种疼痛是最能忍受的吗？那就是，别人的疼痛！"这番话引起了一阵哄堂大笑，他则自顾自地继续演讲。然而，对我来说，完了，我再也听不下去了。这段话就此留在我脑海里，他说的事千真万确！当医生的，应该永远都不要忘记这段话；在每个服务单位的门上，亦该铭刻着这句话。它也让我不禁想起，自己可能低估了最近一批患者的疼痛。但是身为人类，我们永远不该忘记他人的疼痛。克里斯提昂·博班也提醒我们："无论你眼前看到的是谁，都应该知道，他已经穿越了好几次死荫的幽谷。"我们所讲的那些人，就是在生命中，或在某个地方饱受苦难的人。永远不要忘了这一切。

幸福的权利？ ◆ DROIT AU BONHEUR?

说到工作、居住或幸福，我们到底在为自己或他人争取什么样的权利呢？这并不是说必须无微不至服务到家，而是，我们确实能够靠自己努力来获取权利。权利不是别人亏欠我们什么，而是我们可能希望拥有的。因此，每个公民都有追求幸福的权利，或者说，拥有能够让自己建造幸福的生活条件。

不幸的权利？ ◆ DROIT AU MALHEUR?

听起来有些荒谬。但是，也必须安抚那些因为"幸福独裁"而焦虑的人——没错，是的，你们是可以不快乐的。不用担心，人是可以不快乐的！不会因为你们摆臭脸，也不会因为你们成天抱怨，就把你们关进监牢里面。其实，是你们把自己关进监牢里的……

努力

EFFORTS

a b c d E f g h i j k l m n o p q r s t u v w x y z

要改变，重要的不在于你知道什么，而在于你做什么：这就是所谓的努力。

围巾 ◆ ÉCHARPE

最近，我参加了一个关于当代危机的会议，主题是“什么理由，怀抱希望？”其间，我也受邀参与一场标题为“如何对抗抑郁？”的圆桌讨论会。在去程的火车上，我遇见了也受邀出席圆桌讨论会的友人，他是个相当专业的管理人，及职场乐观概念的大推手。我们刚下了高铁，且谈且走在通往车站大厅的地下道里。我突然察觉到，他一边心不在焉地跟我说话，一边偷偷地翻找着自己的袋子。

“掉了什么东西吗？”

“对，我的围巾，忘在火车上了……”哎呀，真是不济，他竟然把东西掉在不知将开往何处的高铁列车上！我不上心地随口说了句：“试试运气吧，赶快去看看火车还在不在月台上。”“你说得对，总要试试看嘛！”他一说完，马上转身，朝着迎面而来碰头打脸的旅客，逆向飞奔而去。我则待在原地，看着他的袋子。

我一边等待，一边不由自主地说，能够找回围巾的机会实在是太渺茫了；但无论如何，我们是为了谈论乐观主题而来的，怎么可以表现得像个悲观主义者一样，坐视围巾不翼而飞呢？几分钟以后，地下道里的人几乎走光了，他却还没有回来。突然间，我从原先担心高铁开走了而他没找回围巾，变成担心高铁开动了而他人却还在车上……还好没有，他笑眯眯地出现了，找回了自己美丽的红围巾，就在那最后一瞬间！

我很为他高兴，也为自己的乐观理论高兴——尝试总比听天由命来得好，况且，有时是行得通的。我喜欢在现实生活中，一些无关紧要的小小时刻里，证实乐观主义。

学 校 ◆ ÉCOLE

前几天，我和朋友埃堤彦聊天。他尽管在校表现优异，却坦言自己讨厌开学。然而，我却曾经是个很喜欢开学的人，因为可以再见到同学，接触新老师、新课本，还有所有等着去学习、了解的东西。我很喜欢走廊净空了两个月后的气味和声音，加上秋日的天幕，满地的栗子。

我是个幸运的家伙。我一直很喜欢上学，就像一直很喜欢工作一样。这些都是大脑（指学习）还有心灵（朋友还有女朋友）多样幸福的来源。我要声明的是，自己从来没有念过什么贵族学校，上的都只是小区里的小学校和一般的初中高中。我认为，自己难以叛逆社会，宁愿置身其中来改变社会；这样的温和态度，应该归功于那些年快乐的学校生活。

生态学与心理学 ◆ ÉCOLOGIE ET PSYCHOLOGIE

生态学要求我爱护世界，就像自己会长久安居于地球上一样。心理学则给我忠告，千万不要忘记自己有可能明天就会远离世界，或死亡。

屏 幕 ◆ ÉCRANS

在一次为时颇长的讨论工作的电话中，对方突然必须挂断电话。她告诉我，两三分钟以后再回电继续讨论。当时，我坐在书桌计算机前，第一个本能反应就是“利用”这个空当看看电子邮件。一看：哇！从开始讨论工作到现在，又进来了好几封邮件。我或许可以读这些信，顺便回信，这样就能节省一些时间。

我的双手突然停在键盘上，神志清醒过来，立刻更改心绪——我意识到，最好还是以另一种方式来度过这几分钟的等待，因为同时做好几件事情，只会在压力上添加压力（快速回复几封电子邮件，是必须很专注的）。

我何不慢慢呼吸，放松肩膀，站起来拉筋伸展，顺便在书房里面走一下。即使被迫暂时停止讨论，最好还是静静地继续思考一下我们之间的对话。最好走到窗边，看看天空和云彩。总之，我不该继续粘在计算机前面。因为，突然之间我清楚地感觉到自己其实又累又紧张（要不是这小小的意念进出，我将不会察觉到这一切而继续待在计算机前）。虽然只是一点点疲倦不安，但也就是因为还不太严重，所以才没有察觉到。但是，如果不把自己从计算机前抽离出来，如果不让大脑和身体休息一下，我就会离开舒适又有效率的状态。

所以，现在我完全明白了，一切都很清楚。再遇到同样的情况时，我会毫不犹豫地走到窗前，平静地呼吸着，仰望天空，觉察当下以及自己生命中的一切。

我安心地等待电话铃响，欢欣并且意识到自己的存在，而不是滞留在封闭又紧张的状态中。当电话再次响起时，我发现，就在呼吸喘口气的同时，即使没有特意寻思讨论的内容，心中还是浮现了许多清晰的想法。纵然，已经是几个星期后的今天，我仍然非常清晰地记得这段小插曲，如同生命里愉悦的片刻。而且，只要一想起那天小小的心情转变，我就仿佛看到了那阵照亮生活的微微喜悦……

效率和幸福 ◆ EFFICACITÉ ET BONHEUR

我实在不服膺某些研究所显示的：员工和团队的幸福感，可以让公司获利，总体而言，就是让员工在职场受益。我宁可用一些别的论点，来激励大家追求幸福。这是有实例可以举证的：一项有趣的研究表明，关系和谐的团队比彼此冲突或被动的团队，有更高的工作效率。研究人员曾经拍下会议进行的过程，分析正面互动指数（热络、有建设性、合作无间）和负面互动指数（紧张、消极被动、矛盾冲突）的相对关系。年终总结评估，工作性能最优的比值，正面互动与负面互动的比例大约是三比一。从此，我们习惯称这个最优势的数字为洛萨达（Losada）比例，以纪念带领这项工作的研究人员。其他的研究也显示，一组互动正向的工作团队，有助于大多数人表达不同意见。

这是非常宝贵的，因为在一个焦虑且气氛不好的工作队伍中，抱持不同意见的人可能会被视为干扰，甚至被拒；然而，在一个正面又友好的团队里，大家则有兴趣聆听不同的意见。正如我们知道的，团队必须听取不同的意见，才能进步发展；并非一定要遵循每个不同的意见，但聆听始终是重要的。

努力和训练 ◆ EFFORTS ET ENTRAÎNEMENT

由许多方面来看，精神与身体其实遵循着同样的法则。

当我们希望变得更柔软、更强健，或者希望有更大的肺活量让自己跑得更久，我们知道，柔软度、肌肉训练和跑步等等，单靠期望是不够的，还必须努力锻炼才能进步。倘若我们渴望能够更平静，睡得更好，减少压力、悲伤、烦恼的感受，同样的道理也适用，那就是：必须经常锻炼。有哪些练习的方法呢？正念就是其中之一：经常暂时停止分心，单纯专注于体会存在，以及观察世界在自己内心的回响。另外，也可以靠写日记来练习意识，反复修正自己的思维和行为方式（例如，敢于说出自己从来不敢表达的想法、写出自己从来不敢抒发的感情或爱情絮语、敢于坚持自己从来不敢坚持的事等等）。

就像锻炼身体一样，不是概念让我们变得更好，而是实践让我们变得更好。只是想着食物，不会给人营养；只是想着走路，不会使人平和下来。必须身体力行去进食，去走路。不可能光靠希望就让人变得情绪更稳定，必须力行实践。

最后，我要说的是：思想只能引导我们朝向行动，唯有行动才能改变我们。

自私 ÉGOÏSME

自私，可以关上面对他人不幸的门；但是，这么做的同时，也关上了自己的幸福之门。因为，事实上只有一扇门，那就是开启世界的门。起初，我们以为关上这扇门，就能防止他人进入，偷走我们的幸福，掏空我们的幸福份额；也会因为他们述说与展现的苦难，而毁掉我们的幸福。我们希望能够独揽幸福，顶多再让亲人以及那些我们允许的人进入分享。

事实上，我们关上的这扇门，也是自我内省之门，那是可以开启世界的幸福之门。不久，我们即将窒息而死。自私，就像住在护窗板永远紧闭的房子里——让我们看不到下雨，感觉少一点寒冷，却也让我们再也见不到明媚的阳光。

不可避免的自私 ÉGOÏSME INÉVITABLE?

有些人被问及利他主义时，会回答：偶尔自私一下、顾及自己，这也是很重要的。这当然没有错……偏偏，自私并不是因为有那么多正常又合法的“我也是”。我们也可以理解，对那些容易担忧或缺乏幸福的人来说，是需要很多的“我优先”。其实，“唯我独尊”，才是真正的症结所在！

升华和提升 ◆ ÉLATION ET ÉLÉVATION

“升华”这个已经过时的术语，源于拉丁语 elatio ，意指“提升，灵魂飞驰”。自己认同的道德价值，是会带动升华情绪的。积极心理学对情绪的升华也很感兴趣，然而使用的却是另外一个现代名词：提升。目睹令人感动的行为，尤其是互助或慷慨解囊之类的义行时，我们会有升华的感受。

曾有精辟的研究结果显示，升华不同于钦佩。首先，将受测者分为两组，第一组成员观看能够引起升华情绪的影片（如陌生人的义行）；第二组成员则观看引发钦佩情怀的影片（如运动员完成惊人的动作）。接下来的一周里，要求这两组成员保持专注于当初的升华或钦佩情绪（使用小日志，记录下每日发生的事件所引发的升华或钦佩情绪）；然后，研究他们练习升华或钦佩情绪的结果，一起分析自己的感受。钦佩组的受测者比较容易描述刺痛或打冷战的情形，感觉像充了电一样拥有活力（仿佛目睹这些令人钦佩的行为，能够激发起自己模仿的冲动，想必这就是钦佩的功能之一）。

再来看看升华组的受测者，则没有这类生理激化的现象，但是在他们的胸部靠近心脏部位，却是有些感觉的。由此证实，升华情绪会刺激迷走神经，有激活副交感神经系统的功能，诱导镇静而非刺激兴奋。感激之情同时也会活化副交感神经。因此，研究人员也探讨升华情绪在爱的进程里的作用：他们让哺乳期的年轻妈妈看一些会引发升华情绪的影片。结果发现，受测的年轻妈妈有胀奶的情形（借由胸罩内部放置的棉花测量所得的结果）。升华情绪可能与催产素的产生有关。

催产素有时被称为爱或信任的激素，在以上两种情绪下都会分泌，它其实就是一种联结关系的激素。由此可知，具备升华情绪是宝贵的，是为了加强我们与他人联结的感觉。

电力 ◆ ÉLECTRICITÉ

前几天，我目睹了一段小插曲。有位老太太推着小菜车经过一栋公寓，她应该不是住在这栋公寓里面。天开始下雨了，她友善地对正在公寓门口修理电源的两位电工说：“小心啊，先生，你们知道的，下雨的时候，修理电源是很危险的，一定要小心啊！”两位先生则报以礼貌的微笑：“谢谢您，太太，我们习惯了……”几米外，停着一辆印满各式认证标志的小卡车，表明这是一家专业的电力安装公司。可是，该怎么说呢？老太太对两个陌生人，这份有点天真又不求回报的仁慈，真让我既感动又安慰。我很喜欢，自己不单被感动，还被抚慰……

美化过去 ◆ EMBELLIR LE PASSÉ

美化过去，是怀旧的机制——我们带着感动回顾过去，不自觉地稍加美化。美化过去，可以让人感受到美好和愉悦。不过，前提是我们确实珍爱曾经经历过的一切，而不是借此与现在做比较。否则，不满就会成为杀伤力强大的武器。

赞叹 ◆ ÉMERVEILLEMENT

什么是赞叹呢？就是目睹了神奇奥妙，也就是所谓超凡脱俗的事物。我们会赞叹壮丽的自然景观、出色的艺术作品。甚至平凡的事物也可以令人惊叹，像是面对一朵花、日出、暴风雨、海洋、大自然或者人类身体的功能等等。因此，所谓的赞叹，就是在凸显我们意识到了前所未见的不凡事物。这也可以是幸福的关键之一。

保持开放的心理（也就是心绪没有萦绕着烦恼），以及好奇心（也就是面对未知的开放心态），让人容易惊叹；这亦即禅宗所谓的初心——面对我们以为已经了解和掌控的事，但保持着不断更新的清新感。诗人被赋予这般神奇的恩典，也因此造就他们的痛苦；因为赞叹会使我们背离舒适的沉睡，去面对自己不希望看到的事情。克里斯提昂·博班描述诗人埃米莉·狄更生（Emily Dickinson）时，提到她具有“不让自己习惯于任何事情的沉重天赋”。

过度敏感的人，也会是反应过度的人，他们对任何事情，无论是快乐还是痛苦都反应强烈：也就是说，这样的人，能够同时感受到切肤之痛与欢喜赞叹。

情绪多样性 ◆ ÉMO-DIVERSITÉ

幸福生活的总体感觉，取决于愉快情绪的出现频率，多于愉快情绪的强烈程度，想必也跟情绪的多样性有关系。只靠一种正面情绪运作，就像只吃一种食物，或是只种植一种类型的小麦或西红柿。无论幸福是以自我还是他人为中心，无论是动荡不安还是平静，无论是发现探索还是习以为常——情绪的多样性对幸福而言都是有益且必要的，正如生态多样性之于大自然一样。

情绪 ◆ ÉMOTIONS

以某种方式来说，情绪自发流露，是幸福的温度计。愉快的情绪，使我们更接近幸福。不愉快的情绪，则使我们远离幸福。

负面情绪 ◆ ÉMOTIONS NÉGATIVES

负面情绪的问题，不是在于它的存在，而是在于它扩张的趋势！负面情绪会往下扎根，引发一些循序的特定行为模式，例如愤怒促使攻击他人，悲伤使人退缩低迷，担忧让人过度专注于困境；以上这些行为模式，都会自动扩大。负面情绪当然也有一定的作用，是必须接受它、给它一个位置的，但不能完全臣服。要留一些空间给正面情绪。

正面情绪 ◆ ÉMOTIONS POSITIVES

当我还是一个年轻的精神科医生时，我只治疗那些已经诊断出来的疾病。对我而言，负面情绪好像比较常见、比较多样、比较顽强。总而言之，就是比较有意思。我成了资深心理医生之后，有幸从事疾病防治方面的工作，而不是等到疾病发生或复发时才来治疗。这样的经验，当然改变了我的想法。我发现，更深入接触后，正面情绪的世界其实更丰富。一旦深入细节，才知道正面情绪甚至比负面情绪更浩瀚多样，像是喜悦、宁静、骄傲、升华、钦佩、信任、宽慰、好心情、感动……

同理心 ◆ EMPATHIE

同理心，是人类以及许多动物与生俱来的能力，无须特意或持续的努力，就能够自动感受到周围其他人的情绪状态。因为我们是人，我们的大脑能够知晓，进而诠释他人的感受。

同理心与幸福有紧密的关联：自适让人更容易升起同理心，因为自适将我们的精神向周围的世界敞开，而不是像痛苦那样让自己退缩封闭。同理心有时也能让我们接受别人的喜悦和幸福——有了同理心，面对一个大笑或微笑的人，会更容易感染到这种安适。

在我看来，同理心其实是一种非常强大又非常深刻的直觉形式，让我们挣脱自私的诱惑，对他人的感受更敏锐。不论是欢乐还是痛苦，同理心有其生物能量，提醒着我们与他人之间的深层联结。许多研究证实，自私是万恶之源。同理心，是自然界留给我们的方便之道，让我们能够更敏感，也因此让我们拥有更丰富、更具智慧的快乐。

童年 ◆ ENFANCE

童年，对我们来说，就像座蓄水池，里面装满回忆、习惯、直觉反应以及各种无意识的动作。有幸福，也有不幸。福泽同享，患难与共。因此，既像失乐园、怀旧源泉，又像记忆库，带给我们信心和喜悦。圣奥古斯丁（Saint Augustin）曾写道："如果不是已经认识幸福，就不会寻求幸福。"对他来说，渴望幸福意味着曾经有过幸福的记忆。放眼四海，人人皆渴望幸福，因此他得到的结论是：唯有上帝能够将这份渴望，放到所有人类的心里。

显然，尽早具备幸福的品位，就能够方便应付随后而来的很多事情——让我们更有把握地追寻幸福，也能让我们认知到幸福远离的原因，如恶毒的伴侣，或一些不理想的生活条件。曾经有过快乐童年的人，较有能力指认出事物的问题，也懂得缩短容忍的时间。我们终于知道如何让自己过得更幸福，因为幸福就像学习外语，越早开始，就越能够运用自如。

孩子 ◆ ENFANTS

我有三个孩子，她们让我非常幸福。还没有成为父亲之前，我很容易任由自己负面又爱发牢骚的情绪牵着走。奇怪的是，从我成为父亲的那天起，我感觉自己必须有责任感，在孩子面前不能再悲伤或焦虑了。并且，不能只是做做样子，而是必须发自内心，因为我们不能长时间对家人欺瞒自己的感觉，我不想因为自己那些不必要的痛苦情绪而感染了孩子。我清楚地知道，那些负面情绪大多不是“必要的”。因为，实际上这些都不是真正严重的事情，充其量不过是些正常的不顺罢了。

我的孩子，是幸福的来源（正如相传成俗那般）；然而，同时也制约着幸福。这样奇怪的混合体，在我身上却运作得很好。爱我们的人，他们的看法和判断是助力，至少在能力范围内可以改正自己的缺点。至于其他的缺点，就要祈求爱我们的人的好意了。

地狱 ◆ ENFER

地狱，像什么样子呢？或许，地狱就是贾克·欧地贝堤[①]在《殉难者》（Martyrs）一诗里描述的：“在我丑陋的紫袍下，不堪一顾的金色面纱，我是世界之后。我是绝望的痛苦。”

绝望的痛苦，没有任何幸福的期待——这是不幸的定义。就像安德烈·孔德－斯朋维勒对幸福所下的定义，狭隘却很实际：“幸福，并不是永远的欢乐（谁又能够如此呢），也不表示从来无法欢乐；而是不需要发生什么决定性的事，也不需要改变什么，就能够欢乐。”但丁在地狱入口写着：“进入此门之人，放弃所有希望。”希望，有时候被认为是幸福的圈套（能够真正品味，总比空抱希望来得好）。但是，在面对痛苦和不幸时，希望也是不可或缺的解药。

无聊 ◆ ENNUI

星期三，我经常在家里工作。我不能担任全职的精神科医生，因为自己

① 贾克·欧地贝堤（Jacques Audiberti，1899—1965），法国著名作家、诗人、剧作家及影评人。

会渐渐失去聆听的能力和愉悦。这就是我星期三在家里工作的原因——还蛮不错的，因为孩子们都在家里，但也因此有点麻烦。某一个星期三，我在书房里工作。有个女儿百无聊赖无以自遣，她已经用完了看电视和玩计算机的时间配额，也没有姊妹或朋友在眼前陪她玩。由于书房的门是关着的，她不敢进来，怕惹我发脾气。这是对的，如果有人打扰我工作，我经常是会发脾气的！

我听到她在走廊里踱来踱去，随后又有纸张的轻微沙沙声。原来是她从门底下塞进一封求助信："爸爸，我很无聊，请帮帮我。"（忠于原文）我不禁放声大笑，随即打开门，女儿就在门后面等着我；她也觉得好笑，很肯定自己可怜的处境会触动我。我不记得自己对她说了什么，但是我们应该有说到"无聊"这件事——跟过去同年纪的我们相比，我们的孩子过度受到外界的刺激，比我们当年更无法忍受无聊。

然而，在内心平衡的机制中，无聊扮演着重要的角色，能够促使我们反省，进而滋养创造力。因此，无聊是有用的心灵状态，鼓励我们重新思考自己的生活方式（是不是缺乏足够的行动和变化），以及感知世界的方式（是否因为不用心或缺乏深度，而与许多有趣的事情擦身而过）。

幸福，乏味吗 ENNUYEUX, LE BONHEUR?

有些人认为，相对于快感或兴奋，幸福显得很枯燥乏味。我恰恰以为相反，幸福是不可能乏味的：幸福实在是太脆弱、太微妙了，不足以使人乏味。菲利普·德莱姆一针见血地指出："凡受威胁的，必不能乏味。"否则，整个人生都会枯燥乏味，因为不能时时动个不停、笑个不停；花朵也乏味，因为在原地永远静止不动；大自然令人厌倦，因为既不闪烁炫亮，也不会自我推销。

热情 ◆ ENTHOUSIASME

这件事发生在一天早晨，我与那位充满活力又热情的女儿在一起。当她看到我昏昏欲睡的模样时，试图叫醒我："咦，老爸，你准备好度过这美好的一天了吗？！"我精神不济，但又不想抱怨，因为我没有什么正当的理由可以抱怨，只好咕哝着："嗯，应该可以吧……"她立即反驳道："喂，你的回答实在不怎么样啊！"

我们于是放声大笑。她说得真对：我很不容易热情、自然率真或是积极主动。在最好的情况下，我也只是觉得安宁、快乐、自信、祥和，但却很少充满热情，很少会欢乐热情地迎接生命，迎接到来的每一天。然而，我经常在女儿身上发现这些特质。更糟的是，许久以来我一直都抱持着怀疑的态度——在我看来，热情就是盲目和失望的根源。

今天，我才明白：忧虑地期望，并且只有在事情确定时才能欢喜，这样的心态是不怎么合理的。早餐时，勉强自己开怀大笑、扮扮小丑，确实可以让人心情好起来。学习培养热情，是很可贵的，在我开始感觉到动力减缓的生命时刻里，注入了活力干劲。我学会了欣赏别人，而不是只看到桎梏；没错，热情并不总是合理，但又有什么是永远合理的呢？

意志锻炼 ◆ ENTRAÎNEMENT DE L'ESPRIT

对我而言，意志锻炼的概念是很宝贵的，就像培养身体机能（如体力、肺活量、柔软度等），也可以开发心理能力（如专心、注意力、记忆力等）以及情感能力（如珍惜当下的态度、控制愤怒和担忧）。关于意志的运作，特别是在感情的领域里，我们通常会做出两个错误的判断：第一，我们会以为自己什么都做不了（而且天生如此）；第二，相信只要有毅力和意愿就足够成事（必须真正想望；如果不成功，表示自己的意愿不够强烈）。毅力和意愿，当然是必须具备的；然而，最重要的是培养自己的正面情绪。处在正面情绪的当下，别忘了推动并且增强这样的正面情怀。

吊诡的是，就锻炼意志来说，我们已经称得上是专家了；但是对于负面情绪的应对，却还有精进的空间。我们经常反复思考负面的想法和情绪（例如悲伤、怨恨、悲观），而且已经相当纯熟——我们利用悲伤、愤恨和悲观的神经机制，让自己在面对生命中的任何事件时，都能以最快的速度有系统地全面掌控局面。结果，我们成了负面的运动员。这真的是我们希望的样子吗？如果我们开始学习积累，并且反复咀嚼积极正面的情绪，会不会更好呢？

嫉妒 ENVIE

嫉妒，是一种不愉快的感觉，认定他人拥有我们所没有的（并且希望自己有一天能够拥有）。这样的心境难以捉摸，无法用金钱来解决。或者也正因为这个原因，幸福就成了嫉妒的对象。

我常常看到，那些不幸的人因为比较，而加重自己的苦难。例如，多病的老太太怨恨同龄的邻居虽然比较穷，却比自己健康；残障儿童的家长，每回遇见其他同龄健全儿童的家长时，心里备受煎熬。他们因此以为，生命对自己不公平。他们不但不全心努力使生命能够更美丽一些，反而嫉妒别人的生活，结果加重自己的不幸。

伊壁鸠鲁 ÉPICURE

伊壁鸠鲁学派的创始人，曾被形容为温柔善良的素食主义者，很少执意于不必要的乐趣。一个幸福的禁欲主义者，教导众人如何能够更接近幸福，如何克服对于无用之物的欲望——因为，只要上有一瓦，又有食物和朋友，就别无所求了。是什么奥秘使伊壁鸠鲁成为“享乐主义者”的代名词呢？

伊比克泰德 ◆ ÉPICTÈTE

伊比克泰德早年曾是奴隶。有一天，愚蠢的主人为了证实禁欲主义，打断了伊比克泰德的腿。这仿如死亡的经验，让他后来成为古代的伟大哲学家之一。他以幸福生活的观点著称（虽然略显粗糙），应该是个人过往经验所致。伊比克泰德就像佛陀一样，认为幸福深植在人类内心：“神创造了人类，是为了让他们能够幸福；然而，人类却由于自己的缺失而不幸。”但是，人类需要警觉和努力才能辨别清楚，那些是取决于自己（个人的努力），哪些又是自己不能掌控的（所以必须接受，而不是改变）。伊比克泰德的教诲，由弟子收集抄录成了著名的《手记》，即使在将近两千年后，读来仍然有令人意想不到的新意。

试炼 ◆ ÉPREUVE

试炼是逆境，会动摇我们的根基，让我们不知道自己是否能够存活下来。试炼会让人不禁在心里自问，终于走出来之后，会不会因为遍体鳞伤，而无法再有所为。我们正在经历的考验，数不尽的人早已经历过了。这个事实，并不会让考验变得较不可怕，而是提醒我们，这只不过是生命的千百种面孔之一。

考验，就是这张让人丧胆的面孔，能够攫去我们的生命。考验将我们丢到一切未知之中，让我们以为置身于地狱里。我们完完全全不知道未来会发生什么事情，因此，唯有竭尽全力面对考验，而不是面对自己的咆哮与反复思索。只能尽力做到最好，因为永远都不会是完美的。然后，又有其他的事情将会到来，而令人忧虑痛苦的是，即将到来的不知道会是什么事，也不知道会在什么时候。然而，总是会有事的。

“人生有两副面孔：一副令人礼赞，另一副令人畏惧。当你看过了那张可怕的面孔，赞叹的面孔会像太阳一样转向你。”

情绪平衡 ◆ ÉQUILIBRE ÉMOTIONNEL

什么是情绪的平衡？总之，从代数的观点来看，如何才是正面情绪和负面情绪之间的适当比例呢？我很清楚，平衡并不一定就是幸福。有时候，幸福恰好就发生在瞬间失衡的状况下。尽管如此，若像焦虑以及抑郁的人那样，不断充斥着负面情绪，那是绝不会感觉到快乐的。

有一些关于短暂情绪的调查研究，为时几个星期，受测者的手机每天大约会发出十次的小小哔哔声。每次哔哔声响起时，就得记录当下情绪愉快或不愉快的强弱指数。在那些没有过度紧张、焦虑或抑郁的人身上，研究数据结果显示，正面情绪与负面情绪间的最佳比例，大约是三比一。

因此，并非必须完全正面积极。我们可以经常感觉到负面情绪，例如焦虑、悲伤、内疚、烦恼等等，这些情绪都能激励我们去适应。但是，若要达到精神平衡，负面情绪必须比正面情绪少三分之二。你的情况是这样吗？

沦为自己的奴隶 ◆ ESCLAVEDE SOI-MÊME

几年前，某个星期天的傍晚，我坐在地上擦皮鞋，女儿看着我说：“可怜的爸爸，你看起来好像一个小奴隶！”这个画面让我觉得好笑，我便趁势埋怨了一下：“唉！是啊，我是这个家的奴隶！”惹得女儿跟我一起笑了。

但是，她并没有为我的奴隶身份而感动，随即走开去做别的事了，留下我一个人，反思着我们的对话，想着我的“奴隶状态”。

我明白了，与其说我是家里其他成员的奴隶，倒不如说是自己的奴隶。事实上，我就像所有人一样，每逢周末，总得劳动一番。我当然也会梦想着休息一下，让别人来服侍我。看着自己沾满灰尘和泥泞的鞋子，我有两种选择：不要擦鞋上蜡了，就让接下来一个星期都穿着肮脏的鞋子，生活中毕竟还有比穿脏鞋子更糟糕的事；另外一个选择则是面带微笑地擦鞋油，毕竟，让一个肮脏的东西变清洁，美化它，实在不是一件值得抱怨或徒劳无功的苦差事。因此，有两种方法可以不让自己成为奴隶，不加重自己肩上的担子——或者不做，或者轻轻松松去做。

并不是每次都能够有选择吧？确实，有些限制是不可避免又痛苦的，总是很难让人从内心发出会心的笑容。不过，我们应该稍微反省一下——有很多枷锁，是可以打破的，远远超出我们原来所以为的。

复活的祈望 ◆ ESPÉRANCEDE LA RÉSURRECTION

祈望（espérance），是性灵和宗教版的希望（espoir），融合了希望与信心，仰望上帝。因此，祈望变得比世俗的希望（比如“希望星期天不会下雨”）更强大，也更脆弱，并且更令人感动。祈望通常都是发生在生命中的重大时刻，当我们感到力不从心的时候（像是“希望好友能够痊愈”）。对天主教而言，祈望与信心和爱心，一同被称为三达德。祈望，让我们重拾信心，将自己交到上帝手中，尤其是在面临死亡的时刻。每当去教堂参加弥撒，听见神父召唤死者“安息在复活的祈望里”时，我的胸口都会紧缩忧伤。令我震撼不已的是，祈望的广袤和脆弱。

希望 ◆ ESPOIR

希望，就是期待未来符合自己的需求，或等待更好的明天。希望可以是一种助力，但也可能有双重的危险——如果因为抱有希望而让自己不采取行动，或者因而放弃珍惜既有的一切，倒不如不要再希望什么了，只求尽情生活和行动就好。记者问罹患严重神经系统疾病的天体物理学家史蒂芬·霍金，得了这么严重的疾病，如何还能保持士气，他说："当我二十一岁时，希望就已经消磨殆尽了。从那时候开始，每件事情对我而言，都是意外之喜。"这也是哲学家安德烈·孔德–斯朋维勒在标题极具启发性的《幸福，必须义无反顾》一书中所建议的：停止希望，并不是因为绝望，而是为了活在当下。

初学者的心态 ◆ ESPRIT DU DÉBUTANT

心态，是面对事情的方式，也是生活的方式。也就是说，自己是如何判断、如何看事情。无须赘言，正如所有形式的心理学或心理治疗的努力一样，心态对积极心理学而言是最重要的。读这本书时，如果你没有开放的心态，就无法借由双眼，或者应该说借由自己的批判意识，发现书里提到的任何论述或建议。你不一定要正面善意，但至少必须好奇诚实，这就是禅学所谓的初心（初学者的心态）。没有经历之前，不要先下论断；如果没办法做到，不要马上放弃或批评方法，应该训练自己再实践看看。初心，是纯朴、谦卑，混合着好奇。也就是说，即使抱持怀疑的态度，也是一种充满善意和参与的怀疑。

尝试 ◆ ESSAYER

阻碍我们得到幸福“秘诀”的原因，是我们根本连试都不去试；缺乏的，是坚持不懈的精神。

自尊 ◆ ESTIME DE SOI

自尊，对自己的幸福是很有益的。主要是能让我们避免自我戕害，不会陷入夸大又不断的自我批判。自尊，也能够使我们与他人接触时保持尊严，觉得自己值得被爱。在自我尊重还有与他人关系的角度上，自尊可以发挥最大的成效；至于增加个人绩效以及促进成功方面，则是取决于许多其他的因素，自尊的好处，就比较不明显了。

周而复始 ◆ ÉTERNEL RETOUR

有的时候，即使历经努力赢得成功，我们还是会因为周而复始的负面情绪，以及愤怒紧张的倾向，而陷入沮丧。然而，难道夜晚、风雨甚或冬天永恒的周而复始，不就是万事万物本来的秩序吗？不过，在现实中，这样的周而复始发生在自己身上时，则伴随着微妙的差异和变化，虽不易察觉，却又真实——我们可以觉察到，愤怒、悲伤和恐惧，总是重新回来，只是，维持时间较短，力道较弱，对我们的行为影响也较小，对我们生活的掌控也较弱。因此，我不喜欢某些警句，像是“一旦喝酒，就会永远喝下去”“去除本性，马上又故态复萌”等等，让人动摇、无法翻身。可以想象，我和所有心理咨询师对这些说法都深恶痛绝，因为如果这一切都是千真万确的话，我们不如卷起铺盖，不顾痛苦病患的死活。

这些警语有时候是正确的，所有的警语不都是这样吗？在某些时刻，短时间里确实无法见到改变的成效。然而，这些话却往往是错误的。最可怕的是，这些话会令人沮丧、打击士气，所以是有害的。我不喜欢那些毒害灵魂，让灵魂沮丧又打击士气的东西。当我们状况不佳的时候，这些警语都是伤害我们的咒语，只会让情况更糟糕，甚至陷入僵局。

永恒 ◆ ÉTERNITÉ

当我们暂停下来品尝片刻幸福的时候，就如同吸进了永恒的气息，进入一个超越时空的泡沫中（只要轻轻一弹，就会像肥皂泡一样幻灭了）。幸福的现象，也就是这样被勾勒出来的：感觉时间静止膨胀，自己置身于永恒的括号里。幸福时刻，就像刹那的永恒。时间暂时停悬在那里。可惜的是，不幸也有点类似，也让我们感觉到永恒的时序。被不幸折磨的时候，我们也体验到永远让利爪攫住的恐惧。

伸展 ◆ ÉTIREMENTS

记得小学历史课里提到，国王路易十一把反对者和敌人关在一种被称为“少女”的笼子里——既不能坐、不能躺，也不能站直，只能够保持蹲踞的姿势，不能做任何完全伸展的动作。当时还是孩子的我，真是吓坏了。想象着这个可怕丑陋的国王，把俘虏囚禁多年，甚至一辈子困在这种身体的绝对痛苦里。这或许就是为什么，我如此喜爱时时伸展身体：无论在家里写作，还是在医院看诊时短暂的空当，我都会站起来，高兴地伸展一下。

星星 ◆ ÉTOILES

“星星。在上帝的家里，有光明。”儒勒·列那尔的这段句子向我们眨眼暗示，鼓励我们定睛看看世界。想象一下，上帝坐在自己家里的椅子上，沉浸于阅读一本好书。这样的情景，既让我觉得有趣，又让我充满喜悦。虽不免有些幼稚，但却抚慰疗愈。通常，我就像儒勒老友一样，只会把这类幼稚的想法偷偷保留给自己，或者写进日记。我希望能够经常如此。

什么都不做的奇怪先生 ◆
L'ÉTRANGE MONSIEUR QUI NE FAISAIT RIEN DU TOUT

事情发生在有一天我开完会的回程火车上。列车走廊的另一头，有一位行为有点怪异的先生。打从火车离开车站，他就吸引着我。我用眼角余光注意，看他是否会停止自己怪异的行为，然后表现得像其他人一样。但是没有，他还是继续着费解的行为。其他所有的乘客，手边都在做一些事情——大多数人自顾自地看着屏幕，有些人讲电话，有些人在睡觉。而他，什么都不做。

无论是他的目光还是衣着，看起来一切都相当正常，没有什么好奇怪的。我花了一点时间观察，才明白了自己的疑问。奇怪的点在于：他什么也不做。他有时候看着窗外，有时候看着上车或走动的人。我想说的是，他一直用一种适当的方式观察一切，没有过多的牵强，而是像生物学家一样，小心谨慎且仔细观察着自己最喜欢的动物来来去去，如同我正在观察他一样——一个什么都不做的人，就像是面临绝种威胁的物种！他只是看着自己周遭世界的一举一动，我几乎就要想象他是个疯子了。然而，我却认为他是个智者。

我的脑海里，对这段奇特的经验胡思乱想了片刻。只是因为一个人什么都不做，就觉得他奇怪。我们的生活，是多么奇怪啊！这个社会又是多么奇怪啊！有一瞬间，他差点就要让我失望了：经过一小时的旅程后，他拿出手机开始轻轻敲着。我严肃地监看着他，觉得自己好像太快给他加冕了。但是没有，他只是不经意地瞧了一眼，随即将手机放回口袋里，又继续对着窗外飞逝的田野美景沉思，没有其他的人像他这样看着窗外的景色。

结果，我也开始欣赏起窗外了。抛开计算机和所有必须赶快修改的迟交文件，那些紧急却又无关紧要的东西。因为，最重要的事情在此，存在于我的眼前，以及那位奇怪先生的眼前：在这辆列车以及飞逝而过的风景里，正在进行着的生命……

受人钦佩 ◆ ÊTRE ADMIRÉ

受到钦佩，能使人愉悦，也会让人尴尬。倾慕者可以认为，他所倾慕的对象拥有卓越超然的特质；然而，受到倾慕的对象，却或许觉得自己被人错爱。最好的情况是，被倾慕的对象，只是接受自己被看重。因为，看重是指自己能够与他人平起平坐，并不意味着地位被架高。

有一天，我在一座教堂地穴里演讲。会议结束后，承办会议的负责人整理桌椅，我发现显然有人准备在那里过夜。这个协会组织建立了一套值班制度，在酷寒的冬季，轮流接待无家可归的人在演讲会场过夜。就像大多数的护理人员，我知道照顾夜晚的游民，实在很难是件乐事——因为，有些游民会发狂叫嚷，有些喝得烂醉，有些企图自杀，有些非常非常脏，还有一些痛苦得不发一语。这确实是一项可敬的工作。

所以，当有人来恭维我演讲的时候，我觉得自己仿佛在招摇撞骗似的。应该钦佩的不是我，而是这些志工！虽然如此，我借由演讲得到的赞赏，一定比所有志工一年的无私奉献得到的多。世界真是奇怪！尽管我知道他们这么做，不是为了想让人钦佩。幸好，有件事情安慰了我，并且让我不再自责——有很多人来听这次的演讲，每人付的少许入场费，将资助志工活动。呼，我终于可以心安理得了：既可表达我对志工的钦佩，又感到自己也尽力帮助了他们……

遵循字面上的意思 ÊTRE PRIS AU MOT

事情发生在几个星期前，我在圣安娜医院的一次咨询。病患是一名我已经认识很长一段时间的退休医生，她的问题很复杂，性格也很复杂。她预约了急诊，唉，因为她的病又复发了。在咨询结束后，我自以为终于安抚了她。她从袋子里拿出一份包装精美的礼物说："这是为了感谢您接受我的急诊以及您悉心的治疗。我知道，您有很多工作……"

作为医生，有时候会收到病人的礼物。我们当然很高兴（因为这份礼物肯定了我们的辛劳），同时也让我们尴尬（因为我们不过是尽自己本分罢了）。每当我收到礼物时，就会有这些感觉。我会道谢，也会特别表达自己的荣幸（例如"您太贴心了"）。可是那一天，不知道为什么，我竟然说："谢谢您，不用了……"刚巧，这位病人在人际关系中有点特别，她不擅长人际应对，也不懂得译码交流的讯息（虽然这些问题从来没有真正困扰过她的医生专业）。

我看到她脸上变得茫然不知所措，她思忖着我说的话："您很困扰，我送您礼物吗？"我说："嗯，对啊，有一点。我是真心在治疗您，现在您好多了，这就是我的礼物。"她接着又说："我不希望这份礼物给您带来困扰。"可怜的她极度不安，不知道该怎么办才好，犹豫着不知如何处置还没完全从自己袋子里拿出来的礼物。顿时，我也觉得有点傻眼：她给我带来的这份礼物，是她特地为我选的。

我当然真的觉得很开心。若她把礼物带回去，也是不要紧的，毕竟我也不缺什么。然而，我不能拒绝这份礼物，不能让她又带着礼盒离开。果真如此，那么我就实在是既不领情，又不尊重她了。于是我对她说："不是的，我实在很高兴您的心意，送给我这份礼物，您真是太贴心了。"我就只以简单的讯息来传达简单的想法；我只专注于重点，放弃解释为什么这份礼物让我尴尬，以及自己尴尬的程度。她笑着递给我礼物，看得出来她终于放心地松了一口气。然后，我们一边聊着其他的事情，一边走到了门口。

这件事情，给我上了一课。可是事后我有些怀疑：她刻意给我礼物，是不是比我想象的存有更大的心机？（比如"我让心理咨询师掉入陷阱了，让他照着我的意思做，只为了捉弄他一下罢了"）不过我不这么认为，她不是这种人。但谁又知道实际情况是怎么样呢。无论如何，从此以后，当别人送我礼物时，我不会再说："不用了！"积极心理学的要义，就是始终简单行事。

幸福主义 ◆ EUDÉMONISME

幸福主义就是，能够实现自己的价值观，而感觉到幸福；也由于实现以及精进的过程，赋予了生命的意义。随着年龄增长，幸福主义不断增加，享乐主义则似乎缓慢减少。享乐主义来源与幸福主义来源之间消长的总体幸福水平，保持稳定不变。生命就是这样，如此完满。

异常欣喜 ◆ EUPHORIE

从理论以及字源来讲，欣喜（euphorie）意味着享有愉快的心情。对精神科医生来说，当我们焦急和沮丧时，会感觉到烦躁不安（dysphorie，某种情绪障碍）（前缀字 dys，有不正、错误的意思），烦躁不安是与异常欣喜相反的。奇怪的是，在今日法文的习惯用语中，欣喜一词指的是过度的好心情，这也进一步证明了正面情绪的难以为之！

不错，过度的好心情，是可能带来危险的。兴奋时，情绪的平衡会暂时中止——我们做的选择、采取的态度，都可能变得草率，因为不再有负面想法或情绪来提醒自己必须注意潜在的问题。因此，不要在过度兴奋或烦躁的时候，做任何重要的决定或承诺！

恼怒 ◆ EXASPÉRATION

萧沆告诉我们："每当连续几天都浸淫在宁静、引人沉思又简朴的文章里时，我只想走出门到大街上，打烂第一个碰见的人！"对我来说，倒不是这类文章会让我如此反应，而是那些故作镇定者和假先知，会让我恼怒。当我这么觉得，或当我知道他们只是在装模作样保持形象，而现实生活中却不过是斤斤计较又小气的人时，我想揍的不是路人，而是他们——我想给他们一个巴掌，以期拨乱反正，并且打破盲目的崇拜；我还想要求他们停止自作聪明，建议他们回到修道院去，再打坐修行几年以重返正道。

体能锻炼 ◆ EXERCICE PHYSIQUE

许多重要的研究证实，身体健康能够使心灵健康。经常锻炼身体，可以略微增加正面情绪的倾向；同时，也可以增加面对焦虑事件时的情感耐力，即使在脆弱的偶发性抑郁症患者身上亦是奏效的。所有的精神科部门，都应该配备一间健身房！

狂喜 ◆ EXTASE

狂喜，是强烈的幸福或快乐；如此极度的激烈，甚至会让我们脱离自我。

最为人所知的，就是性的狂喜，和神秘主义的狂喜。这样的狂喜，能够带来生理或形而上学的震撼。如果我们认为狂喜是极端形式的幸福，其本质，是一种出自自己身体的爆发力，那么也就证实了，幸福的自然运作不是向内性的（由外面到里面），而是离心力（从里面到外面）。

疯狂

FOLIE

a b c d e F g h i j k l m n o p q r s t u v w x y z

身为心理医生，我从来没有见过疯子，

见的是一些苦于无法快乐的人。

软弱或脆弱？ FAIBLE OU FRAGILE?

我们经常引用尼采的一句话来凸显超越逆境的美德："无法毁灭我们的，能使我们更加坚强。"有一天，一位来圣安娜医院接受心理咨询的女士让我知道，这句话的反面有的时候才是正确的。她告诉我，生命中的许多考验如何慢慢地磨损脆弱的她，最后她总结道："以我的例子来说，没法毁灭我的，却让我变得脆弱了。"

她说的有些道理——她所经历的心理创伤，多年后还持续让她痛苦着。在我看来，她已经竭尽一切努力，也做了所有可能的改进。在这种情况下，我有些不知道该如何回答她；我希望能与她再讨论一下，不想让她带着这种"不得不软弱"的想法离开。因此，我们又聊了好一会儿，讨论软弱和脆弱之间的区别。

说实话，我一点也不觉得她软弱，而是觉得她极度脆弱。一直以来，软弱的概念总是带有道德批判意味。这样的想法通常挺困扰我的，特别是这位女士的情况，更是让我困扰。在我看来，她的情况也不是面对生命中某些事件时强烈的无力感。因为，她有让自己去面对，只是面对本身让她痛苦。在我看来，这位女士不是软弱，而是脆弱。

就我个人而言，当觉得自己软弱的时候，我总会气馁，并且会提前放弃行动；可是，当觉得自己脆弱的时候，我并不会放弃行动，而是促使自己更谨慎，意识到必须小心行事，而且想必需要别人的帮助。总而言之，脆弱其实是一种积极的软弱。对此事，我们不予任何价值判断，也不会有任何的责难。

伤害他人 FAIRE DE LA PEINE

自小我就很怕伤害别人。请注意，我指的不是那种正常的恐惧，不是那种担心自己不友善、没礼貌或爱吵架而伤害了他人，而是那种无所不在的过度恐惧。例如，当我走过没有顾客的摊贩前，商家孤独地目送我，而我什么都没买，这样的情境总是令我十分尴尬；或者，没有把自己所有的钱都给路旁的乞丐。这种对他人的过度关心，如影随形地跟着我。

1898 年 8 月 15 日，儒勒·列那尔在《日记》里写了一段插曲："我问金狮餐厅：'午餐什么时候开始？''上午十一点。''好。我先去城里走走。'结果，我在另外一家餐厅吃了午饭。从此，我再也不敢走过金狮餐厅。说不定他们一直还在等我。店家是否还在臆测着：'他是否会来晚餐？'我会不会被关进城里的警察局呢？我脑子充满这种愚蠢的胡思乱想。"多亏好心的儒勒，我才感觉比较不孤单。但是，有一天我又陷入了同样的情境。在火车上，阴郁的尴尬涌上心头，因为我没有向推着三明治饮料餐车经过车厢的先生买东西；又因为，上车前我没有光顾月台尽头的老报亭，我还在不好意思。

很奇怪，这种对他人处境的超级敏感，是如何再次涌上自己心头的？我从来没有清楚地理解，为什么有时候自己有办法断绝这样的想法，有时候却无能为力。说实话，我想，我从来没有试着真正摆脱这些。因为，如果失去了这点，我觉得自己也会失去一点人性。

"全力以赴"《FAIS DE TON MIEUX》

完美主义，往往是危险的态度。但是，这并不妨碍我们喜欢完美主义，并且希望尽可能地把事情做好。两者之间是不同的。这也是斯多噶哲学经典里终极目的论（telos）和目的论（skopos）之间的区别，也是介于意图和结果之间的差别。试图全力以赴，避免禁锢于一定要达成的结果，尽可能做好事情。我们常以瞄准靶心的弓箭手为例——不要把所有的注意力都集中在射中靶心，应该全神贯注于自己的姿势（同时重视靶心和自己的每一个动作）。

最该注意的是姿势，而非结果的完美。这适用于生命里的大多数行事举动，更适用于幸福的追求。

家庭 ◆ FAMILLE

每个人都听过列夫·托尔斯泰的小说《安娜·卡列尼娜》那著名的开场白："幸福的家庭都很相似，但是不幸的家庭各有各的不幸。"我曾经也一直认为如此。因为我很佩服托尔斯泰，而且我也是这样看事情的：幸福似乎一定比较愉快，可是却没什么好观察、好描写叙述的。然而，实际上这个想法却是个错觉（对不起啦，列夫）：以为幸福通常并不需要多加言语就能让人体会，而不幸却耐人寻味，让人抽丝剥茧想要剖析明白（使人不断咀嚼、呻吟抱怨等）。不幸给人更加丰富有趣的印象——其实只是因为那些喋喋不休。

今天，我对积极心理学很感兴趣，不厌其烦地剖析了"人类必须幸福的一千零一种方式"。我被说服了——正面的情绪和经验，全然可以和负面情绪那般丰富多样。相较于不幸的家庭，那些幸福的家庭也是各个不同的。身为一位心理医生，看过很多不快乐的人之后，有时我会忍不住地说："所有不幸的人都是一样的；但是，每个快乐的人则各有各的方法。"

其实，只要我们对一个主题感兴趣的话，就能感知到它的丰富、多样和其中的微妙之处。是不是所有的草，都长得同一副样子呢？不会！不妨让自己试着躺在一片草地上，看看有多少种不同的"野草"！幸福和愉快的情绪也是一样的道理！不过别误会，这番话并不是要阻止大家去读托尔斯泰的伟大著作！

幸福幽灵 ◆ FANTÔMESDE BONHEUR

以一幢度假屋为例，你们刚在那里过了一个热闹兴奋的暑假，认识了很多人，进行了许多活动，也讲了不少话。如果你们在这幢房子里度过很长的时间，已经积累了许多回忆，那就更好了。试着独自一人再回去那里度过一段较长的时间，可能的话安排在夏末。但是，如果你的假期不是在某间房子里度过的话，也没有什么关系，只需要选一天风和日丽，到一个自己喜欢的地方，最好是个美丽安静的大自然环境，而且是个没有人会打扰到你的地方。坐下来，深呼吸。等待着回忆、谈话、低语、笑声和争吵的片断慢慢涌现——从墙里或者从自己的记忆中，如幽灵般慢慢涌现出来。

就这样，随兴地观察它们，千万不要强迫记忆，也不要想组织这一切，更不要特别执着于任何一段回忆，就只是让过去的一切占据自己的意识空间。就这样，花几分钟，几个小时，或花上很长一段时间，就这么待着。观察幸福的幽灵就像钓鱼一样，不能强迫鱼儿上钩，如同不能强迫回忆涌现。等待，就足以让人品味。因为，等待是一种存在，而不是少安毋躁。

这个练习对我们有什么用呢？什么用也没有。至少在现在，是没用的。也许以后，我们会因为这个练习而觉得自己的经历更人性化、更和谐、更快乐，也更丰富一些？可能会这样吧。

疲累 ◆ FATIGUE

我们常常抱怨疲累，但是，疲累也是有好处的。例如，疲累能够让我们调整自己的态度，让我们不至于做出超过能力负荷的事情。然而，令人抱憾的是，有时候会碰到必须发挥极限而不允许疲累的情况，如消防队员或飞行员在奋力对抗森林大火时，就是一种极限的挑战。反之，在一般情况下，若是碰到令人厌烦的行为时，疲累其实是件好事情。比方说，在过去，如果有人很开心想要放声高唱，当然会吵得邻居耳朵不得安宁；但是，唱了一段时间之后，那人累了就会停止，邻居也终于能重享安宁。

然而，今日的问题是，拜科技之赐，人们不再受疲累限制。比如有人很高兴，他不再放声高歌，而是把音响开得震耳欲聋。问题是，音响永远不会累，麻烦迅速变大，冲突也随之而来。显然，科技进步必须伴随心理的进步；不幸的是，前者进步得比后者快多了。

节庆 ◆ FÊTES

真是奇怪，节庆竟会让许多人伤感。也许是因为，节庆总带着强迫意味。节庆通常要求我们在某个特定的时段，必须快乐；然而，这并不一定符合每个人的节奏。因为，被逼迫的好心情往往都有些矫揉造作。另外，节庆里混杂着许多擅长以及不太擅长幸福的人——外向的人会推波助澜扩大自己的快乐，而内向的人却难以让自己活络起来。结果，不太擅长幸福的人往往拿别人和自己比较，于是就雪上加霜了，只会带来失望，因为他们会以为自己似乎比较不快乐，似乎与所有美事好运擦肩而过。

一般过节的方式，都是外向又激动的——人越多越好，音乐越大声越潮，大家越兴奋越棒。可是，内向的人喜欢安静过节；然而，这是不太可能的，不然就不叫“狂欢”了。内向的人向往的是三五好友，伴随着柔和的音乐，安详地谈话。这是他们的“美好时光”……

自豪 ◆ FIERTÉ

在我看来，自豪是一种有点过度被赞誉的正面情绪。这很危险，因为有可能会助长（对他人或对大自然的）优越感。我从来不曾感到自豪，顶多只是满意自己。毕竟，无功不受禄。如果说我从来不需要对抗自我膨胀的情绪，从来不需要对抗骄傲或骄傲带来的偏失，或者对抗傲慢自负，那也不过是因为我长久以来缺乏自信。一旦拥有了自信心，我还是一贯地注意避免有过分的行为，保持跟过去一样，当一个无力自傲的人。只要超越了自我的限制，无须再费多大气力，就能将限制变成美德。

世界末日 ◆ FIN DU MONDE

有一天度假回来，我信手翻阅手机备忘录，提醒自己待做的工作。无意间，眼睛瞄到了一个奇怪的日期：有个预定在 2068 年的东西！哇……这是什么啊？ 2068 年，我都超过一百岁了呢！一定是搞错了吧。我还是不禁打开来看看——“2068 年 12 月 1 日 18 时：世界末日。”

好！我终于明白了，又是女儿们开的玩笑：她们经常在我手机里塞些玩笑，像是一些假信息、假约会或者一些疯疯癫癫的鬼脸照片。但是，关于这个世界末日的讯息，没有一个女儿承认是自己做的。谁又知道呢？所以，假使 2068 年与你的年龄可以搭上关系的话，我把这个信息传给你。说不定……

有限性 ◆ FINITUDE

当我还是医学院学生的时候，最好的哥们之一克里斯提昂，特别喜欢在非医生的听众前以老学究的语气说：“在性行为中，人类只具备有限的能力得到快感。”他大致上都会声明：“研究报告显示，经过大约 1250 次性行为之后，快感的能力会消失。人类天性设定我们生育，然后性欲会降低，让我们将精力投入在别的事情上！”

这段话，当然是子虚乌有，其实是为了观察在场人士担忧的表情，其中大部分人会马上开始心算：“这么说的话，我要平均一个星期做爱几次呢？我还剩下多少次呢？”总之，这个策略每回都奏效，因为它触动了人类的严重担忧——对有限性的担忧。当我们开始计算自己余存的健康年数，算着还有几个夏天可以征服高山，还有几个晚上要睡在不舒服的山上小屋里时，我们的脑子应该就像那些计算着剩余性高潮次数的人一样。

这就是所谓的中年危机——就在那一刻，我们意识到，已经过去的年数比将来的年数（特别是身体健康的年数）多。对一些人来说，意识到这些甚至会导致抑郁的危机，有些人则会有倒退的危机（试图以各种方式变年轻，例如染发、换伴侣、整容或买跑车）。但对大多数人来说，这场危机（krisis，以我手边的希腊老字典，按照顺序翻译就是：“判断、决定、选择、辩论、危机、结果”），让人意识并且体悟到有限，“不要再将幸福延怠至明天，我要活在今天的幸福里”。不应该继续以为“获得这份工作、付清贷款或退休之后，我才会幸福”，而应该是“现在就可以开始幸福了”。

此外，这种对有限性不太舒服的觉知，迫使我们带着智慧主动地反思自己是否真正幸福、生存的首要需求以及行为举止。

福楼拜 ◆ FLAUBERT

“愚蠢，自私，还有健康的身体，是幸福的三个必要条件。但是，如果缺了第一项，就全完了。”这段对幸福条件毫不留情的句子，出自 1846 年 8 月 13 日福楼拜写给情妇露意丝 · 柯雷（Louise Colet）的信。不过，他马上又补充道：“还有另外一种幸福，是的，还有另外一种幸福。是我所见到的，也是你让我感觉到的。你让我看到了空气中明亮的幸福反射，飘动的幸福华衣下照耀着我的目光。就因为这样，我伸出手来，想要握住幸福……”好一个古斯塔夫[①]，用这么浪漫又温柔的语句，刻意要我们相信幸福……

落花 FLEURS QUI TOMBENT

秋天到了，枯叶纷纷从树上飘落下来，使我们有点伤感惆怅。枯叶预示着寒冷的冬天，白昼渐短的季节即将到来。然而，春天里同样的树木也会有繁花凋谢，可是我们的脑子并不会太在意，因为随之而来的不是冬日的酷寒萧瑟，而是透露着春日的温暖明媚。由此看来，凋谢的花朵对我们的影响不及枯死的落叶，我们可以遗忘得比较快。

有一天早上，我从家里出门，行经的路上，一阵风带起一缕小小的李花。这一切真是太美了，带着轻轻的感动——这些从树枝上飘落下来，数以百计粉红色的小花瓣，就在我周围纷飞离散。我不禁想起了童年的结束：从孩童转变成为少年的时候，我们是不会感伤的（嗯，其实我还是会有一点点感伤）。因为这不是结束，而是转型；因为我们不是朝着衰败，而是朝向成长（这样说有点奇怪，因为成长这个语词已经被滥用在经济上，结果变得很难在另一种情境里使用）。

同样的，花朵让位给果实，应该快乐才是。然而，还是不免有一小段被哀戚笼罩的过程，一阵尚能隐忍的淡淡忧郁。因为，从花朵转换到果实的过程中，有种失却的恩典。即使我们欢心地迎接美好季节和丰收果实，还是会继续怀着对繁花的依恋。好吧，虽然这么说，但是就在即将到来的某个早晨，只要出现晴朗温和的天气，只要夏天第一批果实出笼，我也很清楚地知道，

① Gustave，福楼拜的名字。

自己会有多么高兴能够重拾味觉，并且喃喃地说：“你是多么幸运，可以在那里啊！”

灵活性 ◆ FLEXIBILITÉ

有一天在餐桌上，有个女儿沉默了好一会儿。这是很不寻常的！

于是，我问她在想什么，她回答说：“从刚才到现在，我看着你们，假装一点也不认识你们。我对自己说，就像这样看着，好像是第一次见到他们一样：你觉得他们怎么样？”这很有趣，就像是走在现实旁边，像是将自己从无意识以及惯性判断中抽离出来的时候。这让我们全家着迷。首先，从自我为中心的角度来说，我们的第一个反应并不是要求自己以她的立场，退身一旁想想自己对他人的看法，而是想要知道，当下她正以如何的全新眼光来看我们！我们只有在自己心满意足（或放心）的时候，才会开始探索外在世界……

当然，我何不趁势问问女儿是怎样看我的呢？你们知道她是如何回答我的吗？我那一天的样子，穿着糟糕，蓬头垢面（那是个星期天的下午），像个人很好的老傻瓜。这样的描述，真是十分贴切。

心流 ◆ FLOW

心流，是积极心理学中众所周知的术语，意指“流动”或“波浪”，是一位姓名很奇怪的著名研究员，米哈里·契克森米哈（Mihaly Csikszentmihalyi）的研究结果。借曰一种名为“情感调查”的技术来测量快乐，说明了愉快的情绪能够提供的活动可分为两类：一类是可预见的活动，包括一切的快乐时光（例如吃东西、做爱等等）；另一类则是需要完全沉浸其中、全神贯注的任务。

这种完全专注给我们带来的幸福，需要几个要素：一、这项活动是需要积极参与的（也就是说，不能有被动分心的情况）；二、不能是太容易或重复性的活动（也就是说，必须有一定的难度）；三、这项活动的难度，必须是我们能够掌控的（然而，也不可以过度掌控，否则会变得太容易而难以令人满足）。在这些时候，我们的注意力完全专注于正在做的事情上，分分秒秒都处于掌控和快乐的意识流里面。这样的情形可以发生在所有的活动里，例如滑雪冲下陡坡、参加合唱团、从事创造性的活动（如素描、写作、绘画等等），还有修理东西、整理花园。也可以是在工作的时候——如果有幸，从事一份能够让我们沉浸在心流里的工作。

这种类型的经验，当然只发生在以上描述的特定条件下。倘使难度太大，就不再有心流的情况，而是焦虑；反之，难度太小时也不会有心流，而是厌倦。

信仰 FOI

拥有皇家书院辩才教席的诗人让·帕塞拉特[①]，在感到死亡即将来临的时候，为自己写下墓志铭，写下对于复活的期待，文中充满祥和感人的信心：

让·帕塞拉特在此安眠，等待天使前来唤醒。并且坚信，号角响起时，自己将再次苏醒过来。

我也希望，当自己长眠时，能够拥有像让·帕塞拉特一样坚定的信念。

---

① 让·帕塞拉特（Jean Passerat，1534—1602），政治讽刺作家、诗人。一般认为，十六世纪源于法国的十九行诗体“维拉内勒体”（Villanelle，源于拉丁文，原指田园牧歌或民谣）的确立是由他开始的。

这就是所谓的“煤炭商的信仰”[1]；我们不知道这个说法的由来，我们常常会取笑如此的信仰，把它视作缺乏智力和洞察力，就像乔治·帕桑斯[2]在《无神论者》（Le mécréant ）一曲中写的：

我希望拥有信仰，拥有像我煤炭商那样的信仰，像教皇般开心，像箩筐般愚蠢。

尽管，我喜爱又钦佩乔治老友，但是他的这些嘲讽并不能打动我。我没有办法将那些信仰坚定不移的人，看作是缺少智能的人。我宁可将他们视作比别人拥有更多一些东西的人。我也观察到，拥有信仰，往往使他们更快乐，未必让他们变得缺乏智慧。

丰特奈勒 ◆ FONTENELLE[3]

有一天，哲学家院士丰特奈勒被问及，是什么秘诀让他结交了这么多朋友，而没有树敌。他回答道：“要知道两个真理，就是：一切皆有可能，并且每个人都是有理的。”这句话看起来，像是交际手腕的谨慎说法，甚至是逃避、放弃传达（特别是传播）对他人的意见。我们也可以将之视为人生的智慧和哲学：判断和立决之前，总是以善意和宽容为出发点。有些日子，我的

---

① la foi du charbonnier，意指从父母承传而来的信念，义无反顾、从不质疑。

② 乔治·帕桑斯（Georges Brassens，1921—1981），诗人，文艺理论家，画家，作曲家，歌唱家，一生极富传奇色彩。

③ 丰特奈勒（Bernard Le Bouyer de Fontenelle，1657—1757），科学作家、哲学家，本想当一名律师，但未能如愿，结果改为从事文学创作。他本人不是科学家，却是笛卡尔的信徒。1686 年出版《关于宇宙多样化的对话》（Entretiens sur la pluralité des mondes），向一般读者介绍了新生的望远镜天文学，详细描述从水星到土星的每颗行星，并对这些行星上可能存在的生命形式进行推测。1691 年获选进入法国科学院，1697 年起担任法国皇家科学院常任院长。他性情开朗、个性稳重、身体健康、热爱社交与工作，这些优点一直维持到高寿。

想法就像丰特奈勒一样，一切的确都是可能的，并且每个人都有些道理。

总之，这是一个生存的态度，使得丰特奈勒能够享寿百岁，这在当时（他去世于 1757 年）实在罕见。这就是为什么大家会说，正面情绪和社会关系，有益健康！

优点和弱点 ◆ FORCES ET FAIBLESSES

“培养自己的优点，不光是改善自己的弱点”，这是积极心理学的主要原则之一。我们经常认为，想要进步，就必须拥有一些自己还没有或者还不够的优点。其实，还要培养那些我们已经具备的优点。例如，借着新年新希望，建议不要只选定改善自己的弱点（例如少抽烟、少冲动、少看电视或少黏着计算机），还要选择培养自己的优点才是——问问什么是自己已经做得很好的事情（如主动对人友善、乐于助人、乐于学习新事物），并且全力以赴。这样做，会得到双重好处：首先，能够带给自己更多快乐；其次，这额外的快乐能够带来能量，让自己找出改善弱点的办法（因为这本来就会有些难度）。

永远年轻 ◆ FOREVER YOUNG

有天夜晚，我梦见年轻时最要好的朋友。二十年前，在一次摩托车长途旅游中，我目睹挚友车祸身亡。梦里，他活生生地站在我的面前。可是，我告诉自己：“不会的，你在做梦，他已经死了。”于是我问他：“事实上，你已经死了，不是吗？”然后，他回答说：“是的。”然而，我们还是继续说话，好像他是否死亡并不比他把摩托车停放在哪里来得重要。而我非常不安，清晰地记得自己的情绪。

再见往日挚友，我转念决定放下不安，变得无比欢喜，平静地对自己说：

“太好了，原来死亡并不会中止任何事情。”然而，当他再一次要从我梦里消失的时候，我满怀着隐约的不安。他还是走了。一觉醒来，我惶惑忐忑。然而却也十分幸福，他能够从我脑子里或其他不知所以的地方，活生生地冒出来。有些梦境比白日来得更震撼，更滋润我们的灵魂。

幸福数学公式 ◆ FORMULES MATHÉMATIQUES DU BONHEUR

有没有什么数学公式，可以让我们更理解幸福是怎么发生的呢？这当然是一个游戏，但是，还蛮符合教学原理的。例如积极心理学权威索妮亚·柳波莫斯基（SoniaLyubomirski）的幸福公式：

B=N+C+A

以上这个式子里，B= 幸福，N= 生物水平（即气质和基因的影响，以及当下身体状态的影响），C= 生活条件（例如城市或农村、工作辛苦与否、民主政治或独裁政权、独居或有家庭），还有 A= 为了提高幸福所做的自愿行为（所有积极心理学的建言都是）。这个公式，想必是目前关于幸福能力的成分组合中，最接近现今科学数据的。

另外一位积极心理学大师保罗·塞利格曼（Paul Seligma）也提出了“真正幸福”的公式：

B=P+E+S

P= 正面情绪，E= 参与（生活中抱持实际情况、参与的能力），S= 意义（对自己所做的事情赋予意义，不囿于当下情绪愉快与否）。这项公式，旨在融合两大幸福传统理念，也就是享乐主义（人生要尽情享乐）和幸福主义（找到幸福的意义），强调努力行动、积极参与。

我也不免献丑，提出另一个公式，强调自觉的作用：

B=BE × CS

BE= 自适（即感到愉悦或正面的情绪），CS= 意识（即觉醒，也就是活在当下，将几乎动物性的自适转换成较为典型的人类快乐）。这是以上三个公式里最简单的一个，也是最容易时时刻刻实践的——永远不要忘记将自适升华为幸福。

疯 子 ◆ FOUS

心理分析学家帕特里克·德克勒克（Patrick Declerck）提醒我们："还记得吗？有两种疯子：一种疯子不知道自己终究会死，另一种则是忘了自己活着。"换句话说，我们容易犯的两个最大错误：一是从来没有想到不幸（也就是不知道活着是一件多么幸运的事情），另一个错误则是，时时刻刻只想到不幸（也就是让不幸拥有无限的势力，以致完全没有任何享受生命的能力）。

脆 弱 ◆ FRAGILITÉ

脆弱，并不会妨碍幸福。相反，脆弱使幸福更显必要，并且磨炼自觉的能力。有时候，当面对自己与家人脆弱的幸福时，我不免自私地颤抖起来——因为，实在不需要多大的事件，就足以摧毁我们的幸福。例如，生在一个世纪以前或以后，往南或往东五千公里等等，情况就会不同。这么一想，对我来说，又多了一个理由来实践本书中的计划：珍惜、分享以及给予。珍惜，并且尊重幸福，以及幸福的理念。许多人没有这样的能力，他们只以苟活为目标，而不是为幸福而活。最糟糕的愚昧和蔑视，就是没有意识到这一点。

法国 ◆ FRANCE

法国，在欧洲居民幸福感排行旁中，名列最后。这个结果实在不怎么好，即使法国跻身于顶尖学生云集的一流学校（即西欧）里，也不足以弥补幸福指数最后一名的遗憾。尽管法国成绩不好，却还是有许多学生对它羡慕不已。法国假装自己真的是又笨又懒的学生，佯装不懂幸福。然而事实上，它每堂课都到，却又在课堂上偷懒打盹。当我一再读到关于法国全民忧郁还有他们悲观态度（爱抱怨，却又没有真的那么不幸）的文章时，无论如何，我确实可以一笑置之。

逢西斯·卡白勒 ◆ FRANCIS CABREL

同情心，有时候会在完全出乎意料时，闯进我们的生命。这件事情，发生在有一天开完会的回程火车上。我听着耳机里的音乐，看着窗外飞过的景致，感觉有点累。耳机里传来的是自己很喜欢的逢西斯·卡白勒的歌曲。突然间，有一首歌，描述着一个瘫痪女子梦想着自己能走路又能跳舞。就是这么一个简单的故事，竟然让我鼻子发酸，哭了起来。我不知道是否因为疲劳与幸福交织在一起的缘故（无论从人际还是教学的角度看，这场会议都十分顺利圆满，我的表现似乎很称职，与观众的共鸣也不错），就在那一瞬间，一股巨大的慈悲浪潮淹没了我。我转头望向窗外，让泪水静静地流下；甚至还开始由右至左移动着眼球，做起眼动心身重建疗法[①]，以期让眼泪尽快消失。

接着，我意识到自己的行为像个白痴（当我情绪激动时，常会发生这种情形）。没有任何外力的逼迫，我却试图抹杀自己的情绪体验——没有任何打扰，有的是时间，而且这是个重要的经验，一个关于慈悲的经验。我很称职地做好了演讲者的工作，在满意的小确幸里，一阵同情心泛滥了起来。好端端地在自己生命的轨道上，却突然被别人的痛苦攫住了。只因为一首再简单不过又不造作的歌曲，就因为里面提到的一点：千百万人没有办法走路，所以感到不幸。而你，你却能够行走自如。无论何时，你都能够行走跑跳，甚至从来不需要考虑这个问题。想到那些无法行走的人，或者说，根本“没有想到”他们，不应该只在理性的大脑里，而是应该在心里，甚至在身体上，感觉到对他们的怜悯。真正的慈悲，从来都不是表面的随意思考。

结果，还是不能解决流泪这件事，哽咽开始一波一波袭来。我把脸埋藏在自己手里，继续哭泣。看着窗外飞过的田野和树林，任凭泪水流个痛快。我尽量轻声地抽泣，并从口袋里掏出手帕。我不再试图阻止自己哭泣，而是任由怜悯心尽情发泄。任由怜悯的浪潮打醒自己，淹没自己。我一呼一吸，静静听着大自然对我低声轻语：一切都很好，不要反抗挣扎，就让该发生的事情发生吧。在此刻的生命里，一切都各归其位，不要逃避。就让怜悯搅扰淹没自己。让怜悯在心中留下最深的足迹。让怜悯使你痛苦、使你欢欣。就在你哽咽的这一刻，在你感觉自己像个傻瓜一样啜泣的当下，你刚刚经历了一场人性与博爱的经验。伴随着这一切，与之同呼同吸。然后，当这一切从你心中轻轻离去时，不要忘记。

当眼泪不再流下，当你又能正常呼吸的时候，不要遗忘了。就在此时此刻，运行一下大脑。一切都会变得更清晰，你可以思考，采取行动，决定要做的事。你永远都不会忘记，自己曾经因为一首简单的歌曲，有好长的几分钟，

---

① EMDR，英文全写为 Eye Movement Desensitization and Reprocessing，是一种心理治疗方法。

浸淫在慈悲的情怀里。你会再想起自己曾经所做的一切，想起自己会再继续这一切——下次当你寻找车位，却只剩下残障人士停车位时，就不会再满口抱怨了（我很惭愧地坦承，自己曾经因为这样而抱怨）；不要再将摩托车停放在盲人会经过的路上，他们会撞到的（我曾经如此做过，但再也不会了）。你再想想，自己还可以多做些什么？准备好，让自己能够帮助更多擦肩而过的残障人士，跟他们多多交谈、对他们微笑、捐献更多的钱给慈善组织。继续寻思，必定还有其他的助人行动……

弗洛伊德 FREUD

弗洛伊德在《文明的不安》整本书中，以非常悲观的看法清楚地揭示了幸福是存在的。以下是一些摘录：

我们可以说，让人快乐并非是创世的目的。人们所谓的幸福，狭义地说，是长期积累的需求下突发的满意；本质上，只能是一种偶发的现象。

生命强加在我们身上的担子，对我们而言是太沉重了。生命让我们承受太多的痛苦、失望以及难以解决的问题。要能够忍受生命，是离不开安眠药的。可以有以下三种安眠药：要有能够让我们忘记自己苦难的超强消遣，要有补偿性的满足来减弱苦难，还要有能够让自己无动于衷的毒药。

通常，弗洛伊德的论述是颇为中肯的（因为生存的困难，人类的物种演进会优先考虑负面情绪），但是这种一概而论的说法，却是值得商榷的。弗洛伊德这位伟大的悲观主义者，正如所有悲观的人一样，希望能够说服周遭的人同意他的看法是正确的。不过，说句公道话，弗洛伊德目睹了第一次世界大战期间欧洲的自毁，还有第二次世界大战前，纳粹主义的兴起和反犹太主义的爆发。他去世于 1939 年，躲过了最糟糕的恐怖。然而，身为那段历史期间的犹太人，无疑是不容易的。

我记得，因为高三时读了弗洛伊德的著作，我决定进入医学院，成为一位心理医生。我非常敬佩他面对人类灵魂时的视野。他的悲观主义似乎具有说服力，使我们全然服膺于"负面心理学"。弗洛伊德向我们保证："精神分析不在于使人幸福，而是为了将精神的痛苦转换成平凡的不幸。"当时远不如今日重视微笑和好心情。二十世纪七十年代和八十年代间，严肃的知识分子似乎永远都得道貌岸然，才能够让人信服。至少，我曾经沉浸其中的负面情绪，让我能够与病患保持真正的友爱情谊……

水果和蔬菜 ◆ FRUITS ET LÉGUMES

1909 年，哲学家阿兰[①]写下了这句隽永的名言："就像草莓带有草莓的味道一样，生命带有幸福的味道。"真是奇怪，水果和蔬菜能够让我如此感动——当吃到好吃的水果或蔬菜时，我就有一种原始的幸福感觉通透全身。这真是一种幸福，我所隶属的大自然，让我得以品尝它的产物。我反而比较不会因为一顿可口的大餐或蛋糕而浑然忘我。在我看来，这是动物性的幸福，同时也是对造物主的直观感谢。

① 阿兰（E. A. Chartier dit Alain，1868—1951），法国哲学家，亨利四世中学哲学教师。他对创立新哲学的想法不以为然，主张继续法国伟大的哲学传统；他的授课涉及诸多重要思想家，关注的不是理论的倾向，而是评述各个作者思想中最有见地的部分。对众多学生乃至一整代人产生影响，沙特和梅洛庞蒂都曾与他论战。

G

感恩

GRATITUDE

a b c d e f G h i j k l m n o p q r s t u v w x y z

所有的欢乐，都是礼物：由生命、他人，（或许）也由上帝给予。感恩之情，能够增强你的心灵与幸福。

慷慨 GÉNÉROSITÉ

给予，能够让人更快乐。接受的人，当然是快乐的；然而，给予的人也是快乐的。在这里，我们感兴趣的是给予。所有的研究都证实：给予，会增加施者的幸福感。

给予有几种方法。在一般情况下，我们是乐于给予的，用爱给予自己的孩子、亲人以及朋友。这种给予很好，但也是容易的。然而，真正的慷慨，意味着给予那些我们不认识或不怎么认识的人；甚至，有时是给予那些我们不怎么喜欢的人……为了不要太复杂，在这里我们只讨论针对不认识的人或者认识不深的人的慷慨行为。研究证明，持续六个星期，每星期实践五件善行，能显著提高福祉。而且，奇怪的是，把这些善行集中在同一天，似乎比每天做一件善行来得有影响力。同样的，以各种不同的行为来利他，比一贯实践相同的善行有更大影响力。

因此，建议实践慷慨的练习，就是选在每周的一天，我们要尽可能地表现慷慨，如此持续好几个星期；并且，试图变换形式（例如花时间去帮助别人、资助无家可归的人、给亲人一些东西、关怀弱势家庭的老人等）。

“这样，在其他的日子，我就可以像个自私鬼吗？”当然不是这样的——我们特别集中在某一天实践善行，是为了让自己习以为常之后，自动地每一天都表现得慷慨。善行变得自动自发，而不再是一种刻意的行为。

这些善行计划的见证记录中，慷慨行为的多样确实令人高兴和惊讶。除了对待亲人或陌生人的慷慨，也有一些完全匿名的行为，比如为下一位司机代付高速公路费用，或把他人丢弃在地上的纸屑放进垃圾桶。美国的一位研究人员告诉我们，每次母亲看见他心情不好的时候，都会说：“史蒂芬，你看起来好不开心啊，为什么不去帮助别人呢？”请记住，这真是一个极好的练习！

讨厌的人 GENS ENNUYEUX

儒勒·列那尔曾写道：“有些人很令人讨厌，以至只要跟他们在一起五分钟，就会让你一天都不舒服。”哲学家伊比克泰德的答案会是：“儒勒，你一点也无法反对那些讨厌鬼的存在。反之，全看你怎么缩短自己在他们身边的时间；之后，就不要再去想那浪费掉的五分钟了。”

仁慈 GENTILLESSE

仁慈，是给予他人温柔和关怀。偶尔讲到仁慈时，人们那种居高临下又不信任的态度，总是令我惊讶。他们有意猜疑着，仁慈是一种欠缺的表现——认为一个人如果仁慈，是因为他不能有别的做法，或者是因为他软弱。若强而有力，就没有必要仁慈。他们也许会臆测，仁慈的人一定掩饰着什么事情，比如希望有所回报。然而，仁慈可以仅仅是给予，没有任何条件，也没有期待！就只是给予。然后事情就过去了，即使什么也没留下。所以，我们并不是为了得到什么而仁慈；而是因为，仁慈对自己和别人都好，也能使世界更愉悦、更舒服。

祖父 GRAND-PÈRE

我有个朋友当外公了。他不是个善于表达的人，仍然保持一贯的低调，并没有大声宣扬自己当了外公。但是，他为此事颇感欣慰。复活节假期时，在一幢很大的度假屋里，我们很多人一起度过了好几天，其中也包括他女儿和外孙女。一天下午，房子里一片宁静，几乎所有人都散步去了，只有他和他外孙女以及我留下来。我看书，他照顾外孙女。我在大厅的一端，他在另一端。我埋首在书里，他全然忘了我的存在。

突然之间，我听到他发出一些奇怪的声音，一些小小的、温和柔软的呼噜声。我轻轻地抬起头来：原来是朋友一边拿着奶瓶给小宝宝喂食，一边发出这般原始的声音跟宝宝对话。他眼里充满了幸福，嘴角带着微笑。怎么形容我看到的这一切呢？眼前的景象，胜过所有歌颂祖父喜悦的长篇大论。从他喉咙深处发出的远古旧石器时代之爱，让我感动得热泪盈眶。

赖床 GRASSE MATINÉE

一个星期五晚上，已经很晚了，我还忙于收发电子邮件讨论工作。朋友建议我放慢脚步，星期天早晨赖一下床。一辈子，我还从来没有赖过床。通常天亮了，我就睁开眼睛，不论当下心情如何。身体不适的时候，焦虑唤醒我（“快，尽快做完一切该做的事，就摆脱了”）；身体好的时候，则是快乐、充满活力（“快，看看天空、星星、太阳，细细品味，好好活”）。在任何情况下，我都万万无法再睡个回笼觉，或赖在床上。然而，我可不是过动儿，只是喜欢从容缓慢地做事情罢了。

我也喜欢睡觉，喜欢蜷缩在床上，任由白天的回忆鱼贯走过。因此，我还是给朋友回了一封电子邮件：“你呢，你会赖床吗？”他回答说不会，说自己也从来没有赖过床。我们绝对是两名残疾，无法理解懒惰和赖床的奥秘（与快乐）。

焗烤节瓜 GRATIN DE COURGETTES

事情发生在表亲山上的家里，他们邀请了我们，以及其他的表亲，还有一些朋友。那天晚上我们很晚才到，邀请我们的表妹热心地跑进厨房，临时为我们张罗晚饭。

“嘿，还有剩的焗烤节瓜。有人要吗？没有吗？克里斯托夫，你喜欢蔬菜，你要一点吗？不要？好吧，算了，我就倒垃圾桶啰，已经放冰箱好几天了……”

我放声大笑，她花了几秒钟才明白过来，接着也笑了，有点不好意思，但也没有过于尴尬——我表妹就是这样坦率耿直，但人非常好。

当然，她脑子里是没有任何预谋的。她所想的并不是这样：“一、我想丢掉这个东西；二、但还是试试看，说不定可以塞给某人；三、如果真的没有人要，我再扔掉。”而是这样：“一、嘿，剩下一点焗烤；二、也许有人会吃；三、好吧，没人要。啊，我想起来了，已经放冰箱好几天；四、当机立断扔了……”

饭后大家围在火炉边聊天的时候，我不禁又想起刚才那一刻：笨拙与冒犯之间，真是一线之隔。我之所以没有生气而觉得有趣，是因为我喜欢这位表妹，我也知道她喜欢我。倘使没有这样的确信，焗烤这件事可能就不会这么顺利地过去了。这就是我们所说的，要对生命事件进行良好的心理消化，情境和回忆实在至关重要。因此，我们在生活中才必须带着最好的心情前行；所有的研究都表明，有了这样的好心情，我们更容易有反思情境的能力。

感恩 GRATITUDE

感恩，是受益于他人的一种欣喜之情。最近，在圣安娜医院，我们与一群病患讨论感恩的主题，并且提到有不同程度的感恩之情。例如：感受到他人有意为我们做的好事（帮助或礼物），感受到他人为我们所做的事，即使不是特别为我们个人所做的（感谢面包师做好吃的面包，虽然必须付钱购买，但那有什么问题呢），感谢那些我们永远不会遇到的人（莫扎特、巴赫以及所有在我们之前的人，留给了我们这个美丽的世界，还有那些世世代代耕耘土地的农民），等等。

我们甚至还说到某些时刻，例如面对夕阳余晖、美丽乡村、绚烂天空时，所带给我们的沉思。难道只因为是来自大自然，而不是人类所给予的，就没有感激之情了吗？也是有的！可以感谢父母和祖先，让我们能够在这里看到这一切。感谢过去以及现在所有的人，让我们生活在一个和平的国家。

所有对于感恩的反省，让我们打开双眼，明白这显而易见的事情——我们拥有的一切，都必须仰赖其他的人。我们可以尽情为此欢欣，并且表达感激之情。

就像善意一样，感恩可能不过是多说几句话罢了，然而却有相当大的价值。不要害怕接受感谢。最近，岳父来巴黎和我们小聚几天；他搭高铁离开前，我建议他改搭比原本预定早一个小时的直达列车，这样就不用转车了。其实，我并没花什么大不了的工夫；然而，第二天他却特地打电话过来跟我道谢："克里斯托夫，感谢你的建议，昨天旅途顺利愉快，一路上我都在心里感谢你们。"我内心的第一个反应是：对一个这么小的建议，未免也太客气了。随即，我想他是对的（跟往常一样，我岳父一直是幸福心理学天才）。毕竟，抱持着感激之情，让他的整个旅程，以及他对世界的看法，变得美好。他对我表达谢意，也让我很开心。无论是对他还是对我，这一切只"花费"了几句话——不过是简单的几个字，就能分享许多快乐，感受到彼此联系的支持和友好。

训练感恩，其实很简单：一、花大约一个星期的时间，每天晚上写下三件当天愉快的事情（例如：与家人开的玩笑、大自然里一段愉快的散步、看了有趣的书）；二、寻思在这些事情里，有哪些是受益于其他人的（例如：

让自己发笑的朋友；那些铺整维护步道的人，这些路可不是从天而降凭空生出来的；书籍或文章的作者、印刷工、出版商）；三、意识到自己正在与众多认识或不认识的人联结在一起、同享甘福，并且为此而欢欣。每年重复数次这样的练习。生活顺遂的时候如此，生活不顺遂的时候也如此。当你成为感恩专家之后，让自己在痛苦时也做这样的练习；感激、怜悯以及钦佩，能够减轻痛苦的影响。因为，在痛苦的时候我们经不得他人提醒，只有自己才能够决定生起感激、怜悯和钦佩的心。

借由这些练习，我们可以理解感恩如何有益于我们——让我们重新回到生活中的美好时光，也让我们知道，身为人类总是“利大于弊”。

烧烤 ◆ GRILLADE

一个夏天的夜晚，我在花园里。所有人都离席了，只剩下我一个人，我像往常一样什么事也不做，只是观看、聆听和嗅闻。镶满了夜鸟鸣叫和饭后聊天的喧闹声音，隐隐地从围墙和篱笆那头传送过来。可以闻到烧烤的气味。我很喜欢这股烧烤的味道，尽管几乎已经不再吃烧烤了。但是，在这个时候，这股烟熏既不会给我吃的欲望，也不会让我想要批评吃肉的人。只有一股想要幸福的欲望：让我想起了，在不同的场合里，与各形各色的人一起，那几十次丰富多样的度假烧烤回忆。就在那一刻，只需要闻到一盘我很喜欢的菜的味道，就足以填满我的幸福。我告诉自己，如果一个简单的气味就足以让我感到幸福，那么自己实在已经进步许多了。随即，我想起自己已经吃得饱饱的了，若是当下很饿的话，有可能又是另一回事了。没关系，我还是留在原地，闻着烤肉的香味慢慢蔓延整个花园，听着第一声蝙蝠追捕昆虫的叫声……

讨厌的抱怨鬼 GRINCHEUX DÉSAGRÉABLES

曾经有一段很长的时间，我十分讨厌那些嘟囔抱怨的人。我一点也没有办法维持基本的谦恭礼貌，也无法报以友好的眼光和微笑！然后，我不再如此了。我终于了解，爱抱怨并不能抹杀其他的优点。从那时起，我往往会设想，某些抱怨鬼的个性（像是不困囿于社会习俗、不屈服于社会规范），也许是一种自由表达的形态，藏着令人厌恶的勇气——这个不理会我的人，可能会在战争中救我一命，让我躲过敌人追捕；然后，依然如故坏里坏气地，拒绝我的感激之情……

痊愈 GUÉRIR

痊愈，每次都像奇迹一样（例如治愈疾病、伤口或骨折等等）。我们是多么幸运，能够拥有一个经常懂得自我修复的身体！生在发明了医学的人类之列，是多么幸运，可以在自愈能力不足时，拯救自己的肉身！儒勒·列那尔说，疾病让我们“尝试死亡”。随着年龄增长，可以感知到自己的死亡渐渐到来。年轻的时候，痊愈似乎是理所当然。然而，随着年龄增加，显然变得越来越需要降福了。每个疾病都在提醒自己的脆弱，总有一天死亡会来临。

“尝试死亡”，是的，每次痊愈都是经历“尝试”之后，死亡释放我们的时刻。因为我们很幸运，或者对于信徒来说，是因为上帝希望如此。每次痊愈，都应该让我们更懂得感恩——向任何人、上帝或者生命的感恩。让我们欢喜庆幸，比平日更长久深远地感恩。疾病还会复发吗？会有复发的危险吗？好了，即使会，那又怎么样呢？难道欢欣鼓舞会加速疾病的复发吗？当然不会的！倘使欢欣产生效应，那也应该是相反的——愉悦的情绪，会帮助我们打击病魔。

和谐

HARMONIE

a b c d e f g H i j k l m n o p q r s t u v w x y z

和谐，就像往往容易忘却的隐秘需要。

没有它，谁又能长久活下去呢？

享乐习惯 HABITUATION HÉDONIQUE

幸福可以成为习惯。我们周遭充满能够让自己幸福的事物，可是我们却视而不见，一直到失去的那一刻。就像诗人雷蒙·哈狄格[①]的名言："幸福，我只有在听见你即将离开的声响时，才认出是你。"

一切都能让我们习以为常，唉，即便美好的事物和幸福，也能让人视而不见！当这些美好降临在身上，而我们总是照单全收时，这些事情渐渐地就不再能让自己快乐了——就像是生活在一个和平的国家，拥有一切如配偶、工作、房子、食物，我们终究会习以为常。这就是所谓的享乐习惯。心理学上提到的积习，就是指减损，有时以反复延长的方式刺激，甚至到灭绝的程度。恐惧症行为疗法就是以这种原理进行的，让患者习惯面对恐惧的刺激，而不是逃避。病人能够意识到，对恐惧刺激的反应逐渐减少。不幸的是，对幸福的感知也同样出现这种情形——当生活中的幸福源源不断时，幸福就会失去其力量。因此，我们不由得自问：要如何才能避免这种习以为常？

基本上，有两种方法：第一，有时候不妨想象离开一下那些让我们很快就习惯的"寻常好事"，例如：停电会使我们意识到电源是我们日常生活中的幸福来源，远离亲人会使我们意识到与他们在一起生活时的喜悦，摔断腿则告诉我们能够走路是一件多么棒的事；第二，经常提醒自己每一天所拥有的幸运，这也是我在书中一再跟你说的事。

---

① 雷蒙·哈狄格（Raymond Radiguet，1903—1923），是一位早熟的神童作家，名闻当时的法国文艺界，二十岁即罹患伤寒去世。哈狄格十四岁开始写诗，诗作深受另一天才诗人韩波（Arthur Rimbaud）的影响，并发表剧本、短篇小说及诗作。小说代表作为《肉体的恶魔》（Le Diable au Corps）和《伯爵的舞会》（Le Bal du Comte d'Orgel）。

享乐习惯的两种曲线图表

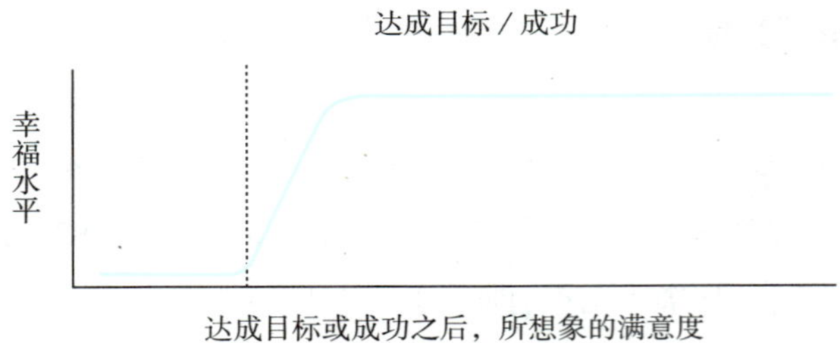

达成目标或成功之后，所想象的满意度

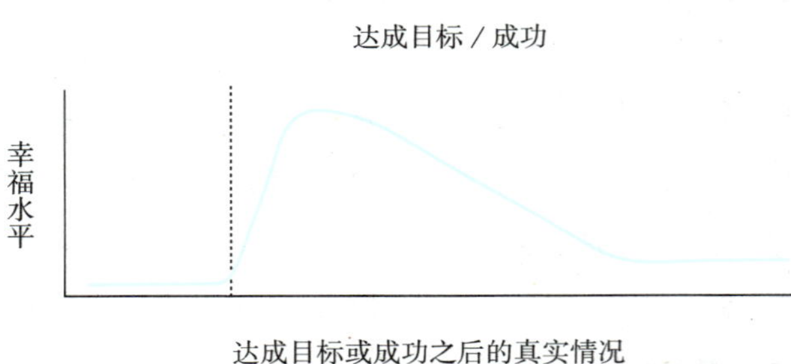

达成目标或成功之后的真实情况

和谐 HARMONIE

和谐，是指部分和整体之间达成正面的结果，像是美观、愉悦，或者有利等等。幸福的时刻，即是和谐的时刻，也就是说，在过去与现在、自己与他人，以及生活中各个元素之间取得和谐。即使，在有些诡异的时刻，幸福是由不幸衍生而来——在痛苦以及痛苦会带来的感受之间，也可以有和谐的境界，可能解放我们、提升我们。此外，当我们感觉到幸福不仅降临在自己身上，也弥漫在四周的时候，也会出现和谐的境界。

享乐主义 ◆ HÉDONISME

享乐主义与幸福主义，是通往幸福的两条路径，追求的是更频繁且不断重复的幸福愉悦时光。

野草与森林 ◆ HERBES ET FORÊTS

不知名的野草大军，总是勇敢地与时俱进，急驰征服森林与小径。当风儿吹过树木交织成的绿色大教堂，仿佛是倾诉耳语的管风琴。漫步在森林里，什么都不想，如同灌满了坚定的信念：生命，是值得经历的。

冬天 ◆ HIVER

每年冬天，都会给我们带回儿时的惊奇，让我们感受到神奇的力量——走在光秃冰冷的隆冬森林里，对自己说，不久的将来这里又会是碧绿如茵、鸟鸣虫啼。这都是怀抱着对春天的想望，才使冬天变得美丽而不再那么严酷……

医院和心情 ◆ HÔPITAL ET ÉTATS D'ÂME

前一段时间，我与一位神父朋友以及一位哲学家，参加电台节目，谈论关于慈悲的主题。我讲到医院的工作，以及照顾病患时需要具备的慈悲之情。突然，不知为何，我想起了在医院工作的日子里，早上和晚上心情有所不同：早上总是有隐隐的焦虑，晚上则充满快乐。

我不记得，曾经有哪一天到医院上班是带着轻松快乐心情的。即使是天气晴朗，身心高昂的日子，我还是会有轻微的不安和紧张（在那些写作或者教学日的早上，并不会有这样的感觉）。可是，我确实热爱自己的工作，对工作一直兴致勃勃；如果重新再来一次，我还是会选择成为精神科医生。然而，就如同所有医护领域的工作一样，这不是简单的任务。这是一个每天早上都要去面对苦难的职业。心情如何轻松得起来呢？我的意思是，怎么能够像是去树林里散步那样，完全轻松呢？由于我们的工作中还有其他事情如会议、培训、填写文件等等，有时候会让我们忘记这些精神压力。但是，我们的身体没有忘记，并且会提醒我们，每次上班就是与痛苦约会。

当我仍是年轻的精神科医生时，我记得也有这种工作前轻微痛苦的情绪。早上会有点担心地自问："我能够胜任工作吗？我知道该如何处理这些病患的问题吗？"这些疑虑至今依然存在，只是不再让我纠心——我不过是简单地告诉自己：万一怎么样，就全力以赴，给予关注、同情，以及尽可能最好的建议。总之，我也不能再多做什么了。

晚上呢？其实很简单：打从在医院工作开始，几乎没有一天下班时我不是开开心心的，总带着一种严肃而澄明的幸福（除非是一些沉重悲伤的日子，比如有些病人遭遇不幸，或者听到了一些可怕的事情）。但是，这种幸福不是因为终于可以放轻松了（"呼，工作结束了"），也不是因为满意（"自己做得很好"）。并不全是因为这些缘故，也许这一切有影响，但是还有其他的因素。我很清楚，那些因为做好写作或教学（没有医疗工作）而心情愉快的日子，与做好医生工作之后的愉快心情，是有差别的。我相信，这些情绪更加深远地植根于同情、给予、全力以赴、关怀、聆听、体贴，以及仁慈。

所有积极心理学的研究都在提醒我们：给予，就是获得。我戒慎恐惧，对病人所付出的一切，都以百倍回报于我。否则，我实在想不出还有什么原因，让我晚上从圣安娜医院骑着脚踏车回家，望着天边和塞纳－马恩省河，脑海里历历闪过患者面孔时，自己的心情是如此平和。

恐怖和幸福 ◆ HORREUR ET BONHEUR

我的工作是接触苦难并且试图减轻困境，这样的工作深深影响了我对幸福的看法。其中，最令我震撼的回忆是什么呢？是一位因重度抑郁症而住院的阿尔及利亚裔病人，他曾经亲眼看着恐怖分子屠杀自己的儿子，这简直可比拟奥斯威辛集中营。经历了这一切之后，如何还能相信幸福？我不知道该如何回答这样沉重的问题。让我们重新质疑的，不是幸福是否存在、幸福的可能性或者幸福的重要性等等问题。我们只是看清楚了“生命能够让人免于不幸”的错觉——真的没有什么能使我们幸免于难的。遗憾的是，我们之中有些人历经了绝对的恐怖。但是，不能因而放弃幸福。只有这个理由让人各随己能，坚持减轻不幸，抑止恐怖。

幽默 ◆ HUMOUR

幽默攸关乐趣，胜于攸关幸福。我不记得是哪一位喜剧演员曾经说过，他可以为了一句好词，不惜出卖一段友好的关系。这么说，有些过于礼貌而显得虚伪；也可以说，因为太厚道而不好笑。幽默总是带有一种具有杀伤力的毒舌形式。即使我们不做邪恶之事，还是会看到并且想到邪恶，然后以一种诙谐滑稽的方式说出来。至少对那些开怀大笑的人来说，这样的邪恶让人畅快，通体畅快……

I

幻觉

ILLUSION

a b c d e f g h I j k l m n o p q r s t u v w x y z

当幻觉温暖你心，促使你行动时，不要害怕。

幻觉 ILLUSION

十八世纪文学才女，也是狄德罗[①]情妇的碧熙娥（Puisieux）夫人，曾写道："我宁愿要一个让我快乐的错误，也不要一个让我绝望的事实。"这里提到的"错误"一词，意味着有确定对错的情况（然而，我们的生活中却极少如此）。我反倒喜欢"幻觉"一词，以自我主观的看法来诠释事实。有时候，对幸福的渴望，或许应该说，渴望不落入不幸，轻易就让我们陷入幻觉。西方的无神论者（"上帝不存在"）与不可知论者（"我们无法知道上帝是否存在"）都认为，信仰上帝是一种假象，但同时也默认这种想法能让人心安，尤其是在面对生命考验和接近死亡的时候。

身为治疗师，我有时情愿要一个温暖的幻觉，也不要一个痛苦的真理——如果未来是不确定的，尤其是需要凭借当事人的士气时，鼓励希望就是金科玉律，即使事后有可能被证明是错误的。不过，即使在不确定的情况下，怀抱着希望往往使人不会感觉那么不幸，有利于产生行动力，因此也利于扭转不利情况。例如，残障儿童的家长需要一些尚合情理的幻觉，胜于那些会阻止他们怀抱希望的负面确定。如果对他们说"您的孩子不会再进步了"，当然会让父母不再踟蹰于虚假的希望中，帮助他们接受现实。然而，若对他们说"我们不知道他能进步多远"，则可勉励父母继续激发残障孩童竭尽所能，确实能使孩子向前迈进。

① 狄德罗（Denis Diderot，1713—1784），法国启蒙思想家、小说家、剧作家。其最大成就是主编了《百科全书》（Encyclopédie），此书概括了十八世纪启蒙运动的精神；他也被视为现代百科全书的奠基人。

心理影像与速度 IMAGES ET VITESSE MENTALES

悲伤时，脑海中产生很少的心理图像，但却会在每个图像上耗费很多时间；欢乐时则是相反，会产生大量影像，且变化快速，极少有深刻的注意力。悲伤减缓，喜悦则加速。这不过是正面或负面等值的问题——当一些正面情绪减缓时（如安详），其他负面情绪则加速（例如愤怒）。这全然取决于情绪在生命中所扮演的角色——无论是快乐还是愤怒，全是为了响应新的状况，做出必须或有利的反应。这两种等值相反的情绪，让答案很快到来。

反之，安详和悲伤都不是针对突发事件的情绪回应，而是响应一般情况时所产生的渐进情绪。放慢脚步来思考或感觉，通常比迅速反应来得有用。这对你来说，似乎有些复杂吗？确实，没有什么是简单的。也正因为这样，一切都很有趣……

无力感与随侍在旁 LMPUISSANTS ET PRÉSENTS

有一天，我由一位重病患者家属口中听见这段感人的话："我所能做的，无非就是待在他身边；我很无力，可是却随侍在旁。"多令人动容啊。无力，却仍然守护在旁。以一己之身，留下来。即使不能提出任何具体的事情，还是竭尽全力地在场，伴随着无力感。

（愉快事件发生之前的）不确定感 INCERTITUDE (AVANT LES ÉVÉNEMENTS AGRÉABLES)

不可预知，可以增加幸福感，比方说，知道自己会收到礼物，但却不知道是什么。在等待的期间正面情绪通常会增加。不确定感的作用，甚至比愉快的确定感更强大有力。有一项研究告知志愿者，为了感谢他们的参与，他们最后将可以获得一份自己从先前列表中选出来的礼物（像是巧克力、抛弃式相机、马克杯，或是USB随身碟等等）。部分参与者被告知会得到自己最喜欢的礼物（确定的喜悦），另一部分则被告知会得到两件最喜欢的礼物之一（双重的不确定喜悦），或者两件最喜欢的礼物（双重的确定喜悦）。然后，研究人员评估他们接收到好消息时正面情绪持续的时间。显著持续最长的，是那些得到不确定愉悦感的学员。

怎么解释呢？首先，我们的心理总是倾向于被不确定、新颖以及令人惊奇的事物所吸引。其次，倘若事先已经知道会发生在自己身上的事，或自己将得到的东西，我们的心理总是趋于提前欢喜，认为事情已经来到了、“结束了”，因而可以转身离去。可是，当处于未知的情况下时，就不会随便切换到别的事情，一直在心里面带着惊喜幸福的念头。这可以说是有利于正面情绪的反刍。

实际的结论是：没有必要为孩子购买他们写给圣诞老人清单上所有的礼物（尤其别让他们得到全部的礼物）。保持惊喜，反而能够使他们更快乐——告诉他们，只能收到一份礼物（但是，必须确定是孩子清单上的礼物）。

（愉快事件发生之后的）不确定感

INCERTITUDE (APRÈS LES ÉVÉNEMENTS AGRÉABLES)

当好事发生在我们身上时，不确定感有扩大的能力——如果不知道为什么，或者不知道是谁让事件发生在自己身上，那么这件事带给我们的快乐，会比一切都清楚的情况来得更持久。有一项这样的研究：在一所大学图书馆出口分发一张带有一美元真钞的卡片。有些卡片上写着：“微笑协会。为了促进善良行为。祝您今日愉快！”有些卡片则写得比较清楚一点（也就是减少了一些不确定的感觉，但实际上也没有给什么更多的实际数据，因为不希望有太多的迂回比较）：“我们是谁？微笑协会。我们为什么做这些？是为了促进善良行为。祝您今日愉快！”

就在几米远，那些刚刚收到钞票的人被邀请参加关于校园生活的问卷调查。在众多问题中，有一题问受访者当下的情绪状态。结果显示，收到的礼物附上最少解释的学生，比那些认为自己知道多一点讯息的学生，来得更愉快。正如事前的不确定感一样，事后的不确定感亦可延长快乐，两者出于同样的原因——不确定感可以让愉快事件在我们心里持续较长的时间，促使正面的思考。

实际的结论是：如果想让他人得到更多快乐，不需要有明确的理由（如生日、感谢或其他任何原因），送上礼物或做一些没有特定动机的利他行为：“只因为我想到你，因为我想这么做，如此而已。”

不确定感和焦虑 INCERTITUDE ET ANXIÉTÉ

往好处说，不确定感会捉住我们的注意力；往坏处说，不确定感会让我们置身于焦虑之中。如果不确定感跟愉快事件有关（像是即将收到一件礼物，却不知道是什么；或者即将去度假，却不知道会到哪里），那是会带来愉悦的。至于负面的不确定感（像是知道某些痛苦事件即将降临在自己身上，却不知道以何种方式，也不知道何时到来，有时甚至不知道是什么痛苦的事），则是最不愉快的经验。例如，被告知检验报告结果异常，或者是放射线检查发现有可疑的影像，正在进行进一步的检查，但是结果很可能不太乐观。像这类有关负面事件的不确定感，通常会开启一段痛苦的沉思周期。

对于非常焦急的人来说，这样的反复思考会持续不断，因为活着本来就充满不确定性。他们会想：“我不知道明天、一星期或一年以后会发生什么事情；未来使我焦虑，生命使我焦虑。”我们可以注意到，悲观者自有解决问题的方式——他们宁愿采信负面的确定结果（如“结局会很糟糕”），也不想接受不确定感的毒害。他们能够以某种方式来“结案”，然后转向其他的事情……在这过程中，悲观的人拒绝幸福；然而，也以自己的方式保护自己，免于遭受过多不幸。

（快乐的）缺点

INCONVÉNIENTS (À ÊTRE HEUREUX)

快乐，当然是有缺陷的！最主要的缺点，或许是幸福能削弱我们的批判意识，或至少会削减我们希望运用批判意识的渴望，因为我们会倾向于看到人事物光明的一面。在没有恶意也没有野心操控的正常环境下，这是一件好事。但是，面对可能消耗我们的人或情境时，缺乏批判精神显然会让我们变得比较没有抵抗能力。

证据显示，我们在心情好的情况下，会比较容易接受广告信息；面对有害或危险的情况时，我们会在需要的时候开启警戒系统。这是好的，也是负面情绪有必要存在的理由。

情绪感应 INDUCTION D'ÉMOTIONS

当我们想做心理科学方面的研究时，参与者的想法或行为的情绪结果，需要借助所谓的情绪感应过程：因为大多数的人不能启动自己的情绪（大部人无法有意识地启动情绪，通常是下意识启动情绪，而且经常是在担心等等的状况之下），因此要由外在诱发。想要挑起情绪，有多种可能性，其中简单有效的方法就是听音乐、看电影剪辑，或阅读一段故事，这些精心挑选的材料可以引起一系列不同的情感。我们也可以运用情境（这更有效，但也更复杂），比如宣布与智商测试结果无关的话，以激起好或坏的心情（例如："哦，对不起，成绩有点低"相较于"恭喜您，真是天才"）；或者让人轻易赚得一笔小数目的金钱或礼物（或是让人失去金钱或礼物，而其他大部分参与者却获得这些）。

这些基础研究的实际结论是：一、不需要花费太多功夫，就能激起我们的情绪；二、经历愉快情绪，其实是非常容易的（只要看看搞笑电影，或是听快乐的音乐）。

幸福的焦虑 ◆ INQUIÉTUDE DU BONHEUR

几乎为人遗忘的1911年诺贝尔文学奖得主莫里斯·梅特林克[①]写道："超越了幸福焦虑，我们就能快乐。"他想说的到底是什么焦虑呢？是担心找不到幸福？害怕太快失去幸福？还是担忧幸福无法比预期的完整又震撼呢？这些担心往往与幸福的脆弱息息相关：因为幸福不稳定，总是受到威胁。我们是否能够克服这些忧虑呢？担心与悲观的人有时会觉得，摆脱追求幸福反倒是比较容易的，就像韦勒贝克[②]建议的："不要害怕幸福，它其实并不存在。"

我们还可以做得更好（不过会比较困难）：应对这所有忧虑的终极武器，就是接受这些忧虑（是的，幸福是不确定又脆弱的；是的，幸福总有结束的

---

① 莫里斯·梅特林克（Maurice Maeterlinck，1862—1949），比利时象征主义诗人及剧作家，被誉为"比利时的莎士比亚"，并素有"昆虫博学家"美誉。创作主题主要是关于死亡及生命的意义，代表作《青鸟》2000年被媒体评为"影响法国的五十本书之一"，至今仍在世界各地上演，堪称戏剧史的经典之作。

② 韦勒贝克（Michel Houellebecq，1958—），当今法国文坛最炙手可热的作家，被誉为继加缪之后，唯一将法国文学重新放到世界地图上的作家。其作品呈现当今社会的冷酷荒谬，捕捉最惹人注目的西方社会现象，如物欲横流、沉溺消费的空虚、爱情失落、性欲冲动、存在苦闷、旅游买春、恋童癖等等，描绘巨细靡遗，笔触赤裸，极具煽动性。2010年以《谁杀了韦勒贝克》（La Carte et le territoire，原文书名《地图与疆域》）一书获龚固尔文学奖。

一天）。然后转向别的事情——全神贯注于生命，让人不再一直思索着幸福，如此就能增加幸福再次出现的机会。

当下 INSTANT PRÉSENT

我很喜欢歌德的这句话：“心灵既不看前也不观后，唯有当下是我们的幸福。”已经有数十本书在歌颂当下的力量。如何才能办到呢？就是——不要太用脑筋，应多多品味。少用脑力，多用动物性的方式来生活和感觉。然而，这么做会不会与先前看到的幸福定义之一——觉知自己的安适——有抵触呢？不要只感受到这样的自适，同时也要知道我们是如何幸运能够有机会体验它。是的，除非我们遵循的是一条动物不会采取的路径：首先，（像动物一样）感觉自适；其次，为其命名，并衡量其范围和含义（这就不像动物了）；最后，（又像动物一样）再次品味这种自适。在几秒钟内就完成的这趟内在旅程，可能解释了为什么人类的幸福如此复杂、丰富和脆弱。

智力 INTELLIGENCE

一个古老又陈旧的传统断言，智力、知识和敏锐，会让我们偏离幸福。这意味着幸福会凸显智力的幻觉和短视。这种断言的滥觞是《圣经·传道书》：“加增知识的，就加增忧伤。”即使在今天，我们还是会说某人是快乐的傻瓜，而不太会说是不幸的傻瓜。然而，这两者都是存在的。有关的研究并没有证实智力和幸福之间的相关性，却证实了正面情绪会增强创新能力——悲伤会胶着减缓大脑运作，快乐则会刺激、加速大脑运作。

间歇工作 INTERMITTENCES

我们都是幸福园里的间歇工作者，就如同表演行业里的间歇工作者一样。因为生命从来不会为我们提供源源不断的快乐，而是像横跨沙漠里相隔的幸福绿洲，有时单调，有时令人不安。但是，我们不应该急于从一个绿洲跨到另一个绿洲，而是应该好好学习如何欣赏沙漠！

喜乐

JOIE

a b c d e f g h i J k l m n o p q r s t u v w x y z

雀跃、欢叫、喜悦的泪水：

喜悦，就像由内在突然升起的活力。不会一直持续下去吗？在心里持守着确定，喜悦就会再回来。

昔日 ◆ JADIS

往日美好的时光，这种奇怪的情怀……研究显示，通常当我们美化过去时，至少不会郁闷。我们的精神会不自觉地选择美好的回忆，以和谐一致的感觉，重写那些在当时并不这么轻松自在的过往时光。这现象再一次证明，当一切运作正常，当我们美好的心理机制不被旧日或当前的痛苦所破坏时，人类本性是生而完善的……

这种人性与生俱来的能力，可以作为这个小练习的主题：试想当下这一刻的不完美，在二十年后，如何能以一种美好回忆的形式浮现出来呢？记忆，只是做了清理和简化的工作，朝精髓的方向行进："不要矫揉造作了！这事到底是好，还是不好呢？"然而，我们经常以一种"还不错，但是……"的方式体验当下。可是我们的记忆只在意一件事："我要将这些事存放在愉快还是不愉快的盒子里呢？"这样的简化，未必让事物扭曲变形；反而是我们扭曲了愉快的时刻——因为我们的不满、追求完美、期望太高，或者因为担忧缠身，而无法珍惜当下愉快的时刻。

所以，回到刚刚提到的练习：在你为了一些芝麻小事而怨天尤人、牢骚嘟囔的这一刻，想想二十年后，会剩下什么记忆呢？你自以为有理由抱怨的这一刻，会留下什么记忆？或许，这一刻原本该是快乐的，却让牢骚和不满污染了？

我喜欢…… ◆ J'AIME...

夏天的早晨，被女儿的嬉笑声唤醒。这一天没有什么急事要办，就只有一些类似吃饭、说话、观赏、散步、看书、睡午觉等等不重要而缓慢的事情。我喜欢看到病患的痛苦减轻或康复；我喜欢安静地独处几天，不跟任何人说话，而我知道在同一个时间里，远方所有我爱的人，一切都好，一切都幸福；我喜欢看见人们互相帮助，或者开怀大笑；我喜欢望着日出日落，细看月亮高挂天上，欣赏星星，或者闻着下雨和晴天的味道，去享受山谷的凉意和山峰的壮丽，品味攀登的努力；我喜欢赤脚走在潮湿的草地上，感觉自己还活着。

你们呢？你们喜欢什么？

园 丁 ◆ JARDINIER

在工作过于沉重的时候，我总是梦想成为一名园丁，想象着自己正在静静地掘地、耙土、种植、修剪。四周环绕着鸟叫声，我呼吸着纯净的空气。没有任何人给我压力。眼前有的是时间，可以暂且停下，微笑看着一朵云飘过、一片叶子落下、一只小瓢虫飞走。我知道，真正的园丁生活并不总是如我想象的这样（甚至一点也不像吧）。但是，这样梦想一下，我感觉很好。对我来说，成为园丁是“温馨的幻想”。有的时候，我们每个人都需要有这么一处梦想的园地。

杰 里 迈 亚 ◆ JÉRÉMIE

杰里迈亚是《圣经·旧约》里伟大的先知之一。传统上，我们认为是他写了《哀歌》（也许不应该这么认为，可是我们只会锦上添花）[①]。杰里迈亚向其他人预言耶路撒冷的毁灭和巴比伦的流亡，但是，同时代的人并没有

---

① 一般认为《哀歌》的作者是先知杰里迈亚（《历代志下》35：25 记载杰里迈亚作《哀歌》），不过也有人认为《哀歌》的内容与《杰里迈亚书》有不少差异，因此不可能是杰里迈亚所作。

听从他的话。或许，他就像所有的悲观主义者一样，非常介意被冷落一旁，总是心情不好："我没有坐在宴乐人的会中，也没有欢乐，我因你的感动（"感动"原文作"手"），独自静坐，因你使我满心愤恨。"[1] 从此我们就用"jérémiades"来暗示令人难以忍受的一长串痛苦哀叹……然而，我们竟然再也不问，哀叹者要表达的是对还是错；我们只记得他有点厌烦，高声诉说着世界所有的不顺。请记住，如果希望别人聆听我们的抱怨和警告，就要经常表达我们的喜悦和赞美。

欢乐 ◆ JOIE

欢乐，以强健又充满活力的形式来表达幸福。即使伴随着一连串愉快的情绪，欢乐不免还是需要体力，而且激烈又短暂。欢乐，也是比较不知性的，不像幸福，让人有多一些思考。欢乐，经常是为了回应一桩中断我们生命连续的事件（即"快乐"事件）。反之，在一般的情境下，幸福较容易持续出现；只要我们意识到平庸的时刻也充满恩典，幸福就来临了。要让自己欢乐并不是那么容易的，因为这需要一点外向的特质。幸福可以很低调，欢乐却会满溢外露，希望被看见，并且寻求分享。因此，外向的人欢乐庆贺时，内向的人则向往幸福。两者的选择也算是一种性格测试……

生日快乐 ◆ JOYEUX ANNIVERSAIRE

巴黎大雨的一天，我骑着摩托车，分明是自找麻烦——因为交通大堵塞，不论是行人、脚踏车、轿车、出租车或货车，所有的人都心浮气躁……在一条有点狭窄的马路上，有辆卡车挡住了通道，连摩托车也没办法穿过

---

① 《杰里迈亚书》15：17。

去。结果，我只好借用旁边刚好空无一人的自行车专用道。当然，我是又慢又小心的。我发誓，我只骑了二十米；就在要超到卡车前的时候，我看到前方五十米的红绿灯旁，一位警察正看着我。哎呀！我发现警车旁边站着好几名警察，他们今早的任务显然就是要逮住像我这样不当借用自行车道的傻瓜。

来到红绿灯前，我假装没事，移开目光，但是我注定逃不掉的——警察注意到我了，招手要我停车。我猜得真准！只好欲振乏力地解释：因为卡车挡路，只好借道十米，还说了我过去从来没有做过这样的事。努力无效，违规就得罚款。毕竟，这是完全合理正常的。我没有抱怨，抱怨也没用，是我错了，那家伙只是忠于职责罢了。

好了，就这样我们走向警车，警察拿了我的证件，告诉我等一下，径自上车填写表格。我则和其他六个当场被逮的摩托车骑士在人行道上等候。我当然很恼火，开始努力让自己冷静下来——“OK，好吧，你被逮住了。人生就是这样，记取教训吧。真是愚蠢，就为了省那三分钟。不要再生气了，下次要记得……”我极力试图放松，同时也观察着警察专心致志埋首工作。突然，我看见他抬起头来，跟坐在对面的同事说话，并给他看我的证件。对方点点头，他们一脸严肃地讨论着。哎哟！又怎么了呢？难道我忘了缴保险费了吗？还是有抢匪盗用了我的车号，骑摩托车犯案？总之，有点不对劲……警察收拾了这些文件，起身走近我：“今天是您的生日吗？”我没想到他会问这个问题，傻气含糊地回答着“是、是”。“好了，您可以离开了！不要再骑在自行车道上了……”同时不苟言笑，一脸严肃地将证件还给我。

这时，我终于知道是怎么回事了。我真想热情地感谢他，开怀大笑拍着他的肩膀说：“啊！谢谢你，老兄，你真是太好了，这样小小的举动，实在让人愉快。”但是，我没有这么做，因为在我周围跟我一样违规正在接受罚款的其他人，一定不会高兴落在我头上的好运。更何况，其中大多数人抱怨着警察应该去抓真正的罪犯，而不是在他们身上揩油……我明白为什么警察要不动声色地送我“生日礼物”，因此我也只是低调地感谢，拿了证件离开。重新启动引擎的时候，我向他挥了挥手，仿佛看到他轻轻地笑着。

我高兴地离开了。不是因为自己逃过了罚单，而是因为这份不求回报的低调小礼物，让我对生命和人性充满欢喜。

欢腾 JUBILATION

从词源来看，jubiler 是高兴大叫的意思。喜悦满溢大脑，就像牛奶溢出锅子一样。在一般情况下，欢腾来自很难得的成功所带来的快乐。经过漫长等待、付出许多努力，以及克服庞大困难之后，成功即带来跳跃——所以，才有爆发和过度的一面。例如，运动员得到奥运奖牌后的狂喜，因为他既害怕无法得到奖牌，又吃尽了训练的苦头。欢腾意味着我们在患得患失又吃尽苦头之后，好不容易才达到努力很久的目标。投入了这么多，若没有达到目标，会使我们非常痛苦。因此，如果我们真正感兴趣的，只是希望快乐，那么实在没有必要非得欢腾不可。欢腾，就让给幸福的伟大运动员去实现好了。

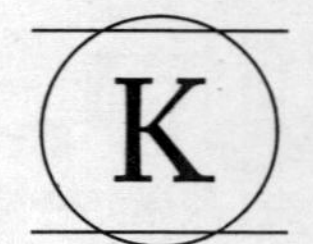

轮回

KARMA

a b c d e f g h i j K l m n o p q r s t u v w x y z

没有宿命，就没有轮回。

你并非禁锢在过去里，而是囚禁在习惯里。

K ◆ K

意大利作家迪诺·布扎第[①]的著名小说里有一个年轻小伙子，他是远洋航船队队长的儿子。从航行的第一天开始，他就被一只名字奇怪的海怪“K”追杀，从最初他想脱逃命运远离大海，到后来面对海怪而成为水手。他在一生中，每次转身就看到远方在船身后面紧追不舍的海怪。最后，他很老很老的时候，终于决定不再奔逃，而是选择面对海怪——K竟然和他说话了！海怪告诉他，一直尾随在后是为了交给他护身符，以确保他一辈子成功和幸福。

不要逃避自己的恐惧，有时候，转身面对能够增加我们的幸福。对未知的恐惧、对关系的恐惧，以及对所有一切的恐惧；从自己的恐惧中解放出来，是接近幸福的方法。我倒希望能够读到布扎第的另一个故事，告诉我们如何一辈子追随另一个怪物，让我们远离幸福——这只金钱怪兽，不叫K，而是叫美金、欧元、英镑，或日元。

快速轮回 ◆ KARMA EXPRESS

根据印度教的中心法则，一个自觉的人，是由他过去所有的行为，尤其是自己前世所完成的功德所决定的。根据这个看法，我们不仅受到自己个人过去的影响，也受到超乎我们自身的所有过去的影响。这种说法既令人沮丧（因为我们承载着所有前世的痛苦经历），也令人振奋（为了来生，试图减轻我们的业力）！积极心理学以自己的方式，提供了一套快速的因果报应

---

① 迪诺·布扎第（Dino Buzzati，1906—1972），意大利当代著名作家、诗人、画家，有“意大利的卡夫卡”之称，作品主要是短篇小说集。做过地方记者、音乐评论版副主编、地方版主编、特派员和战地记者。加缪曾翻译他的剧作在巴黎公演。

理论——在此生，我们做好事，会让自己快乐，并且确定在这一生能让我们幸福；而不是在来生。

公案 KOAN

禅宗临济宗的公案，就是师父给徒弟说一些未解的谜，这样做是为了帮助门生明白：有时候，不要试图去解决问题或综合矛盾，而是应该让这一切（透过冥想而非思考）在自己身上溶解，领会空虚无用所带来的答案。公案，可以是问题、轶事，也可以是确认。例如："单手击掌是什么声音？"或者："你缺乏的东西，要在自己所拥有的里面寻找。"还有："这本书的主题，什么是错过的幸福？"或者："不幸就在幸福里，幸福就在不幸里。"

在西方，我们有时候也会提到疑难，指的是没有解答的困难或问题，就像是"先有鸡还是先有蛋"之类的问题。公案和其他疑难的好处，在于鼓励我们容忍不确定性，不因此而逃避问题和矛盾，特别是关乎幸福和快乐人生的事。

关于邪恶的公案 KOAN SUR LE MAL

好好沉思一下，哲学家古斯塔夫·提邦的这句话："从外面看，邪恶引来惩罚；从里面看，邪恶召唤的是怜悯。"记得禅的精神——不是在解决难题，不是要知道惩罚或怜悯哪个比较好；而是，在面对邪恶时，深深地体会到所有决定中无可避免的复杂性。

磷虾 ◆ KRILL

磷虾，是一种住在冰冷海水礁石区里极小的虾子，也是鲸鱼的食物。鲸鱼张开嘴巴，吞咽海水，然后，闭上嘴巴，让水从鲸须流出。鲸须代替牙齿，有过滤的功用，保留所有在水中可以吃的东西。我们也可以这么做：每一天，从早到晚微笑地面对生命，当我们闭上嘴巴的时候，还留有幸福的磷虾。

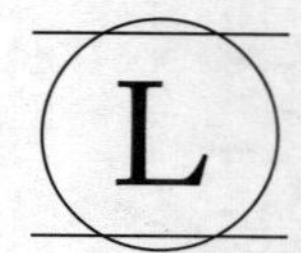

关系

LIEN

a b c d e f g h i j k L m n o p q r s t u v w x y z

幸福存于关系中。永远不要忘记：

你关系着全人类，他人的泪水也是你的泪水。

让你的幸福也成为所有人类的幸福。

放松 LÂCHER-PRISE

放松，是一种宝贵的态度，实际上却比乍看之下更为复杂。每当我们遭遇失败，或者因为失败而面临忧郁来袭时，放松对我们是很有益的。放松，并不是放弃或休息，而是在驱动一整套策略：一、决定中止正在做的努力，强迫停止；二、接受“事情行不通，途径窒碍”的事实，可能因为途径不适宜、时机不适当，或者因为方法不正确；三、观察一阵一阵上升的负面情绪（例如失望、愤怒、忧郁、耻辱），告诉自己，这是正常的，但不是我们所期望的；四、从任务或情境里抽离出来，允许自己稍微喘息一下，跟自己说，稍后再重新上阵，抑或永远不再回去；五、开瓶啤酒——不是啦，开玩笑的……在放松的练习里，这第五步就……任君选择吧！

练习从面对小问题开始（例如翻箱倒柜找寻丢失的钥匙、不知道怎么回一封信或写一篇报告、谈判对手为了细枝末节吹毛求疵……），训练自己微微地放松。试一试，并且观察一下——放下手里的事情至少几分钟，想一些有趣的事情，转圜一下情绪和势态。

“让阳光照进来” 《LAISSE ENTRER LE SOLEIL》

当一个人大脑焦虑时，每每不能意识到自己早已沉沦在这所有未解的问题、所有的阵阵精神浪潮里。我们就在这条忧虑的河流，驾驶着生命之舟。就在写着这几行字的此刻，我正意识到：这本书离截稿只剩最后一个星期了。一切都很好，我要去一个能给自己带来灵感的地方，单独一人（我喜欢这样）。我想，我有足够的时间来精雕细琢这本书。然而，我突然意识到心里充斥着晦涩的想法：到达那个地方以后，要先去买东西，要找到网络联机，然后结束还未完成的研究书目；在这个星期中，我还得打几通电话解决一些问题……

好，好，这些你都会去做的；但是，你就不能也花点时间来欢喜一下吗？你就不能打开一点心灵之窗，让阳光进来几分钟吗？到达那边以后，你会处理这些问题的；现在，你已经注意到，也知道问题在哪里了。总可以好好把握正在经历的此刻吧？因为你将会有时间专心沉浸于自己喜欢做的事情，也就是写作。我终于明白了，也让自己相信了。

我抬起头来，深深呼吸着，真正地看看外面，心灵顿时大开。我静静地欢喜了一下子，花了点时间来沉思，能够拥有此刻生命的幸运。天空一片灰暗，然而我可不在意——因为万般皆美好，我也还活着。

泪水和泪的回忆

LARMES ET SOUVENIRS DE LARMES

1654年11月23日，星期一，“从晚上十点半左右，到大约深夜十二点半”之间，帕斯卡尔经历了一种神秘的狂喜，我们称之为他的“火光之夜”。帕斯卡尔在纸上写下几行字，缝进外套夹层里。直到去世时，这篇短文才被人发现，从此被称为《伯雷兹·帕斯卡尔的回忆》（Mémorial de Blaise Pascal）。文中，他描述一种暴烈又舒缓的感知：“坚信。坚信。情操。喜悦。和平。”之后再远一点，他又写道：“完全又温柔的放弃。”在这两段之间，写道：“喜悦，喜悦，喜悦，尽是喜悦的泪水。”这是他作品中最神秘的片段之一，包括最后几行写的：“只需在地球上一天，足以永恒喜悦。”帕斯卡尔并没有把这一刻告诉任何人，也没有告诉任何人这篇手稿的存在，之后也没有再提起过。

有很长一段时间，我无法理解怎么可能喜极掉泪。我的意思是，发自内心的理解。理智上，我大概能够了解——在非常害怕或非常不幸之后，是可能喜极而泣的，比方说，找到原本以为已经失去的所爱之人。然而，若是说到发自内心……

直到几年前，这样的情形发生在我身上。有一年我生日的时候，听见女儿朗诵莫里斯·卡雷姆[①]献给父亲的一首诗。女儿们非常惊讶：“欸，爸爸，你哭了？！”我想，这是她们第一次看见我哭。是的，我不得不承认，自己被感动得热泪盈眶。若是在以前，我会强忍着不哭出来，而那一次我只是稍微克制一下，不至于让自己泪流满面。倒不是为了掩饰什么，只是为了保持一点精力，来好好接受并且品味正在经历着的这一刻，品味能够纯粹喜悦哭泣的幸运。

之后想想，这或许就是幸福的真正滋味，就在喜悦的泪水中。当幸福满溢己身，而我们也愿意让自己被幸福泛滥，这时候也就全然放开了。就因为这样哭了。这些美妙的瞬间不会持续，终究会消失的。但是，也不需要因此就停止快乐——幸福就在这里，我们正在经历幸福。眼泪，就像是对自己巨大的幸福最纯净清明的表达，不是吗？

教诲 LEÇON

“失败的时候，不要也失去了教诲。”我已经忘了这是谁说的，但是，我尽力永远不要忘记这句话的真意。成功提高我们的身价，使我们放心，给我们安全感，有时候甚至能够让我们快乐。然而，失败却能让我们睁开双眼，让我们变得更有智慧、更聪敏。打开我们的双眼，看见成功所掩盖的真相。正如一句禅谚所言：“达到目标的人，其实错过了一切。”只有当我们接受

① 莫里斯·卡雷姆（Maurice Carême，1899—1978），比利时当代最著名的法语诗人，在法国获诗王称号，又被称为孩子们的诗人，创作大量诗集、短篇小说、童话故事与绘本，其中不少诗被知名音乐家选上谱曲，作品也被翻译为多国语言。

失败并且从中反省，愿意记取教训，这句话才有真义，失败也会带来智慧。

是什么样的教诲呢？经历了令人讨厌的失败，让挫折啃噬自尊之后，什么样的教诲才能够让人开始观察反省，而不是没完没了地抱怨不公平或运气不好，且反刍着这些想法所带来的痛苦？把注意力转移到其他的地方（例如："如果再发生同样的情况，我该怎么办？"），以不同的眼光来重新评量（比方说："如何以一种平和而不再愤怒或全然盲目的眼光，重新审视发生在自己身上的事情？"）。

我们必须教导自己这个非常重要的课题，因为，刚刚遭遇失败的时候，说教者总会让人厌烦，即使他们说的都有道理。我们也必须了解，智力上的理解是不够的，必须接受的是更深刻的教诲，也就是说，在情感的层面上学着接受。这项工作庞大辽阔、扣人心弦，又几乎是无止境的——生命里，有这么多的教诲要学习！不再犯同样的错误，这就是经验的累积。面对失败，不要总是惧怕；面对不完美，别只会愤怒——退一步，事情或许还带来其他的教诲呢！

然而，也有些时候真的无法吸取教训，怎么办呢？嗯，这带给我们的信息是：有些时候，挫败无法让我们成长成更丰富的人。这也是一种教诲……

轻盈 ◆ LÉGÈRETÉ

幸福的时刻，常常能使我们感觉轻盈。轻盈，被定义为没有重力；就是无论身体还精神、个人还是周遭环境，都没有让人沉重的地方。不觉得束缚，也没有负担。

想要快乐生活的渴望，顺畅无阻。轻盈，显然是忧郁的对立面——忧郁时，一切都背负着沉重负担，生命被重重困扰阻塞着。任何丁点儿的负担，都会压垮我们。感觉无比沉重，好像身在"死荫的幽谷"。轻盈，似乎只有好处；其实，跟所有的愉快情绪一样，轻盈也会有一些缺点。举例来说，如果轻盈成为佯装或刻板的生存态度，形成一种“一切采取轻盈态度”的伪哲理，那么就可能变成逃避责任，或显得不成熟。以这样的态度经历生命，势必会让我们慢慢地远离幸福。

然而，轻盈的生命态度也是可以有深度的，与投身奉献并无抵触。轻盈是沉重的相反，而非深度的相反，轻盈并不妨碍深度。例如，喜悦可以表现得轻盈，但喜悦的根源却可以是深厚的。轻盈只是反映活着的喜悦，这样的幸福并不妨碍我们意识到生命的短暂。因此，轻盈就是一种优雅的态度，不限囿于人类生存条件悲剧的一面——清醒且轻盈地活着，是可能的……

保罗·瓦莱里写道：“轻盈得像一只鸟，而不是像一根羽毛。”然而，我们却梦想着如羽毛一般轻盈，想要不费吹灰之力就与永恒的本质联结。但是，这样的轻盈却使我们随风飘散。我们应该依照自己所向往的来营造轻盈。耐心地让轻盈无往不利，我们才更能够经常振翅高飞。

合法 LÉGITIMITÉ

尼采说：“无论什么人，一旦在文章上诉说自己的苦难，就会成为忧郁作者。然而，当他能够告诉我们，自己曾经遭受的苦难，以及如何拥有现在的喜悦，他才能够成为令人信赖的作家。”因此，那些穿越不幸，而终能为我们讲述幸福的人，他们的话语才是最强悍，且最有价值的。

缓慢 LENTEUR

在快速里，感觉自己强大；在缓慢里，感觉自己幸福。这就是为什么，我偏爱缓慢。

感谢函 ◆ LETTREDE GRATITUDE

感恩，是幸福的利器。首先，必须经常体会到感恩，这样对自己有益。其次，需要时时体验感恩，如此也有益于他人，并且持续对自己有好处！所以，练习写一封详尽的感谢函，给某位对我们很好的人（例如亲人、老师、朋友、同事、医生等等），并且寄给当事人。为什么是一封信，而不是当面道谢（比如登门道谢，亲自拜访，向对方读出感谢函的内容）？

以上两种做法都很棒，但是感谢函有三个优点：首先，写感谢函需要时间反省，深入体验我们感激之情的意义与浓度；继而，收件人可以安静地读信，不一定要回答，也不需要致谢，或者强忍泪水；最后，收信人可以一读再读感谢函。谁还能想到比这更美好的礼物吗？但是，实际上感谢函最后几乎都会变成亲自拜访——接获感谢函的人，鲜少有不想与写信的你见面的，向你致谢，还有回报他的……感激！

自由 ◆ LIBERTÉ

经常，我们会反对幸福和自由，因为选择幸福会使我们更容易放弃自由。有时候确实这样：幸福意味着必须尊重别人，有时必须服务对方，让对方幸福，而不是让自己幸福。所以我们会担心幸福阻碍自由；有时候，幸福让人妥协，比如被朋友强迫接受自己不能苟同的政治理念（我们比较在意友谊，而不愿表示反对）。

因此，问题是如何在妥协与背叛自我价值之间取得平衡？然而，在大多数情况下，幸福是会增加自由的，特别是内心的自由——幸福帮助我们解脱自己的恐惧、执着和心理封闭。幸福，是一种能量的开放及获益，让我们不再忧虑。幸福造就世界与我们之间的联系，消除无数障碍。如果这不是有益于自由，那又是什么呢？

社会关联 LIEN SOCIAL

歌德完全看出了社会关联的问题："对我来说，最大的惩罚就是，独自一人在天堂。"况且，天堂一直都是与自己所爱之人重逢的地方。如果没有人与我们交流分享，所有欲望的满足又有什么用呢？社会关系是幸福的主要来源之一，无论是经历了长时间的深度关系（幸福就是与自己认识和心爱的人在一起），还是新近结交而比较浅薄的关系（例如，结识新朋友的乐趣）。我们需要他人，胜过他人需要我们。正如拉罗什福柯[①]所说的："那些自认为不需要别人的人，是错误的……"随即又狡黠地补充道："但是，那些以为别人不能没有自己的人，更是大错特错。"

秘密关系 LIENS SECRETS

我喜欢看到一些隐匿的关系——在我身边所有活生生的对象上，别人看不到，只有我知道的关系。像是，正准备打开的这瓶酒，是某位朋友送给我的。身上穿的这件T恤、这本书、这尊小雕像、挂在墙上的小孩画作，所有这些物品，都有某些超出它们的使用或存在功能的东西，让我愉悦，向我轻声述说着各种关爱，让我沉浸其中。

其实，我们所有人都沉浸在这样的关爱中。这些对象，都带着看不见却

---

① 弗朗索瓦·德·拉罗什福柯（François de La Rochefoucauld，1613—1680），法国思想家，出身于巴黎一个显赫的家族，早年热衷政治，却得罪当权者被流放外省，之后又卷入政治斗争；晚年重心转向文艺沙龙，有《回忆录》（Memoirs）及《人性箴言》（Maximes et Réflexions diverses）二书传世。拉罗什福柯厌恶凡事正向思考的矫情，挑战人类自我的正向认知，其冷静睿智的哲思、简洁机智的风格、透彻清明的观点，影响后世许多哲学家及作家。

又滋养的存在关系。这样的存在，也令人不安，因为它们无穷无尽，让人眩晕——当我写作时，出现的是我的小学老师以及法文与文学老师，是送给我第一本书的父亲，还有所有作者，以及过往时间里滋养我的思维。无论我做什么，无论我想什么，我从来都不是独自一人。一份恩典、一句提醒，以及一份责任感，敦促我以所有传承的爱和智慧，全力以赴。

幸福的模糊地带 LIMBES DU BONHEUR

在天主教传统中，模糊地带的问题争论已久——它指的是一处既不是天堂也不是地狱的地方。特别是指，那些一出生就亡故，来不及犯任何罪恶的孩童（所以没有理由下地狱），但又因为还没有受洗，所以尚未洗净原罪（因此也不能升上天堂），那么他们的灵魂该归何处？我们常常也会发现自己处在幸福的模糊地带，既不快乐，也没有不开心。

有些人认为这样已经不错了。就像 1894 年 9 月 21 日，儒勒·列那尔在《日记》里写的："我们不快乐；我们的幸福，只不过是不幸的沉默。"当不幸保持沉默无声，肯定是有利的。然而，还是需要努力。否则，我们就会像梭罗（Thoreau）所说的：让自己陷入"绝望的平静生活"。谁会满足于这样的状况呢？

积极心理学的限制 LIMITES DE LA PSYCHOLOGIE POSITIVE

显然，一贯正面的态度，在某些情况下是会有问题的。研究显示，乐观也会有不利的影响。例如，病态的赌徒总是希望能够翻本，由于一贯偏执的乐观，即使输了也无法停止赌博。同样，原谅并不总是好办法，特别是跟有虐待倾向的配偶生活在一起的时候；原谅不努力改过的人，是不会有什么好结果的。因此，有三条黄金规则：一、先从正向开始；二、评估结果；三、决定继续如此下去是否妥当。

长寿 LONGÉVITÉ

正面情绪，有利于健康长寿。多年来，众多科学研究都证明这个结论。然而必须记住的是，正如所有关于健康的事宜，这些结论都只告诉我们一种趋向，而非保证；也就是说，研究结果所透露的是保护因素或恶化因素。一般来说，反复而密集的压力和负面情绪是有害的，安适和幸福才能改善状况。

今日，我们已经了解幸福如何有利于健康——幸福可以改善免疫机制，减少发炎反应，并且延缓细胞老化。幸福与烟草一样对健康带来强烈的效应，当然结果是完全相反的：根据研究，烟草减少六至七年的寿命，而幸福则让你增加同等的寿命。还有一些其他的论述环绕着这个主题，列出了一些影响健康的其他因素，如饮食、运动、遗传基因、环境污染等等。再者，情感也会带来影响：正面情绪既令人愉快，也有益健康。能够做到的话，当然很好，但是，如果不能做到就一定会不好吗？你也可以跟自己说：身体的健康还有赖于其他因素，而且生命也还有其他的目标如财富、名利、无私的奉献等等，并不是只有追求健康和长寿。最后要说的是，如果你是吸烟者，也别忘了要快乐，以减轻吸烟带来的过量风险！

乐透 LOTO

法国彩券公司曾经邀请我为乐透得主做心理方面的演讲，旨在帮助乐透得主不要感觉太孤单，并且让他们分享彼此的经验。乐透得主俱乐部其实是非常封闭的，那也可以说是一个互助团体。与这些“幸运得主”聊天，我才发现，外界所以为的恩赐，实在是件十分麻烦的事情，甚至可以说是诅咒。突如其来的财富会引发许多行为上的问题与困扰，尤其是奖金得主周围的人往往会以爱和友谊的名义，要求分一杯羹；由此引起的不和睦，或因为金钱带来的困扰，远比快乐来得多。我记得一对夫妇，因为儿子无法接受自己得不到奖金，于是这对夫妇就再也见不到孙子了。

事实上，一些研究证实，中乐透彩并非幸福的保证，刚好与我们所认为的相反。得奖，只是一个方便得到幸福的因素，还必须伴随着一些努力。有些努力，在得奖前与得奖后都是没有差别的——例如珍惜美好的时光，而不是一贯指望着别人；培养亲情和友情关系；尽可能给予，而不是等待或要求。还有另一些努力则特别牵涉到物质财富，比如必须竭尽所能避免嫉妒和觊觎；也就是说，必须尽量低调，并且增长公平以及共享的观念。

狼群 ◆ LOUPS

一位苏族[①]的爷爷给外孙解释所谓的生命：“你知道，在我们的心里，每时每刻都有两只狼交锋着。一只黑色的，是仇恨、愤怒与悲观的狼，这是不幸之狼；另一只白色的，是爱、宽容与乐观的狼，这是幸福之狼。”孩子问：“那么，最后是哪匹狼会赢呢？”在你看来，这位爷爷会怎么回答呢？而你自己呢，又会怎么回答？以下，是这位苏族老爷爷的回答（他是一位真正的智者）：“胜利的，始终都是我们喂养得更好的那一只……”我们身上的这两匹狼，在生命中的每一刻里，我们给哪一只喂食得更多呢？

① 北美印第安人中的一族。

洞悉 LUCIDITÉ

洞悉，就是一种能力，能够看到事情本来的面貌，而非我们希望的面貌。为什么我们经常把洞悉能力与绝望悲观联结在一起，却很少将它与幸福联结呢？这对我来说就像个谜团。想必对作家埃里克·舍维拉尔[①]也是如此："为什么洞悉能力总是用来照亮下水道，却永远不是用来照亮钻石矿场呢？"当然，洞悉能力迫使我们看清自己终将死亡、会受到痛苦折磨、很多梦想都无法实现、世间的苦难和不公如此寻常、无辜的人总承受苦难……但是，同样的洞察能力，也能让我们睁开双眼，看到爱、温柔、善良、美丽的事物；还有，即使生命呈现不完美，仍是一种幸运。

在我看来，有一种正面或喜悦的洞悉能力，我们实在谈得不够多，也或许是因为我们培养得不够——这种正面的洞悉能力，就跟照亮悲伤的洞悉力一样，需要同等的智慧；毋庸置疑的，它还需要多一些意志力。

① 埃里克·舍维拉尔（Éric Chevillard，1964—），法国小说家，才气纵横、想象力丰富、文采斑斓、语言清晰又富机智。作品中弥漫着浓浓的诗意，而且总是妙趣横生。1987 年以来已出版了十余部小说，其中 2003 年《勇敢的小裁缝》（Le Vaillant Petit Tailleur）获得维尔佩奖。

不幸

MALHEUR

a b c d e f g h i j k l M n o p q r s t u v w x y z

幸福打开我们的心。不幸打开我们的眼。

不要质疑：两者你都需要。

好友的电子邮件 MAIL DE COPAIN

有一天，天气非常好，一位心理医生朋友给我发了一封电子邮件，讨论一些我们要共同解决的工作问题。在邮件最末，他稍微改换语调，从工作的主题里跳脱出来："无论如何，现在最重要的是，太阳终于出来了。我要去除草，克珞婷要种下第一批球根植物。一只斑鸠仍然徒劳无功地，试着跟教堂风向标繁衍下一代[①]，远处隐隐传来小型观光飞机的引擎声。一切都会完美的。"真是令人难以置信，这短短的几行字，竟然带给我无比安定的作用。我微笑地站起来，走到窗边，也欣赏着这片给朋友带来灵感的阳光。一切终究都很好，这些担心的事，也不过就是些担忧罢了。就在一瞬间，朋友传达的讯息，将生命的精髓带向我们的灵魂——我们还活着，而且天气美好。

幸福之家 MAISON DU BONHEUR

儒勒·列那尔说："如果建造一幢幸福之家，其中最大的房间，一定是等候室。"悲观的人、略带忧郁的人以及那些多愁善感的人，都会喜欢这句话的。这些人之间最有活力的，还是会努力把等候室变得愉悦！

幸福导师 MAÎTRES DE BONHEUR

我一生中，见过一些伟大的幸福导师。那些真正的导师，都是既禁得起

① 法国教堂风向标通常是鸡禽的形状，或许因此让斑鸠混淆了求偶的对象。

长时间深入观察，也禁得起共同生活的楷模。赶不上火车，或者等候时被插队，这种时候大师会如何反应呢？我的岳父，足可被列入幸福导师之列。我有许多关于他的轶事可以说。我们每一次见面时，无论是侧面观察还是倾耳聆听，几乎都会让我学到新东西。以下要告诉你们的，是我自己最喜欢的一件事。

几年前，我岳父独自一人待在巴斯克地区[①]的房子，因为那几天他太太出国去看望朋友。他们住的大房子，坐落在一处风景优美的地方，屋后的阳台能眺望对面比利牛斯山脉的壮丽景色。那天，岳父在整理花园，但是有些心不在焉。走上石阶时有点过于急促，心里还想着别的事情，未料一只凉鞋卡到石阶里，让他重重地跌了一跤。这个强烈的撞击，弄得他有点头昏眼花。他回过神来时，竟意识到头部血流如注，只要稍微一动就会喷出一摊血来。尽管仍在惊吓中，岳父竟然搞不清楚事情的轻重缓急——他绕过花园而不是穿过房子里面，走到电话机旁，只因为担心血迹弄脏地板会让太太不高兴（真是奇怪，在最糟糕的时刻，我们的脑袋里有时还是塞满了一些不必要的限制）。

警察首先赶到，看着房子周围大量的血迹还有头上血流不止的情形，非常担心，马上要求救援直升机快速把他送到百永纳（Bayonne）[②]医院。在那里，一切顺利，伤口缝合得很漂亮，还做了神经系统检查。好险，终于没什么大碍，呼！傍晚时分，在经历了这些惊险之后，岳父打电话到我们巴黎家中叙述所发生的一切，我仍然记得他是如何开头讲述这段故事的：

“啊，孩子们，你们一定想不到，今天下午在我身上发生了一件令人难以置信的事：我坐在直升机上飞过巴斯克地区，真是棒极了，这辈子还从来没有过这样的经验呢！”

“直升机？发生了什么事？”

“我从楼梯上摔下来了，结果，就有了这趟直升机旅游！”

---

① Pays basque，法国东南部与西班牙交界的地区。

② 巴斯克地区的大城市之一。

“但是，为了什么呢？”

“送我去医院啊，因为不得不治疗，还要做检验……”

“医院？”

“对啊，百永纳医院。一切都很顺利，我真是佩服护理人员的速度和效率，而且那里的人又好又专业！”

尔后，我们终于听到了全程的冒险经过，不光只是欢快惊奇的片面。结果，这段惊险历程给岳父留下的深刻记忆，不是受伤或可能有的危险（比如万一失去知觉，或可能严重出血），而是急救过程和直升机旅程。于是，这段经历将永久保存在“美好回忆”的架子上。最令人折服的是，岳父好像一点也不费力就能够如此自处——所有发生在生活里的事件，他的大脑似乎很自然地就能够撷取好的一面。而且，他也完全不会想要建议任何人采取什么正面的态度。光凭这一点，他就不同于那些庸俗的幸福导师。他是真正的高手：既不解释，也不教导，却以谦卑的胸怀，亲力亲为。

几年后，为了能够忠实叙述这段经历，我打电话询问岳父。他又翔实地叙说了一遍，并且还加上一个让他为此事感到高兴的新理由（“家人和朋友都赶到我床前，我一点也不觉得孤单”），接着又说：“但是，你们知道吗？克里斯托夫，我并不是一直都这样的。偶尔，我也是会有忧郁的时候。”呼……

然后，他又加了一句：“尽管如此，随着年龄增长，生活越是让我欢喜赞叹！”就是因为这样，我总是津津有味又好奇地观察岳父，尽力翔实记录下他处理事情的方式……

疾病 MALADIE

疾病使幸福变得复杂，但不会阻碍幸福。疾病，尤其是慢性疾病或致死的疾病，开始时会让我们觊觎那些健康的人所拥有的幸福，还有他们不自觉自己所拥有的这一切。疾病，让我们浸溺在悲伤和怨恨里。然而，如果对自己诚实的话，我们会睁开双眼，看出这种生命态度的徒劳与危险。只有如此，疾病才能扮演鞭策的角色，让我们更自觉于简单的生存幸福，知道这一切都与是否生病无关。这时候，疾病才会让我们的脑子清静。然而，当我们自己生病的时候，要克服这些负面生活态度，是需要很多时间和努力的。

牙疼 MAL AUX DENTS

牙痛的时候，我们才不管自己幸福不幸福。唯一希望的，就是不要牙痛。极度的疼痛，让人完全关闭意识，只希望疼痛停止就好。记得小的时候我经常牙痛——因为吃太多甜食又没好好刷牙，当年的父母不像今日的父母这么注重牙齿保健。前些天我与一位牙医朋友聊天，他告诉我，已经看不见像以前那样满口烂牙的小孩了。真是谢天谢地，牙痛曾是我们和祖先的问题，再也不是今日孩子的问题了。但是，还是可以找到那时代的一些痕迹，就像帕桑斯名为《遗嘱》（Le Testament）的歌里所说的：

我毫无怨恨地结束了生命。再也不会牙痛了：就在这里，公共墓穴里，时间的公共墓穴。

尽管 MALGRÉ

有一天，一位女病患对我说："如果没有'尽管如何如何'，我们永远都不可能快乐的。比如，尽管过去或现在、尽管身边的苦难、尽管所有……我们还是快乐。"我不知道该如何回答——这件事情发生在我还以为自己必须具备所有答案以让病人不再忧郁的阶段。不久以后，我回到家里发现了一个可能的答案：也许，这些幸福之所以如此美丽动人又强烈，恰恰也因为是“尽管如何如何”的幸福……今天，我不知道自己是否还会如此回答。我想，我应该会说：我们这一生都是“尽管”某些事情的，幸福也不例外。也正因如此，我们喜欢它，需要它。

不幸 MALHEUR

不幸，是幸福躲不掉的影子。祈祷的时候，要求不要被不幸击中是没有用，也不可能的。顶多要求，只承受一些普通的不幸就好。并且要求，能够安然度过这些泛泛的不幸，然后在幸福中重生。这就够了。

妈妈 MAMAN

有一天，我和一位十岁的小女孩聊天。她很郑重地告诉我，她很喜欢小孩，希望将来会有三个孩子，而且都已经为他们取好名字了。她妈妈告诉我，这是她的热望，希望能够照顾所有遇到的婴儿；而且，她经常提起这个当母亲的计划。我心里对自己说：“好可爱，这么早熟的抱负，好有趣。”可是，这一天我有点儿忧郁，随即对自己说：“可怜的小女孩，万一不能生孩子，她会比长大以后才有这种计划的女孩，不幸两倍。”

又过了一会儿，我在雨中散步之后，可能稍微从忧郁中平复过来了，不同的想法自然飘进脑海里：“即使她必须面临不能生孩子的事实，恐怕她也会比你处理得更好：她会走出来的，而不是一直沉溺在抱怨恼恨中。比方说，她可以转而去爱别人的小孩，或者拥有美好的人生。”这样一想，就觉得好一些了。再想起我们之间的对话时，我不会再说“希望她会有小孩”，而会说“希望她快乐”。

奇怪的是，从那一刻起，我不再犹疑她是否会快乐了。在我的脑子里，超凡炼金术发生效力，随即我就明白了这到底是怎么回事——我因为想象小女孩无法实现一个自己不能掌控的目标（即成为母亲）而径自哀伤；然而，我祝愿她掌握住自己能够把握的目标（即幸福），终于让我松了一口气。

曼德拉 MANDELA

“我一直深信，人心深处住着仁慈和慷慨。没有人天生会因为他人的肤色、过去或宗教，而仇视对方。仇恨是借由学习而来的，如果能够学会恨，自当也可以教导他们爱。因为，在人类心中，产生爱比产生恨来得更自然。即使，在狱中最艰难的那段期间，同志和我支撑不下去的时候，我还是可以在警卫眼里看到人性的微光，即使也许只持续两秒钟，也足可抚慰我，让我继续坚持。人的善良是一盏火焰，可以隐藏，但永远不会熄灭。”

以上这段文字，是由因反抗种族隔离政策而入狱二十七年的纳尔逊·曼德拉写的。能够知道世界曾经存在过这样的人，真是令人宽慰。

旋转木马 MANÈGES

旋转木马，就像在隐喻生命。有些孩子兴高采烈，有些则忧心忡忡。有些抢着抓绒球，有些则试都不试。[①] 还有的小孩，即使旋转木马老板让绒球掉到他们手里，也不会试着抓住。他们被周遭的噪音、灯光、旋转，以及其他父母小孩的叫声惊吓得眩晕。旋转木马对某些人来说是兴奋，对另外一些人则是满足；对专注于驾驭的人来说，旋转木马给他们浓密的幸福，对另外

① 传统上，旋转木马绕圈时，店家会拿着悬吊绒球的钓竿，诱使小朋友抓取，抓中绒球者通常可以免费再坐一次。

一些不那么自在的人来说，则只是挨过一段糟糕的时光罢了！

宽 容 ◆ MANSUÉTUDE

宽容，随时准备好大方地原谅。可是，当面对一些太过分的人时，就不免流于轻率。除此之外，宽容是智慧的举动，把温柔送进每个人心里。

对 女 士 的 宽 容 ◆ MANSUÉTUDE POUR LA DAME

我最近遇到的一个关于宽容的小故事，发生在火车上。我坐在一位约七十岁但穿着“年轻”的女士对面。我有点恼火，因为必须要求她稍微推一下脚边的袋子，这样我才可以在自己脚边放下袋子。她照做了，但是非常勉强。不一会儿，她拿出一款漂亮的智能型手机，戴上耳机听音乐。显然，她耳边的音乐实在太大声了，因为连我都听得见从她耳机里活力十足地传出流行音乐的嘶吼。她搞来搞去想要调整音量，突然按错键，不听话的耳机就被弄成扩音模式，而且还是最大音量——这可好了，整个车厢都强迫中奖般听着震耳欲聋的音乐！她还是无法将音量调低，其他乘客都皱着眉头转头看她。真是令人怜悯（也有点令人讨厌）。

我什么也没说，只是灿烂微笑地示意帮助。我伸出手来，让她把手机交给我。其实我一点也不擅长摆弄这类电子玩意，但是我想应该会比她好一些。她略带尴尬地解释道，这是前一天才刚买的，还不清楚怎么正确使用。真是神奇恩典，我竟然一下子就找到了对的按钮！我将手机还给她，仍然什么也没说，带着灿烂的笑容。真是超级任务。整个旅程中，我都感受着她的感激和仰望之情（开玩笑的啦）。而且，她还腾出我们之间的空间，让我可以有位置舒舒服服地放脚。

对我的宽容 MANSUÉTUDE POUR MOI

我要请求读者们对我有点宽容之情：当我准备给出版社发送这本书的稿件时，发觉稿子还是十分不到位。自从写作以来，我清楚地知道，作者常常不是因为认为作品已达到绝对完整流畅、大功告成，才交出稿件的，而是因为交稿日期早已过了，或者写作的主题已经饱和，实在无法再添加任何有趣的内容了。我完全清楚这些，但是每次还是旧戏重演——要交稿的时候，所有的缺陷处处可见，醒目刺眼。这本“字典”也不例外。

谢谢所有读者，请原谅我。我多么希望能够重写，希望像我教学或治疗一样，可以自在地积极投入，解释清楚。但是，这样做大概又会掉入教学的缺陷中——不断地重复、一说再说、疲劳轰炸。在我看来，若是全部涂改掉，又会失去著作里的力量和清新感。所以，也只好保留下来了。我希望在宽容中，你能够了解我想要极力解说的苦心，而不是只注意到我粗糙的文笔。

咒语 MANTRAS

这个术语，意指保护心理的法力，源自梵文——manas 的意思是“心灵”，tra 的意思是“保护”，因此，咒语（mantra）就是保护心灵的方式。在积极心理学领域里，当我们跟自己讲话的时候，可以留意我们是用什么方式，即使有时候我们不会意识到这一点。因此，培养个人的咒语，如同友好勉慰的轻声细语一般，耳言悄诉，让自己不要太担心，不要气馁。

有一天早上，我正在家里困对工作，痛苦猛攻“待办事项”之际，紧抱着一个原则不放：“全力以赴，但是别忘记要快乐。”从那一刻起，每当感觉到压力和完美主义要掌控大脑的时候，我就会想起这句话，并且身体力行。

我的“货栈”里也存放着一些句子，像是“走路呼吸，总好过不断反刍思考”，用在头脑开始来回绕着无法解决的问题转圈子的时候。还有像是“没有尝试之前，永远不要放弃。一旦尽力了，也要给自己放弃的权利”。如果希望口号有效，当然必须真正实践，更要相信其中的意义。我们何不花点时间，静下心来安抚自己，真正倾听，并且与智慧同步……

马可·奥勒留 MARC AURÈLE

有时候，当我们读到一些哲学或心理学作品时，不禁会问作者是否真的能够让人信任。例如，作者本人是否实至名归？他是否力行了自己的主张？是否诚恳如一（这些也可能是你阅读这本书时会有的疑问）？然而，我读到了罗马皇帝及斯多噶派哲学家马可·奥勒留写的这句话：“无论死亡何时来临，都会看到快乐的我。”当时我却从来不会有这样的疑问。他在《沉思录》（Pensées）里的每一页，都是自己孜孜不倦的灵光，精益求精，在幅员广阔又受到侵略的罗马帝国黑暗时代里，大放光明。

栗子 MARRON

一个阳光明媚的九月天，早上八点半左右，光线仍然有些低斜，轻轻抚摸着栗树已经开始变黄的叶子。绿色混合着棕色，真是美极了。在这条无名又不起眼的小街上，我敞开胸怀用力呼吸这美丽的一切。我正赶往街道尽头的政府机关，赶赴一个事先就让我有些厌烦的约会。

突然，因为自己心不在焉、嘴角微笑地走着，没注意地面，一脚踩上一个闪闪发光又漂亮的栗子，那是一个刚刚从树上落下来出壳的栗子。那不完全圆整的形状，揭开了一段充满疯狂和意外弹起的小小进行曲。瞬间，就像普鲁斯特的玛德莲蛋糕[1]，一切又让我回到了童年的秋天。当时，我总是刻意踢着人行道上的栗子，试着不偏不倚一路直到学校。如果顺利达成使命，就是吉兆，表示我不会被叫上讲台，还会赢得许多弹珠，一切小学生的美事都会降临在我身上。但是，如果栗子跌落人行道下……糟了，糟了……

一切记忆重新出现——暑假期间学校走廊清冷的气味；墙壁反弹过来学童的嘈杂声；排列整齐的衣帽架；选择课桌，一个要度过一年的新地方；认识新老师、新书本和新科目的兴奋。过往的开学世界，在栗子每每疯狂的弹跳里爆开来了。我惊叹地停下脚步，还想再踢栗子一脚，看看是否一切都将重新开始。但是，我没有试，最好还是不要知道（万一不会重来一遍呢）。只要记住这几秒钟就够了。

马丁·路德·金 MARTIN LUTHER KING

1964年诺贝尔和平奖得主，是以非暴力方式捍卫美国黑人权益的马丁·路德·金。他鼓舞了黑人同胞坚持对抗各种形式的不公，使他成为一位特别引人瞩目的人物。

二十世纪五十年代（仿佛还像昨日一样，摇滚乐初期），美国种族隔离政策仍然很严重，尤其在南部各州。公共交通工具上，黑人必须让座给白人；黑人被禁止与白人共享同一所餐厅、厕所、泳池……每天都有对非裔美国人公开或潜伏的暴力行为。

马丁·路德·金出生于一个黑人资产阶级家庭，享有快乐的童年和幸福的家庭生活。他大可以等待历史列车将这些不公平载走，也可以像其他人那

① 马塞尔·普鲁斯特（Marcel Proust，1871—1922），二十世纪法国最伟大的小说家。长篇巨作《追忆似水年华》（À la recherche du temps perdu ）借超越时空概念的意识之流，交叉重现逝去的岁月，抒发对故人、往事的无限怀念和惆怅。在这部长篇巨著中，玛德莲蛋糕多次出现：玛德莲蛋糕混合在椴树茶中的味道使"叙述者——我"忆起自己的童年，因而成为马塞尔开始努力找回失去的时光并促成写作的催化剂。玛德莲蛋糕也因此成为唤起记忆的重要符号与象征物。

样，以暴力反抗。但是，他勇敢地站出来，以非暴力的智慧战斗，并且表明：“我拒绝服膺‘以眼还眼’的旧哲学，因为那会使所有的人都变得盲目。”马丁·路德·金一开始就抱持的非暴力政策，触及心理层面，也就是世界共通的层面：非暴力成为世界性的方针，亦是改变意识和人心的方法。

马丁·路德·金并不是超人，他也会犯错，也有恐惧和疑虑。然而，他是个真诚又务实的人，能够敞开自己的基督教信仰，接受甘地的理念，时时关注每一个日常行为的道德意义，保持公开言论和私人行为之间的一致。以下是 1968 年 4 月 3 日，他在被暗杀的前一晚所做的最后一次布道内容：“我不在乎现在会发生什么事，因为我已经爬到高山的顶峰。我不再忧心了。像所有人一样，我希望活得长久……但是，我现在一点也不担忧。我只想完成上帝的心念。他答应让我到达山顶。我环顾四周。我看见了人间乐土。我有可能无法与你们一起进入……今晚，我很快乐。我不再担忧任何事。我不怕任何人。”

唯物心理学 MATERIALISMEEN PSYCHOLOGIE

物质主义认为，所有事物都植根于物质与现实。在心理学上，所谓的物质主义就是将物质价值（例如权力、金钱、名利）摆在非物质价值（例如幸福、爱情、诚实）之上。物质主义一直都存在，只不过受到一些伟大宗教教诲的抗衡，约束欲望。然而，今天的物质主义却如火如荼，主导着思想与文化。这也让许多研究的主题转向关注现代超级消费社会所引起的心理伤害。

坚信以购买商品与服务作为获得幸福的最好方式，显然是个危险的错误。首先，就个人而言，所有购物行为都是臣服于享乐习惯。就群体来看，物质主义鼓动“模仿欲望”，不可抗拒地要求每个人不能与别人不一样。在物欲横流的社会里，在彰显占有的竞逐中（像是服装、汽车、屏幕等等），永远不能落后。例如，在物质主义推波助澜之下，中产阶级汲汲营营模仿富人，投入不必要的奢侈品竞逐中，使他们背弃幸福、渐行渐远——因为所有的数据都指出，过度工作让人不快乐，特别是为了非必要的物质占有而牺牲了家庭、朋友和休闲时间。

1980年，美国住家平均面积大约150平方米，2007年增加至215平方米，整整增长了45%，同期收入增长只有15%，而每户人数保持固定。在美国，同样的情况也印证在烧烤架尺寸平均销售价格上：在广告和模仿的怂恿下，烧烤架逐渐变得大而无当，并且昂贵。现今，经济原理越来越清楚地指出："有钱人炫耀买了3万欧元的手表、30万欧元的汽车、300万欧元的房子，并无不当之处；如此可以给穷人制造就业机会，也让中产阶级梦想有一天可以购买这一切；所有的人为此努力工作，促进经济运作，大家都能各得利益。"

这种以时尚为名，既不必要又多余的重复购买行为，如同中毒一般，对现代人类幸福而言实在极端危险。如何治愈呢？就是尽量少买！怎么少买呢？那就尽量少暴露在诱惑下！以踏青替代逛街，以修理、园艺、烹饪、运动、阅读等等代替漫无边际的网上购物。只需要几个月，保证有效。逛商店买东西，已经取代了我们之中许多人生活中的小确幸，要想戒除这样的习惯实在不容易，但也不是不可能——毕竟，奴隶（servage）和断除（sevrage）这两个词之间，只需要切换两个小小字母就行了。

心情不好 MAUVAISE HUMEUR

心情不好，多是由于愤怒，而非忧伤。因为事情不能照着我们所希望的方式进行，而对世界、人类、自然以及生命，抱持着不能停息的小小愤怒。我们还是可以继续生活行动（而不是抽离或者自陷于忧郁中），然而，就像在众人之间放了个小小定时炸弹似的。每个人都听过这句话："不要惹我。我满含着泪水。"心情不好时，比较恰当的说法应该是："不要惹我。我充满着怨恨。"

奖牌 MÉDAILLES

1992年巴塞罗那奥运会，研究人员拍摄了所有金牌、银牌和铜牌得主的面孔。然后，研究人员混合每项竞赛的金、银、铜牌的得主面孔，要求一些不热爱运动的志愿者，只依照运动员脸上的幸福表情来排名：以"1"代表看起来最快乐的人，以"3"代表看起来最不快乐的。如果我们的幸福全然取决于逻辑，那么金牌得主应该是最快乐的，渐次是银牌和铜牌得主。

事实证明，那些最快乐的面孔是金牌得主（这算合乎逻辑），但铜牌得主则仅次于此，银牌得主是笑容最弱的。因为，银牌得主是唯一置身于比较，而不在于品味得奖滋味的。不幸的是，我们也往往受困于比较之中，正如银牌得主一样，无法在成功的真正意义上判断，而总是在相对于别人的比较与自己的预期之中沉浮。这真是糟蹋幸福的可怕方式。

闲话 MÉDISANCE

同一票人闲扯，说着不在场的人一些真正存在或假想的缺点。说闲话是很糟糕的习惯，有时在当下可能觉得好玩愉快。说坏话是没有一点好处的，既不会使自己快乐（习惯翻看别人的生活垃圾，长此以往，只会让自己变糟），也不会改变话题人物（因为闲言闲语都是一些不想传回当事人耳朵里的话）。养成不说坏话的习惯——我们可以审查、可以判断，然后决定是否要直接告诉当事人那些不好的事情；或者不管这些闲言闲语，专注于自己的生活，以及一些比较有趣又令人欣喜的事情。

正念冥想和幸福

MÉDITATION DE PLEINE CONSCIENCE ET BONHEUR

长久以来，正念和主观安适（这是科学研究领域里谨慎赋予幸福的名称）之间的相关性，已经有许多描述和分析了。我们因此得知，只需要几个星期的冥想训练，就能改变大脑皮层的电活动，增加正面情绪的脑电波①。最近的研究继续探讨这两者之间的关联：参与者在间隔三个月的两次为期十二天的冥想静修后，主观安适与对照组相比显著增加。正念和积极心理学之间有许多相关的机制，而且也合乎逻辑。例如：正念可以增加日常愉悦时刻的心理参与。这是常常会被忽视的事，因为我们的注意力都集中于忧虑的事，或仅仅专注于追求目标。

尽量参与生活，重新体验那些被忽略的安适源泉。例如，停下来花点时间好好呼吸、仰望天空、聆听鸟叫、享受美食。正念就是以这种方式，帮助定期实践正念冥想的人拦阻享乐习惯。如果安适永远都出现在生命里，一旦心灵习惯了这种享乐的趋向，就会使我们无法品味安适的源泉。正念鼓励我们以鲜明常新的眼光，来看日常生活中所有的事物和细节，让我们学会珍视许多平凡的时刻。

正念也被证明能够阻止反刍思考，以限制随意蔓延的负面情绪，这也是有效预防抑郁症复发的主要行动机制之一。据了解，反刍思考会让患者承受双重的忧虑：一是因承受痛苦而忧虑，二是封闭的心灵无法体验生命的美好时光而忧虑（例如，家庭共度周末的时候，患者却不断担忧着自己的工作）。借由多种机制，正念可以帮助情绪自动调节。其中之一，是更有能力尽早检

① 即 Electro Encephalo Gram，简称 EEG，记录大脑活动时的电波变化。

测出情绪状态的变化，尽快采取适当的方式来关照自己。

正念能够扩大注意的焦点。力行正念的人实证，无论在痛苦还是一般的情境下，注意力的自然运作趋向于缩小集中，然而，定期的正念练习会打开并且扩大注意力的焦点，间接助长正面情绪——我们知道，广阔的注意力得以更灵敏地感知整体情况，而非只专注在细节上，因此有利于正面情绪。正念能够稳定关注。许多研究已经表明，注意力分散与负面情绪有极大的关联。

正念还可以改变与自我的关系，尤其有助于开发自我尊重的能力。这就是为什么积极心理学会对正念内观有这么强烈兴趣的原因！

愁绪 MÉLANCOLIE

维克多·雨果曾说："能够悲伤，是幸福的。"加缪也写道："回归己身。感觉自己的困境，会更爱自己。是的，也许这就是幸福对自己的不幸所抱持的怜悯之情。"当我们不快乐的时候，对自己的这种柔软怜悯，几乎深情的感觉，就是愁绪。它像酒一样，有时一饮而尽，能够抚慰我们，打开心灵。然而，过量饮用则会陷入深渊。

选择性记忆 MÉMOIRE SÉLECTIVE

我忘了是哪一位智者说的："学习把伤害写在沙地上，把欢乐刻在石头上。"你们知道吗？对我来说，这句忠告最重要的词是"学习"。我们可以学习这句忠告，并且不停地身体力行，从面对一些小痛苦开始（这样会比较容易），轻柔地告诉自己，一切都会过去的。即使还不怎么相信，即使还不能减轻自己的负担，还是要如此对自己说，就像父母安慰孩子一样。然而，当面对欢乐的时候，要告诉自己："永远不要忘了，不要忘记当下的欢乐。

用这一切幸福来充盈自己，大口咽下、津津品味，迎接这样的快乐进入身体的每一个细胞里面。”

谎言 MENSONGE

有一天，我接到一位读者写来的信，告诉我发生在他家里的一段小插曲，带给他默然隐秘的震撼。

读者提到他与孩子共进晚餐。两岁的儿子要他帮忙在自己的盘子里加一点盐。可是，因为他（理所当然地）认为，菜已经够咸了，况且平时孩子吃得太咸又过甜，于是他只作势假装加了一下盐。儿子不疑有他，高高兴兴地把菜吃光了，并且对爸爸报以笑容。读者告诉我，就在那一刻，自己感到了深深的悲伤，连带着阴郁又震撼的感觉，因为他嘲弄了儿子对他的信任。之后，他试着跟妻子谈起这件事情。但是，妻子不明白他为何如此小题大做。

我很喜欢这段小故事，我喜欢这些情绪。我认为，其中包含了人性所有的真相和困难：我们都有说谎的弱点，又有内疚的智慧。读者感到悲伤之情，是一件好事，但在下一个阶段一切才见真章——接下来，他该如何处理这样的悲伤之情？如果因此反复思忖自己身为父亲的无能，本来可以进步的机会就可能变成了自虐，甚至更悲伤。

但是，如果他接受自己的悲伤，像一位温柔的朋友对自己说：“你的态度是正确的，你所做的有道理。刚才你与儿子发生的事情并不寻常。没什么大不了，但也的确不寻常。给自己一点时间去感受、去反省，随着这一切呼吸——深深呼吸并且试着微笑。然后思索，下一回当儿子再跟你要盐的时候，你该怎么对他说？在这期间，学着接受所发生的一切，接受你所做的事情。你这样做是为了爱，即使有些笨拙，即使……也许有些不恰当。

“事情就是这样。不要忘记，但也不要自虐。在那一刻，你已经尽力而为了。

如果你接受了这次的内疚，你就能够慢慢改变。下一次，你会再一次尽全力做好——也许这个‘好’将会是真的好，也许不会是最好。到时候再看了……”

快乐套餐 ◆ MENU PLAISIR

有一天，从书店举办的书友会回程，在波尔多（Bordeaux）① 火车站，我买了一个三明治准备在路上吃。那天很幸运，服务员卡洛斯（他的名字印在收据上）告诉我，刚好有个促销活动，三明治加饮料只要 5.50 欧元，叫做“快乐套餐”。首先是这小小的文字游戏让我觉得好玩。随即，它却令我感到有些困惑（大概是一整天下来的疲惫所致）——并不是因为提供的食物不好，而是牵涉到“快乐”，又加上“微小”（menu）②，如此贬低且滥用词语，我们却都习以为常，不会察觉有什么不对劲了。难道这不是问题吗？这种广告和市场营销的坏习惯，无所不用其极地使用快乐、幸福、宁静等等，亵渎贩卖这些用语，又让人空有希望。我对自己说：“可是，你还不是一样？你的书不也是在讲这些事情吗？”接着又自问自答：“没错。可是，我是用四五百页的书来解释来龙去脉的。我是有所用心地使用这些语词。好吧，但也还是一样嘛！唉，这怎么会一样呢……”我无法再继续这样喋喋不休的内心对话，实在太累人了。我一边狼吞虎咽，一边看着高铁窗外掠过的风景。这两个动作安抚了我，并且减缓了脑子里的思潮乱涌。以后再想这些事情吧，现在，是大脑该休息的时候了。

---

① 法国西南的港口城市，靠近欧洲大西洋海岸，以盛产优质葡萄酒享誉世界。

② 法文 menu 有“微小、微不足道”之意，也有“套餐”之意。这就是作者提到“文字游戏”的原因。

谢谢妈妈 《MERCI MAMAN》

有一次，我在《世界报》（Le Monde）上读到一篇法兰丝瓦兹·朵尔托[①]女儿的专访。其中提到的一段轶事，让我很开心。有天，她被问到："一直活在自己母亲的阴影下，您不觉得烦吗？"她回答说："真是有趣，我倒觉得自己好像一直活在她的光辉里。"有时候，与其觉得被自己亏欠的人压倒在地，倒不如欢欣鼓舞起来。这就是所谓的感恩之情。

衡量幸福 MESURER LE BONHEUR

一般来说，有两种方法来评估幸福，以及与幸福相关的正面情绪。

第一种是最常见，也最常被使用的方法，就是借由一些复杂度不一的问卷，直接询问当事人所感受到的情绪强度或性质。这个方法很可靠，也合乎逻辑。毕竟，还有谁比本人更能够感受自己是否幸福呢？问卷调查也有缺点，主要是这类型的数据通常都是回顾性的记录；如果是在情绪出现的当下进行（例如参加实验室的经验），那是可靠的，因为评估的是当下的感觉。

然而，如果问卷涵盖的时间周期较长，或已经有些远离事件本身（像是"您那一天的幸福水平如何？"），就会趋于失真，因为记忆可能会有缺陷，也可能遗忘或扭曲。此外，填写问卷调查当下的情绪状态，也可能左右情绪记忆的评估。

为了厘清这个问题，衍生了经验采样技术来进行"情感调查"。志愿者将配备一种振铃装置（今日最常见的是手机上的应用程序），每日随机响

---

① 法兰丝瓦兹·朵尔托（Françoise Dolto，1908—1988），法国家喻户晓的小儿科医生、儿童教育家、儿童精神分析大师。她与拉康共同建立了巴黎弗洛伊德学派，将精神分析推向了童年。一生致力于儿童教育，及帮助父母教养、理解孩子；出版了几十部专著，并在法国广播电台开设了儿童教育节目，以谈话的形式深入而有系统地解答有关儿童教育的问题。

起数次。每次铃响时，就得记录当时的情绪状态以及其他数据。通常，记录的信息包括正在做的事情、当下的注意力程度，以及对当下进行的事情的重视程度。例如，你正在经历某个经验，手机开始振动起来，你必须提供三项数据：一、现在感觉如何？由数值“-5”（不好、不开心、不幸福），到数值“+5”（非常好、很开心、很幸福）。二、正在做什么？（例如“我在看一本书”）。三、是否专心于正在做的事情？由数值“-5”（“没有、不专心、其实我在想别的东西”），到数值“+5”（“是的、完全专心、完全置身其中”）。在足够长的一段时间内观察了很多人之后，就可得出大量数据。

我们发现了一些有趣的现象，常常出人意料。例如，有些活动在（问卷调查）当下，并不一定能给人带来太大乐趣，但是仍然可以留下美好的回忆——我们可能会在事后赋予事件意义，或美化回忆。另外，我已经提到过的是：如果不专心致志，即使是做一些理论上会使我们愉快的活动，也无法让我们感受到正面情绪。

天气 ◆ MÉTÉO

天气，对我们的情绪会有什么影响呢？大多数的科学研究结果，与我们的直觉不谋而合：阳光，还是多少有益于安适的。这里指的是阳光，未必是温度。我们注意到，天气好的时候，医院精神科急诊室里的病人会少些，而助人的行为会多些；在街上，会有比较多微笑的响应，人们比较会给小费，比较愿意载搭顺风车的人。另外有研究报告似乎显示，天气因素通常对生命的满意度少有重要的影响，因为世间存在各种不同类型的人，有些人属“气象敏感”型，有些人则对气象没什么感觉。

面对气候变化，大致上可分为四类族群：第一类是对天气毫无感觉的人；

第二类是喜爱夏天的人，只要在阳光和高温下就会感觉良好；第三类是害怕夏天的人，是受不了太阳太大、天气太热的人；第四类，怕下雨的人，一下雨心情就会变坏。说这些有什么用呢？我们又不能改变天气……

其实，这么分类是为了更了解自己情绪波动，以采取相应的措施：如果因为天气而心情不好，有可能会一辈子都因故而踌躇反思。一旦理解了这点，就可以说："好吧，你知道自己为什么脾气暴躁了吧？不要再推波助澜，也不要再批评自己的生活了。做你应该做的事，等太阳出来再说。就这样。"这些影响，都没什么大不了的，只需要有另外一个有利的事件，就能扭转情势；在天气阴沉的时候，给自己一些找寻小乐趣的动机吧！

地铁 MÉTRO

有一天，地铁里很多人。我站着，与玻璃门上自己的倒影面面相觑。既然没事可做，就看着自己，好好地端详一番吧。

结果，只见到一张要死不活的臭脸。也没什么特别的理由——当然，那天天气很热，上班的路上人很多，而且几乎所有乘客都是同样哭丧着脸。然而，即使如此，我有什么理由带着这张臭脸吗？没有，没有任何理由！我的生活几乎一切顺利，没有真正让人担忧的事。所以呢？实在没什么理由摆张臭脸。

于是，我开始想起所有关于微笑的研究，细数微笑对自己和他人的好处。我慢慢提起自己的颧骨，悄悄换上一副微笑的脸。没有太大动作，免得吓坏了邻座的乘客。只是安静地微笑着，眼睛放空，像在想着放假，想着自己所爱的人，或者想些愉快的事。就这样，只是为了让自己感觉好些，也算是贡献一点力量稍微改善地铁车厢里的气氛！

你们可能不会相信，但是这一刻对我来说，是个奠基的时刻——我想，自从这次想要将自己小小的微笑作为基本的表情之后，我感觉好多了。而且奇妙的是，大街上许多陌生人都跟我打招呼了！

对准积极点 MISE AU POINT POSITIVE

你们还记得，我在这本书的序言里所说的那个发生在餐厅的故事吗？叫老板出来并夸赞老板的那位先生……我们为什么不更频繁地做这样的事情呢？一般来说，当客人要跟老板讲话，几乎都是为了抱怨，而不是为了道谢。就像上司突然召开小组会议一样，或者像父母要自家青少年来“调整”一下时，很少是为了表示自己很满意，或赞赏一切进行得很顺利。“对准积极点”，应该会令人印象非常深刻；相较于只针对负面点，“对准积极点”可能更有激励效果。

模范与反模范 MODÈLES ET CONTRE-MODÈLES

模仿楷模，是最有效的学习方式之一，特别是生命过程中幸福能力的培养。

当我们还是小孩的时候，我们的模仿对象是父母、老师、朋友。尤其是我们的父母，不仅仅只是因为与他们共处的时间最长，也因为他们所代表的象征的重要性。当然，我们从父母身上学到的幸福，并不是来自他们的建议，而是来自他们的行为，以及个人应对人事物的态度。我们不是听从模范，而是模仿模范。

我们之中有些幸运儿，能有机会与快乐的父母一起生活。借由日常生活中所有大大小小的接触，看着父母如何把握美好时光，以及如何面对与处置不好的事情，从中了解什么是幸福的生活。

有些人则伴随在不知该如何才能幸福的父母身边长大（可能因为父母的

童年过于辛苦）。小时候，我们很难了解父母在幸福方面所犯的错误，因为在不幸的习惯中总有一些逻辑性的惯性。这惯性就是本末倒置，也就是不优先寻求和把握幸福，而是选择在充满敌意的世界里苟活，把注意力和精力都集中在这唯一的目标上。长大以后，我们明白父母走错了路，特别是当我们发现了其他可能的途径时。父母因此成了反模范——我们仍旧爱他们，但是不愿意像他们一样。

现代 MODERNITÉ

儒勒·列那尔完全理解："汽车太快了。这么多美丽的风景，都无法停下来欣赏！处处徒留遗憾。"他还写道："不久的将来，地球上的马会像长颈鹿一样令人称奇。"我忘记了在哪里读过一位美国作家的评论："高速公路可以让我们视而不见地，从东到西穿越整个国家。"现代化提供给我们的机会，由于误用而威胁到我们的幸福；我们总是不疑有他，因为它令人喜悦兴奋，但这也就是它误导我们的方式。

我 MOI

我一点也不擅长幸福，总是缺少窍门。从小我并没有学到，因为我的父母也不擅长幸福，他们的童年过得并不容易。因此，他们必须以其他的事情为优先，保证一家人物质无虞；幸福如果会来，那就以后再来。结果，长久以来我一直也以同样的方式思维，认为幸福能力是与生俱来的，内心深处甚至以为幸福是一种错觉、一种错误的评估，觉得快乐的人都是幼稚又不负责任的。或者说，快乐只是在两个担忧之间的一个喘息地带罢了。然而，我终于知道，幸福是可以学习的。所以，我就像过去在学校一样，努力学习；我是个好学生，功课很好，进步甚多。

毫无疑问，我很幸运能够遇见一些对我有益的人，比如遇见一些好老师，让我很想聆听他们的教诲，以及观察他们做人做事的态度。虽然我与幸福的故事既平庸又普通，却让我更亲近人性及我的病人。我理解他们对幸福的渴望、置身幸福的困难、恐惧一旦抵达幸福就快乐不再：我其实也跟他们一样！

完美时刻　MOMENT PARFAIT

一个秋天的早晨，一大清早（六点半），我们和二女儿在厨房里吃早餐。外面一片漆黑。这么早，有时候我们还半睡半醒的，谈话也很简略。但是，有的时候的确也可以热烈讨论事情，就像这一天。

“爸爸，昨天我经历了一段完美的时刻！”

“哇，好棒，是什么啊？”

“嗯，我跟朋友从学校出来，到了一家很棒很棒又一点也不贵的餐厅（每星期有一天，她中午有两个小时的休息时间，我们允许她可以不在学校餐厅吃饭）。置身餐盘前面，我突然感觉好像灵魂正在出窍一样，从身体释出，看着发生在自己身上的事情：我在餐厅里面，温暖干爽，而外面却凄风寒雨。所有朋友都围绕在我周围，我们享用可口的食物。更棒的是，店里重复播放着刚斯布（Gainsbourg，这是女儿最喜欢的歌手）的歌曲。真是太太太炫了！”

“这是幸福？”

“对。纯粹的幸福！然而，好景不长，因为之后还是不得不回到学校，下午的课程真是紧凑！但是，那片刻的感觉真是有趣，觉得既在自己身体里面，又在外面。”

我们于是也谈起一些幸福的理论，例如“幸福就像意识到生命里愉快的时光”之类的，但是也没有聊太久，因为必须抓紧时间穿衣刷牙。但是，我很高兴听到女儿告诉我这段美好时光的片刻升华。细细品味别人的幸福，其实也是一种快乐。

山 ◆ MONTAGNE

我很喜欢天主教思想家德日进[①]以登山者的形象来比喻对幸福的追求（德日进用了一个可爱又过时的字眼，“远足者”）。大家才刚刚开始爬坡，第一组成员（疲累的悲观主义者）马上放弃并且返回避难小屋，因为太累又充满不确定性。重点是：干吗要流汗爬山呢？第二组成员（乐天随和、享乐至上者）爬到一半就停止了，觉得地方还不错，风景也美丽，为什么不就此打住呢？第三组成员是德日进最青睐的人（称之为“积极热情”者），则继续努力直到山顶。他们会因为自己的努力和成果，而得到双重的喜悦。德日进命名这三种快乐，分别为：安稳、快乐和发挥。无疑地，我们始终周旋在这三者之间。

孟德斯鸠 ◆ MONTESQUIEU[②]

以下看看孟德斯鸠在《自画像》（Portrait）里如何描述自己：“每天早晨，我带着秘密的喜悦醒来，看到狂喜的光芒，之后一整天我都会很高兴。我睡倒就能一觉到天明。晚上临睡之前，一种麻木的感觉让我不思考。”有些人还真是幸运……

① 德日进（Pierre Teilhard de Chardin，1881—1955），法国思想家，神学家，古生物学家，天主教耶稣会士。德日进在中国工作多年，是中国旧石器时代考古学的开拓者和奠基人之一。

② 孟德斯鸠（Charles de Secondat， Baron de Montesquieu，1689—1755），法国启蒙思想家，社会学家，是西方国家学说和法学理论的奠基人。

道德 ◆ MORALE

哲学家尚福[①]说："享乐并且使他人享乐，不伤害自己也不伤害任何人，这就是我所信仰的道德。"这肯定是幸福的最低道德标准，让自己开心、不妨碍其他任何人。我们甚至可以做得更多一些：让自己快乐，也让别人快乐。这并不真的那么困难，而且其实很有趣，也很有效，即使是对自己做的一些小确幸。

幸福的碎片 ◆ MORCEAUX DE BONHEUR

"天堂不存在于地球上；残留在地球上的，只是一些天堂的碎片。人世间存在着的，是破碎的天堂。"（摘自儒勒·列那尔《日记》中写在1896年12月28日的文字）。与其为破碎的天堂哭泣，不如捡起碎片，好好欣赏。

死亡 ◆ MORT

克里斯提昂·博班提醒我们："死亡有许多美德，主要是觉醒的美德，把我们带回到最主要、最在意的事情上。"我们最在意的事情，就是生命、幸福和爱。死亡，让一个人永远闭上眼睛，却让围绕在场的所有其他人睁开双眼。幸福和死亡，有密不可分的联系。如果我们不花些时间来思考、接触死亡，或者至少思考死亡的概念，而只是试图以积极心理学来推理幸福，那是荒谬无用的。这里要谈的不是抽象的见解，亦不是一般的概念，而是具体且个人化的想法——我们的死亡，以及我们所爱之人的死亡。

---

① 尚福（Nicolas de Chamfort，1741—1794），十八世纪法国道德伦理学家、诗人、记者，一度同情法国大革命，但不满其恐怖手段，最后自杀。

没有人能够提出比皮耶·得波捷[①]更好的问题，让身为人类的我们来解决：“等待死亡的时候，就让我们快乐地生活吧。”对此，悲观者认为：“有什么好努力让自己幸福的？因为我们都终将会死。”乐观主义者则说：“就是因为这样，倘若不在死前曾经幸福过，岂不是太愚蠢了？”但是，清醒的幸福，能够使我们与世界联结，当不幸袭击时，不至于瞠目惊讶、不敢置信。这样的幸福，必须曾经与死亡轻轻擦身而过；并且，经常如此。

幸福之终结 ◆ MORT DU BONHEUR

我给一位刚刚失去孩子的朋友留下讯息，想知道他近况如何。他简短地回答：“我尽可能过好，我们尽可能过好。从来不曾如此忙碌工作，不失为处理的方法。正如我外婆所说的，幸福终究会停止。就是这样。拥抱你。”

我愕然面对这封短笺。完全改变他生命的悲剧，也突然闯入我舒适又微不足道的寻常日子里，迫使我停下来思考和感觉。

幸福终究会停止……的确，我们都知道这个道理；冷静地说出这句话，似乎也理所当然。然而，在这种情况下由他说出，这句话突然之间扛起了奇妙的重量，耐人深思。实在不需要说什么陈词滥调或不关痛痒的话了。这就是一个悲惨的事实，唯一能做的，就是逆来顺受。接下来的几个星期，我经常在早上静坐的时候，想起这位朋友。我不知道这样是否能够帮助到他，但好像应该这么做，才能让我默然隐秘地，和他潜浸在一起。

---

① 皮耶·得波捷（Pierre Desproges，1939—1988），法国著名幽默家，以黑色幽默、挑战常规著称。做过保险推销、赛马预报、聚苯乙烯加工厂的商务经理，1970 年后成为一位笔锋尖刻、令人生畏的作家。其名言：“人们可以对一切开玩笑，但不是当着任何人的面都可以开玩笑。”

莫斯科 ◆ MOSCOU

有一天，我在莫斯科做了一场关于幸福的讲座。我感觉到听众们有礼有节地困惑无措。到了问答的时刻，我一辈子都记得遇到的第一个问题，那是由一位女士提出来的："对想要自杀的人，我们应该说什么，让他打消自杀的念头呢？"我已经忘了自己是怎么回答的。但是，我不会忘记自己的惊讶。没想到一个钟头关于幸福的讲演之后，提出来的第一个问题，竟然是自杀！

五年后死亡 ◆ MOURIR DANS CINQ ANS

"如果你明天就死了，你会做些什么？"看起来不怎么样的一句话，其实是很好的积极心理学练习。这句话鼓励我们自问，什么才是对自己真正重要的？想要和谁共度最后的时刻？最后的一刻，会想要做些什么事情呢？但是，只有一天，这未免太短，也太不实际了。总之，非常不符合现实。如果只剩下一天，选择的限制和缺憾就会显得无足轻重——不需要给任何人交代，也不需要做任何解释。因为，实在没有时间可以浪费了！

不过，若是五年后死亡，似乎就好多了！这让我们不得不比较认真且深入地想想对自己重要的问题，促使我们思考，并且真正去做出一些实际的改变，而不只是空想。五年的限期，不会让我们放下一切冲去享受最后一刻的快乐；而是，从今天开始具体实践更美好的日常生活。我们基本上还是过着同样的生活，但是变得更有智慧。因为，预示了即将到来的死亡，即使不是明天，也像是后天就要到来一样。

是的，预想一下五年后自己可能就死了。乍看之下，这虽然不能算是顶好的办法，然而也不失为好主意，能够让自己活得更快乐。至少，我不会再等个五年才行动！

小胡子 ◆ MOUSTACHE

有时，无意间读到的几行字，会远远超出作者原先可以想象的，令我们陷入狂喜。有一天，我浏览一本美国作者鼓励人们减少工作的书。很有见地，但也恼人——大致上，作者解释着如何让别人代劳，完成那些无利又次要的任务，而让自己能够专注于有利可图的工作。这些论点使我不太自在，不过这是另一回事。总之，阅览这本书让我的情绪有些喜忧参半。

然而，就在作者谈到他的一位同事时，我突然像发现珍宝似的。他写道："我很喜欢弗德曼（Friedman）。虽然我从来没有真正理解，他为什么决定留胡子。"一段有趣的句子道尽了某种想法：不要只因为某个细节而去评断他人，而应该抱持着谨慎的态度。仅仅因为这一点就让我高兴了，至少没有枉读这本书。

自然

NATURE

a b c d e f g h i j k l m N o p q r s t u v w x y z

漫步在森林、水涯、山巅，每天赞叹天空和远方。

好好爱护地球：它永远都属于你。

有一天，你会再回来的。

大自然 NATURE

与大自然接触，能使我们快乐，心旷神怡。因此，医学界也开始谈论起“维生素 V”，V 就是绿色（vert）。大自然，是人类心理和生理健康不可或缺的源泉。不仅因为大自然提供我们食物和药草，而且，大自然的存在对我们而言就是“疗愈”。

这方面的研究，起于建筑师及研究员罗杰·乌里希（Roger Ulrich）1984 年发表于著名杂志《科学》（Science）的一篇重要研究报告，为许多将来的研究开辟了新的道路。例如，他提到，住在一间俯瞰公园的病房，可以让手术住院的患者加速复原。从此以后，这一类型的数据被广泛利用与确认，即是肯定了，与大自然接触有益于临床治疗（例如增加幸福感、减少因压力所引起的症状等等），并且有益于生物治疗（例如降低由于压力、血压或心率所引起的血液皮质醇）。在城市里，住在绿地如各大小公园附近的居民，比城市里其他地区的居民来得健康。即使只以意象或绿色植物代替大自然，也有让人心领神会的效果，更不用说持续浸淫于“真实”的大自然里了。

许多研究证实日本人称之为“Shinrin-YOKU”，意为森林浴（就像日光浴）的疗效。森林散步，能够带来多重生理和心理的好处。例如，两天的步行能有效改善免疫系统，效果长达约一个月。周末在树林里好好散步，可以对抗感冒以及其他原因引起的着凉长达四星期。

这很有趣，对吧？这些影响并不全然来自散步（即使我们知道散步有益健康）——同样是散步，在森林或城市，效果是不一样的。因此，有了一些假设：大自然和绿地带来的具体好处，是不是因为大自然让人置身于一个没有视觉、气味以及噪音冲击，而且安静与和谐的环境里呢？各种研究显示，经历了复杂与不断要求完美的工作之后，与大自然接触有利于恢复脑力，并且可以提高警觉性、注意力和记忆力等等。浸淫于大自然，确实可以满足物种进化遗留给我们的古老需求（绿环境一直都是水和食物的来源）。虽然我们没意识到，但我们的大脑对生物的多样性相当敏感。有一些这样的间接证据：在自然中，我们的身体健康状况是与植物及鸟鸣种类成正比的！这是有道理的，因为我们保留着古老又无意识的记忆，知道丰富性或多样性有利于获取资源。

总之，亚里士多德所倡导的“遵循自然”（sequinaturam），是真正的安适疗愈，不管是在实验室里还是在体内，都是可以印证的！但是，如果我们知道，减少接触自然是大多数地球人的命运，科学印证难道不会造成一些问题？ 2010 年，每两个人之中就有一个住在城市，而且这个数字还在不断增加。今日，80% 的西方人花在屏幕前的时间，比花在大自然里的时间来得多［屏幕时间（screen time）与绿色时间（green time）的对抗］。

因此，对公共卫生专家来说，重新审视古人“大自然的疗愈力量”，是医学上的迫切任务，也攸关环保智慧。或许，我们可以重读梭罗的日记：“没有人能够想象与周围大自然的对话，对健康状况或者疾病会有多么重大的影响。”所以，即使是住在城市里，最好还是能够经常到住家附近的公园走路或冥想（尽量不要在尖峰时段），让鸟鸣声取代汽车的噪音。也可以报名参加健行俱乐部，即使每个月只走一天，也是有效的。

忽略幸福 NÉGLIGER LE BONHEUR

我好像明白了，为什么有些人不为幸福做任何努力。这并不是说他们轻视或低估幸福的重要性。而是，他们认为幸福可以“自求多福”，不需要他们努力。在他们眼里，需要操心的是忧虑。反观那些小确幸，总会自动自发，倘若它要来的话，自己就会来，否则就算了。总之，应该先操心的是忧虑！

这当然是错误的。幸福确实是可以自行“达成任务”，不需要我们，也不需要我们的努力。但是，如果这么想，就不要再抱怨为什么自己无法常保快乐！否则，就像个只会抱怨花园一塌糊涂，却从来不照顾自己的花园的园丁。

不要断定 ◆ NE PAS JUGER

有一天在街上，我看到一位衣衫褴褛的男子，简直像个游民，正专心读着房屋中介橱窗里的广告。我的心里立即升起了一股同情和悲伤——此刻，像他这样买不起也租不起这家店里任何商品的一个人，正在想象并且体验什么呢？随即，其他一些场景浮现在我的脑海中，我不禁自问：老兄，为什么你就如此想当然呢？你又如何真的知道这位先生的情况呢？说不定他比你有钱多了，穿成这样只是为了标新立异？说不定他正想卖掉自己众多房产中的一幢呢？或者，他只是看看价钱，想租个房子？甚或，他一点也不富有，但是一点也不在乎，此刻既不觉得困扰，更没有觊觎。他或许只是好奇：“人们到底愿意付出多少钱，来买一幢公寓或房子呢？到底愿意放弃多少自由来投入多年的房债呢？我一点也不希望像这些人一样！”

说不定，他正在跟自己这么说着呢！也许，我不应该对他感到同情，而应该钦佩才是。我继续胡思乱想，走到了街道的尽头，转身一看，他还兴致勃勃地站在橱窗前面。我有些依依不舍，留下他神秘的面纱。同时，也感谢他让我做了一个小小的积极心理学练习——逮住自己正以刻板印象思维事情的时刻，意识到自己的想法，打开心灵，不再贴标签在这位先生身上。连带得到的奖励就是，片刻的感恩。

神经可塑性 ◆ NEUROPLASTICITÉ

神经可塑性，是近年来关于脑功能方面研究令人欣慰的发现；这些成果颠覆了许久以来的成见，点醒了我们，大脑是有可塑性的。我们的一生中，人体的构造和功能包括大脑，是可以进化和改变的。不仅是我们经历的事件正在塑造大脑，我们平日的努力和实践，也让大脑有了进化或改变。许多研究表明，通过心理治疗、冥想以及积极心理学，我们可以改变大脑功能，与药物一样有效（尽管前者速度较慢）。

禅傻瓜 ◆ NIGAUDS ZEN

我常常害怕错过火车，害怕会在最后一秒钟才搭上火车。有时候，确实遇到了没搭上火车的情形。然而，我却还没遇过忘了下车的情形！这是我最近才刚经历的全新体验……我与三位朋友前往布卢瓦城（Blois）附近的一所禅修中心，主持冥想研讨会。我们四个人都十分热爱这次的讨论主题，兴致高昂地互相讨论着。间或，我们会沉寂下来，看着窗外飞逝而过的美景。总之，就是在一种沉稳专注、宁静、缓慢以及禅的气氛下……火车即将抵达目的地，一个叫翁赞（Onzain）的小站时，四个人当然都听到了查票员的广播。于是悠悠起身，充满平静、禅和正念，慢条斯理地拿好自己的行李，静静地走出包厢，走向列车出口。

就在我们还没来得及下车时，列车悄然启动了。是的，没错。如果每站都得足足停靠五分钟的话，那就不叫列车，而是蜿蜒曲驶的小火车了。列车顶多停靠一分钟，就重新出发了！呆若木鸡，我们四个“禅傻瓜”，就往下一站去了……有点尴尬，又有点好玩。随后，到了下一站我们应该做的就是——下车动作要快一点！然后只好等候反方向的下一班列车。结果，我们整整迟到了两个小时，其实也没有什么太严重的。仅仅一个值得思考一下的小小教训……意想不到吧，冷静、禅、正念，这一切都充满了好处，但也还是会有一些缺点的。否则，就不好玩了。

涅 槃 ◆ NIRVANA

就像“禅”这个字一样，“涅槃”一词在西方是用来形容一种置身于天堂般的狂喜，比如我们会赞叹道：“这真是涅槃！”在佛教里，情况则比较复杂一些。涅槃，是指停留在一个令人羡慕的状态。因为涅槃意味着终止一切形式的苦难，是所有人世的执着以及轮回（即出生、重生，以及返回痛苦）的最终解体。涅槃的字源，使人联想起寂灭、宽慰与解脱。我认为，这好像跟我们的幸福观离得很远。但说起来也还是挺有趣的——我的生活中，似乎是在冥想的片刻，方能理解、感受到涅槃。在这些时候，我们会感觉到意识的自我以及障碍正在解体，因此能够感受到与周遭的一切饱和亲近、合而为一。我们与世界之间，只有紧密联结，不再有障碍。没有欣喜若狂，只是广袤无边的舒缓。

非 暴 力 ◆ NON-VIOLENCE

在社会观念里，非暴力是积极心理学关注的焦点：如何能够不仅增加个人的福祉，也增加群体的幸福呢？并且，不放弃行动。依据马丁·路德·金所说：“真正的和平，并非不抵抗邪恶，而是非暴力反对邪恶……这既不是屈服，也不是放弃。非暴力，不是视情况而定的权宜策略，而是人类怀抱的一种生活方式，只因为非暴力是道德良知。”它代表的是，面对冲突或不公平时一种应有的态度和反应，冷静而坚定地说：“我不接受。”所以非暴力需要勇气（敢于站出来说话）、需要洞察的能力（面对伤害我们的人，不要被报复的欲望所蒙蔽），以及自我控制（面对不公平而愤怒，是人之常情）。

除此之外，非暴力还需要智慧和同情，才能对事不对人。那些不公平、争强好斗又暴力的人，是自己的受害者。他们没有自由，禁锢于自己的出身、偏见以及过去。但是，也不要因此就容忍侵略抑或不公平——只要这些不公不义敢越出雷池一步，就必须大力反对。这也让我们能够不去责怪实行暴行或恶语之人——因为，以非暴力反抗这些人，是持续改变他们的唯一途径。非暴力，也被认为是冲突后的重建方法。

在每一个社会，每个人的生命里，冲突不可避免，甚至是必要的。然而，和平也是必要的。如何在冲突之后让和平回来呢？比起其他任何方法，非暴力让和平成为可能——不放弃对抗，并且在争斗中，永远不忘记抱持着人性的尊严。非暴力也有助于宽恕、和解，以及日后的联合行动。总之，要想想冲突之后该如何处置。

怀旧 ◆ NOSTALGIE

怀旧，是一种微妙的心绪，连接到过去的召唤，在那里快乐和不快乐和谐混合着——感觉有幸能够活在当下，也忧伤地了解这一刻终将过去。长久以来，我们总是认为怀旧之情不是好事，这种悲伤又忧郁的形式可能衍生问题。然而，最近的研究则倾向于为怀旧之情平反。事实上，怀旧似乎属于正面情绪的领域。

对于大多数人来说，在情绪的处理（想起美好的回忆）、自我形象以及自我价值感的建立（许多怀旧记忆与超越困难有关）上，怀旧都能够启动愉悦的感觉。怀旧，也可以使人感觉不那么孤独，因为回忆中尽是社会关系。倾向于怀旧的人，会感到与他人连接比较紧密，在遭受打击时，能够更有信心得到支持。怀旧，在个人的身份意义上，也扮演着重要的角色，在过去和现在之间建立连续感。当代有关怀旧的研究显示，怀旧回忆往往比“单纯的”幸福回忆来得更切实微妙。但是，也要善加使用才行！正如积极心理学的某些策略一样，怀旧有可能让意志消沉的人陷入更糟的情境——一味要求他们勾起美好的回忆，有时会让他们更难过。

食物 ◆ NOURRITURE

食物，是快乐的重要来源。例如，《圣经》早就已经告诉我们：“你只管去欢欢喜喜吃你的饭，心中快乐喝你的酒……”（《传道书》9：7）。当我们肚子饿的时候，进食就是一种单纯的快乐。然而，我们有点丧失了这样的乐趣，因为，我们经常坐到饭桌前用餐，只是因为时间到了，而不是因为饥饿。充满正念享用食物，带来幸福，那是超越单纯的快乐。还有，食物让我们感觉与其他人连接在一起，比如想到那些种植水果蔬菜的人、制酒的人或者揉面包的人。我们经常提醒病人重新连接上食物的这种力量：偶尔自己一人进食，慢慢咀嚼，意识到食物的味道，以及所有让食物来到我们面前的恩典。

浮云 ◆ NUAGES

我们常常将忧虑比作浮云，显然有别于蓝天。但是，我们也可以像诗人克里斯提昂·博班那样，以另外一种眼光来看云：“每天走出家门时，我都会欣赏那些满怀信心的浮云。我欣赏它们坦率不懈地飘浮在我们的头上，好像永远储存着善良，大于邪恶。”

露宿街头 NUIT DEHORS

一位朋友告诉我，有一天他搞丢了钥匙，而且是在深夜一点钟聚会结束后回到家门口，才发现钥匙掉了。这位朋友是刚到法国的老外，没有家人在法国。他一想到这么晚去打扰刚刚才认识的朋友，委实有些尴尬。但是，他也没钱去住旅馆或找锁匠，因此决定露宿街头，等到第二天再去租房中介公司拿一组备用钥匙。起先，他还觉得这样的经验蛮有趣的，但是很快就意识到，这样的情节只有在书里读到时才会觉得好玩——因为，即使已经春天了，夜晚还是很冷，而路上多是醉酒、吸毒或混日子的人。夜晚的街头，实在让人觉得度日如年。

一段日子以后，当他向我叙说那一夜的经历时，他说："倘使，我们没有什么真正的理由，就觉得生活不快乐，只要经历过在外流荡一夜的体验，就足可让我们重新珍惜自己所拥有的！"露宿街头，确实是个很好的练习，用来对治那些享乐的惯性，可以让平庸的生活又变得神奇无比——拥有一间卧室、一张床、一管淋浴、干净的厕所和衣服……

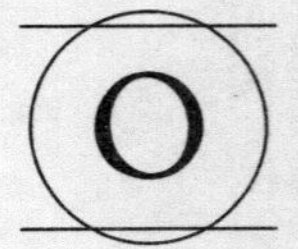

开放

OUVERTURE

a b c d e f g h i j k l m n O p q r s t u v w x y z

看看四周，不要只关注自己的问题。

打开灵魂和眼睛，让自己的心呼吸得更顺畅。

被迫呼吸 OBLIGÉS DE RESPIRER

“人类终其一生都不会停止的两个动作，就是呼吸和思想。事实上，我们有能力闭气的时间，比能够停止思想的时间长。细想起来，没有能力停止思想、不能中断思考，还真是一个可怕的约束。”当哲学家乔治·史坦纳①讲到呼吸的必要时，点明了可怕的生物义务。恐惧停止呼吸以及窒息死亡，是经常可以在焦虑者身上见到的。这样的恐惧，是介于抽象形而上的恐惧和具体疑病症（这种人连细微的呼吸变化都要审慎观察）的恐惧之间。

然而，正如许多制约一样，这个限制也给我们提供了发挥的余地。并且，矛盾的是，它也是一种解放，可以让我们意识到自己的脆弱。这是一件好事，因为它使我们在前进的时候，变得更尊重周遭的世界，而不是粉碎或奴役这个世界。而且，它让我们转向关注呼吸所带来的美好。无疑，这是我们可以给自己带来的最大安抚。

幸福的攻击 OFFENSE DU BONHEUR

幸福，是可以伤害那些不幸者的。因为其中的反差，别人的幸福让他们感受到自己的不幸变得更强烈，并且让他们觉得更加孤独。有时候，他们也会觉得自己的幸福甚至来得不太恰当（例如在丧礼的场合）。因此，韧性与幸福之间有许多密切攸关的地方。韧性，不只在暴力、苦难、打击来临的时候，支撑着我们存活下来；韧性，也能够重新赋予我们幸福的权利，并且看

---

① 乔治·史坦纳（George Steiner，1929—）。出生于巴黎的犹太裔学者，当代知名的文学批评家及翻译理论大师，并以研究犹太大屠杀和西方文化之关系闻名。曾在耶鲁、剑桥及哈佛等大学担任教职，毕生著作等身，探讨议题涵盖哲学、语言、文学经典以及阅读方法，并启发了对大众文化的研究。

见围绕在我们四周的幸福。

安适的拟声词 ◆ ONOMATOPÉES DU BIEN-ÊTRE

实在很难用言语来贴切形容安适的感觉，因而，它常常是借由拟声词来表达。“啊……”是松了一口气的叹息，例如，当等待已久的事情终于到来，让人十分开心的时候（在一场无聊的饭局里，好菜终于上桌）。或者是畅快的“嗯……”，就在这一刻，强烈品味自己的幸运，能够身在当下、能够拥有如此的生活。还有羡慕的“哦……”、放松的“呼……”。当然，一定还有其他的各种拟声词。

乐观 ◆ OPTIMISME

乐观，是一种具有行为后果的精神态度。这种精神态度是指，面临问题时能够假设存在着解决的方案。行为后果则是指实际行动，即是会有可能带来解决方案的行动。起初，悲观和乐观是基于两个大脑功能的自然运作——悲观主义着眼于预测问题，乐观主义则着眼于解决方案。当这两种功能平衡的时候，我们就是一个“务实的人”。如果在两种功能之中，一方胜过另一方，我们就会成为乐观主义者或悲观主义者。

大多数情况下，乐观和悲观共存于我们每一个人身上；就像左撇子或右撇子一样——我们比较喜欢使用其中一只手，但其实也可以使用另一只手，只是比较不那么容易、不那么灵光。我们需要乐观和悲观，就像需要左手和右手。在不同的时机需要倾听不同的声音，若能够同时倾听两者则更好。最理想的情况是，既悲观（以期看清问题），又乐观（以期找到解决的方法）！

有许多练习可以训练乐观的态度。针对有抑郁症风险的弱势人群所进行的评估，显示这些练习的效果已经得到印证。基本上，就是让这些弱势者不断努力重复相同的练习。比如，学习辨认出自己过去如何总是以务实为借口，而臣服于预设的悲观与失败主义。或者，让他们学会分辨“确切”的计划和“模糊”的梦想，从而了解：计划可以被分解成步骤和目标序列，梦想则是一些往往与实际努力脱节且显得断断续续的成功影像。

矛盾的是，乐观主义才会导引走向务实主义，因为乐观主义促使我们面对现实、展开行动去了解发生的事情，并收集讯息，以拟定随后采取的行动。悲观主义则往往不切实际，因为悲观主义是以预测的确定性来滋养自己的（例如，“尝试是没有用的”），以至于不采取有力的行动。所以悲观主义者抗拒改变——改变需要依赖实际行动，而不能单单凭借意图。乐观主义奠基于谦卑（“我无法确切知道会发生什么事情，我只是尽己所能，希望一切顺利”）。就这一点来说，悲观者则基于傲慢（“我已经知道会发生什么事情了，任何行动都没有用的”），即使这样的傲慢总带着一抹忧伤的色彩。

我们通常嘲笑乐观的人，认为乐观主义者不过就是那些拿起圆珠笔，玩纵横填字游戏的人……不过，我们还是比较喜欢跟这样的人去度假，而不想跟那些煞风景的悲观主义者！

耳朵 ◆ OREILLES

你们是否听过“他耳朵一定觉得痒”这种说法，来形容人们在讲（或者听到别人在讲）另外一个人的坏话。然而，如果别人说我们坏话时我们的耳朵会痒，那么，当他人在说我们好话的时候，会发生什么事情呢？我们的耳朵会唱歌吗？会让我们突然想起一首自己喜欢的歌，然后哼唱起来吗？或者，在这些时候，就只是会让我们无缘无故地高兴起来？

我喜欢最后这个想法——当我们无缘无故感到高兴，就像这样，从天而降的幸福，是因为有人正在说我们的好话。这就好像是另一种学习感恩的方式，提醒我们将自己的幸福时刻，连接到其他人身上……

忘记幸福 OUBLIER LE BONHEUR

“昨天我忘了照顾自己的幸福”，这样说还蛮奇怪的。然而，这却是经常会发生在我们生活里的事情。忘记快乐，应该是很困扰我们的。应该会这样的，就像家长忘了到学校接小孩一样。倘若这两种情况发生在我们身上，通常是因为自己真的忙得不可开交。因为正在与生命缠斗，淹没于或真实或虚拟的忧虑里，结果忘却了本质——忘了自己的孩子或自己的幸福。我们应该尽量不要让这样的情况发生在自己身上！

再也不说“好，但是” OUI MAIS : PLUS JAMAIS!

我注意到，自己已经有好几年不常以“好，但是”来开始一个句子了。因为我意识到，至少对我而言，这样的说话方式反映出一个不恰当的生活态度：优先聚焦在不同意的观点，即聚焦在随之而来的“但是”之上。结果，这个“好”就成了一个骗局，即是在表达反对之前的“假同意”。这个“好，但是”，只不过是假的“好”，包藏着不敢真正说出来的“不”。

于是，我加入了打击这种毛病的战斗中，希望再也不要如此说话。对于同意的事情，尽量都说“好”；对于不同意的事情，则表达“不”。我不再像以前那样，同时说“好”，又说“但是”了。以“好”开头说话，并不意味着对一切都“同意”，而只是接受适合自己的“好”。这个“好”能够让我们随后的“不”被聆听。只要有可能，在表达“不”之前，首先向对方说

“好”，这就像遇到别人时总先报以微笑，即使知道自己不会完全同意对方——这样做，是表明尊重以及开放。不花一分钱，却能够改变一切。

心灵的开放 OUVERTURE D'ESPRIT

幸福，打开我们的心灵；痛苦，则紧闭心灵。许多详尽的研究都证实了这句话。例如，要求一些具有正面或负面情绪的自愿参与者做一个小测试：面对三个由正方形或三角形所组成的几何图样，将位于最高的图形视为“参考点”，并说出位于底部（左边或右边的）两个图形中，哪个看起来最像参考图形。以下各图显示了一些测试序列。阅读结果之前，先做一下练习！

记得，两个答案的选择都是有道理的：判断几何图形之间的相似性，可以根据它们的整体形状（三角形或正方形），也可以根据它们的细部组合（也是三角形或正方形）。

结果显示，正面情绪者经常会选择的图形，是整体形状跟参考图形相似的那一个；在 1a 的实例中，即是位于左下角的图形。

情绪如何影响我们看世界

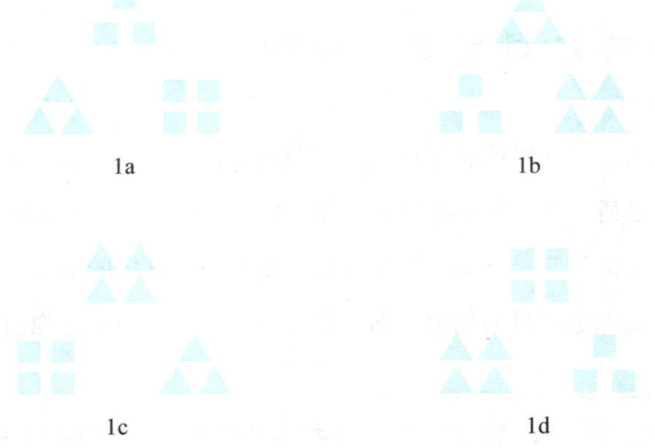

反观，负面情绪者选择的，往往不是与参考图形整体相似的，而是细部组合相似的图形。因此，在 1a 的实例中，他们认为右下方的图形比较接近参考图形，因为也是正方形。

为什么会有这些差异呢？这是由于正面和负面情绪的特殊作用。正面情绪的作用是打开我们的智力，以寻找资源，为此必须脱离所专注的问题，不再只关注细节，而是退一步看清事情的全貌。负面情绪的作用则相反——面对困难时，立刻陷入仔细审查问题的所有细节中。（注意：这样的机制可能帮助我们找到解决方案，但是也可能使我们陷入反刍式的思考中！）

这些研究也说明了正面情绪所连接的开放性，多亏退了一步的距离感，使我们面临问题时，更有创造力，有能力吸收新的想法，或得出原创或奇特的解决方案。而且，我们在处理问题时，也能扩大解答的幅度。

以上所得的结论是：无论正面还是负面，每一种情绪的幅度都是我们所需要的。为了生存，我们需要注意细节以解决问题，也需要退一步找到新的解决方法。从这种适应的观点来看，最重要的应该就是灵活度——依据环境的需要，从一种情绪转移到另一种情绪，而不是千篇一律的无意识反应。既不是强迫性的怀疑，也不是肤浅的无忧无虑，而是灵活地适应现实情况！

幸福的逆词组合 ◆ OXYMORES DU BONHEUR

逆词组合，是比喻两种相反或不兼容的理论结合在一起。法国文学中最有名的逆词矛盾组合，当属高乃依[①]的剧本《勒西德》（Le Cid）里写的："这从星星里落下来的晦暗澄明。"我也曾经要病患做这样的练习，要求他们告诉我，自己曾经遭遇过的福中之祸。也就是说，一件当下让他们以为幸运，

① 高乃依（Pierre Corneille，1606—1684），十七世纪上半叶法国古典主义悲剧的代表作家，法国古典主义悲剧的奠基人，与莫里哀、拉辛并称法国古典戏剧三杰。

可是最终其实带来不少麻烦的事情。例如，千方百计终于赢得令人垂涎的专业职位，可是却因为工作压力和过度负担而大大伤害了家庭生活。然后，按照鲍赫斯·西吕尼克[①]的方式，也请他们告诉我生命中的祸中之福。换句话说，就是某件当初看似灾难的事件，之后回想起来却发现自己从中受益。例如，痛苦的决裂分手，却让他们后来能够遇到相处得更好的配偶。

这样的练习，并不是那么容易——首先，因为我们不喜欢承认，生命比它看起来的样子更不容易解释；其次，我们也不喜欢在判断事情好坏之前，暂缓或静观自己的看法；再者，我们也很难在一开始就发现此类事件，因为记忆就像心智，会自动且热忱地将回忆分类放在“好”或“不好”这两个箱子里。现在，我们要制作第三个微妙而复杂，并且会“随着时间而变化”的箱子。这又得费一番功夫呢！然而，开启这第三个生命事件的箱子，却能锻炼我们退一步看事情，也是增长智慧的好方法。

① 鲍赫斯·西吕尼克（Boris Cyrulnik，1937—），法国心理医生、行为学家、神经学家和精神病学家，亦是法国畅销书作家，在法国以宣扬心理韧性（résilience）的观念而闻名，著有《重新学会爱》（Parler d'amour au bord du gouffre）、《逃，生》（Sauve-toi，la vie t'appelle）等书。

P

宽恕

PARDON

a b c d e f g h i j k l m n o P q r s t u v w x y z

原谅人类，原谅命运。你无法原谅吗？

那至少将自己从怨恨里解脱出来。

基督的平安 ◆ PAIX DU CHRIST

我喜欢参与弥撒时，教友转向邻座，一一以“基督的平安”相互祝愿的那一刻。无论是亲人、邻居，还是陌生人之间，透过眼神和微笑，或握手或拥抱，传递给周遭的人一些无条件的爱。我喜欢以这样的动作来加强体现言语，并且实践心意。我也认为，经由这样的仪式，人们更有可能将这样的心意在教堂以外实践。

抛锚 ◆ PANNE

前几天，我主持了一场关于积极心理学治疗的研习会。会中，我们试图回想一些这样的例子——有些时候，我们在生活中陷溺于紧张之中，但是过了几天或几个月之后，回想起来事情似乎并没有那么严重。定期回想一下类似这种情绪起伏骚动的时刻，是非常有用的。其中的暴怒、痛苦、烦躁，在我们生命过程中，最终都成了意义不大的事件。总之，在场的每位学员针对具体的实例做练习。一位同事举手陈说自己的故事。以下转述我所记得的内容，希望能够忠实呈现。

“我在法国南部某处风景优美的地方度假，就在空无一人的路上，车子抛锚了。当时，还没有移动电话，没有任何办法可以向保险公司、拖吊车或修车厂求助。所以，我不得不步行七八公里到最近的一个村庄。当时我边走边骂。奇怪的是，今天当我回头想起那一刻，浮起的不是焦虑的回忆，而是步行的一个小时里，沿途明媚的风景。”

我很喜欢这个小故事：当压力吞没我们的时候，掩盖遮蔽了所有的美好。

唯有事后再退回去（例如时间倒流），美好才可能重现。即使只能够在事后意会并且品味这一切，也已经是一件美事了。然而，如果当下就能够实时对自己说："认了吧，老兄，这一切实在很令人恼火，算了。现在你想怎么做呢？是要花一个小时咆哮，还是边走边欣赏风景呢？"这正是我们要的积极心理。不仅仅是减低焦虑（这是心理治疗应该要处理的课题），还要不断培养自己欣赏与快乐的能力，以及学会由负面事件中萃取正面。这就是积极心理学的抱负：给正面情绪更多的空间，以抑止负面情绪的增长。

怎么了？会场最后面有人要提问题吗？是要问我？如果是我，碰到同样的情况，是否也会恼火？当然了！不然，你们以为我为什么会如此热衷于积极心理学呢？

"爸爸，如果你死了……"

《PAPA, SI TU MEURS...》

我没读过很多小说，也不常看电影。因为我没那么多的时间，也因为生命本身就足以令人感动，令人满怀热情，深富教育意义，且震撼人心。生命确实充满神奇且常有令人难忘的时刻。例如，当我小女儿六七岁的时候，有一天晚上我亲吻她，她对我说："爸爸，我太爱你了！如果你死了，我就自杀。"真是超级震撼！我完全陷入自己的情绪理论中：同时被极度的温柔以及痛苦深深感动。

极度的温柔——因为这是多么强烈的爱的讯息！却也极度痛苦——在这讯息背后，掩藏着什么样的担忧呢？如果隔天我就被一辆巴士碾死了，女儿会有什么样的危险呢？

身为一名优秀的心理医生，我随即安抚自己："嗯，你应该高兴她是如此地爱你，也应该想想法子让自己不要死。呃，总之不要太早死……而且，你也很清楚她为什么会想到死亡——我们刚刚从她外祖父母家回来，她看到了他们的老狗趴在角落里，行动迟缓，感觉到这只狗来日不多了。她很喜欢这只狗，很自然地就会联想到所有自己心爱的人、死亡、丧亲之痛，还有你。如此这般……”我虽然明白这联想的过程，但还是不免震撼。女儿已经意识到人类的命运，我们所有的人都必须经历的路程——热爱生命，然后离开生命；钟爱然后分离，不可能无动于衷的。存在，就是感动和爱，就是胆战心惊。因此，在告别之前，让我们强烈地爱吧。

极乐世界 PARADIS

长期以来，人类一直以为极乐世界存在于地球上。因此，画家们用尽各种方法来描绘这片乐土的美妙细节——常见的景象是：人们赤裸着身体生活在慈爱慷慨、充满鲜花水果的大自然里，与所有的动物和平共处。后来，人们认为极乐世界不存在于地球上，而假设它在天上。于是，画家们就不再费尽心血描绘人间乐土，转而勾勒升上天堂的时刻——有功绩的凡人，他们的灵魂飞向大块云朵，在那儿有上帝和圣徒的迎接。然后，伏尔泰的一句，“天堂，就是我所在的地方”，又使人跌落了凡尘，更贴切地说，跌回自己的脑子里。总之，我们必须从凡尘开始，即使信徒们认为未来将会有更好的地方迎接他们。

天堂，因此被视为一个全然温和、简易的地方。如果我们不如祖先们如此迫切地梦想着天堂，也许是因为我们的生活比较平顺。对我们的祖先而言，天堂就是和平，那里有丰富的食物、翠绿的草地、蔚蓝的天空，没有沉重的负担，身边伴随着自己所爱的人。祖先们很少能够拥有这一切，甚至从来无法同时拥有。然而，我们却比他们容易得到这些生活条件，这一切在祖先们眼里似乎只能在天堂拥有。但我们是否自觉呢?

每次当我潜心重读并且沉思诗人克里斯提昂·博班的这番话时，总是令我震撼：“每一秒钟，我们不是走进天堂，就是走出天堂。”在生命的每个时刻，我们都徘徊在选择要快乐还是停止快乐的十字路口。或许不是每一秒钟或每个瞬间都得面对如此情境，但实际上这类情境出现在生命中的频率，远比我们以为的多——无论是自己还是他人强加在我们身上的选择，无论是在内心痛苦还是欢愉的时候。

伊斯特林悖论 ◆ PARADOXE D'EASTERLIN

1974 年，美国经济学家伊斯特林提出一个令人不安的现象：经济增长，特别是 1950—1960 年的经济增长，并没有使国人更幸福快乐。遗憾的是，我们知道政治人物总是刻意以经济增长来判断政绩！伊斯特林的论文出现时，并没有引起波澜。然而，随后的一些研究却证实了他的论点，逐渐清晰地显示，国家财富的增加并不会自动增长人民的福祉。因此，我们会重新质疑：完全以国民生产总值作为社会进步指标，是否得当？物质富裕不应该作为唯一的指针，其他的评估数据也应该被纳入，例如，考虑福祉的增长。

1972 年，不丹建议联合国，以国民幸福总值作为衡量公共政策优劣的指标。从此，我们就这个主题做了许多讨论。但是，无论是在政治上还是在心理上，进展都十分缓慢！

幸福感与收入之间的关系

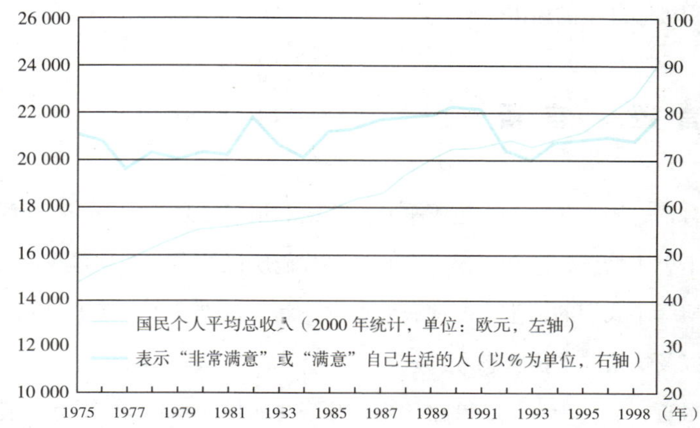

数据源：法国统计经研所以及欧洲民意测量所

原谅 PARDON

我们丧失了许多快乐的时刻，都是由于自己难以原谅所导致的。这里要讲的，倒不是那些难以饶恕的事，比如被人严重殴打，或者某些人极度伤害了我们的亲人之类的事件。我想讲的，只是我们对日常生活里那些笨拙的话语、疏忽、错误等等小事情的原谅。宽恕，并不意味着将事情一笔勾销、完全遗忘，甚至免除惩罚；而是决定不想再被不满的情绪所俘虏，不希望再让自己痛苦。执着于抵抗，就是抱住痛苦不放。我们可以决定原谅某人，却不跟他和解，而只是对自己说：“好，很好，我不想报复，也不想惩罚他。”

所有的哲学传统和宗教都重视宽恕，而佛教也许给予了我们最发人深省的教诲和意象。比如佛陀说过的这句话：“执着仇恨和怨恨，就像抓起炽热的火炭，想要烧伤他人。在过程中，我们也烧伤了自己。”不要只将宽恕视为否定处罚或报复，而应将宽恕视为解放，让自己放下不满。尽管如此，宽恕只有在自由选择以及谨慎授予的情况下，才会有个人以及社会的美德。这也是积极心理学的极限。

言语，言语…… PAROLES, PAROLES…

言语，不平凡，一点也不平凡。言语和情感是息息相关的。有时候，言语会不忠于情感，这是口误。有时候，我们所说的话，尤其是我们说话的方式，演绎了我们的情感。即使我们察觉不到，言语确实反映了我们对世界的看法以及情绪的平衡状态。

最近，有一项针对 299 名心理治疗病患所做的卓越研究显示，他们的表达方式随着个人的进步而改变。病患们被要求简短回答以下问题："试着描述您的生活：您是什么样的人？怎么会成为现在这个样子？您现在如何？您预期接下来会如何？"有三组受测者回答以上问题，分别是接受心理治疗前的病患、接受心理治疗一年之后的病患，以及完成心理治疗已两年的病患。他们经由计算机分析软件进行筛选，所有病患谈论自己生活的方式都会被详细追踪。研究人员获得明显的结论。

治疗过程中，随着病患的进步，用词也随之改变。其中的某些变化是在预期中的。例如，患者的情形越是改进，就越少使用负面情绪描述生活，而多以正面情绪表达，这显示患者正在情绪天平上重拾平衡。同样，心理健康的改善也促使病患减少使用过去式或未来式的动词，取而代之的是现在式的动词。这证明病患珍惜当下的能力增强了，不再只是预期未来或反刍过去。

此外，还有一些意想不到的结果，比如：随着心理健康的改善，病患减少使用"我"及所有第一人称代名词。显然，病患更懂得不再以自我为中心，学会了忘却自我的能力，转而对周围的一切感兴趣。负面的语言模式（如"不能……"等等）也减少了，研究专员们认为，这是因为病患在生命历程中的过错、挫折、退缩以及失败所带来的负面感受已经得到缓解，至少病患不再聚焦于日常生活中不可避免的失败。

这些结果富含教育意义。我们也可以走上进步之路，只要我们竭尽努力遵从以下几点：一、不要只将焦点放在自己身上，而是尽量开放自己，转向关注周遭的世界；二、坚持不懈“把握当下”，而且也必须谨记，苦思和忧虑永远都在力图让我们远离当下；三、尽己所能不断精进自己，尽量滋长正面情绪。

无处不在 ◆ PARTOUT

我记得有一位抑郁倾向的患者，朋友劝他去度假，改变一下想法，他回答朋友说：“没有用的，无论在哪里，我都有办法不快乐的！”

帕斯卡尔 ◆ PASCAL

所谓的“帕斯卡尔赌注”，是哲学家帕斯卡尔运用形而上思想的迂回，让人相信上帝，即：相信上帝没有任何风险，不信他也没有益处。以下是他的原文：“您有两件事情要输了，就是真与善。也有两件事情要投入，就是理智与意志、知识与洪福。在您本性上要逃避两件事情，就是错误与贫乏。无论选择其中的哪一项，理智都不会受到更多的伤害，因为不管怎样都必须选择。这样起码少了一个问题。但是，您的幸福在哪呢？让我们权衡得失，选择上帝存在吧。考虑以下两种情况：如果赢了，您可以获得全部；如果输了，什么也没损失。那就别再犹豫，赶紧下注打赌上帝存在吧。”

我也用仁慈以及善意打赌（至少每天，我都努力尝试这样的打赌，即使实在是不太容易）——我下注打赌温柔，是不会冒什么风险的；反之，不这样做却会造成生活上的幸福质量匮乏。在这方面，我颇受作家普利摩·利瓦伊[①]的启发，他下注打赌的是希望，写道："我不知道为什么，自己对人类的未来有信心。这样的信念，可能不是理性的；然而，绝望却肯定是不理性的。绝望不能解决任何问题，甚至会创造新的问题。绝望的本质，就是痛苦。"

没礼貌 PAS POLI

事情发生在一个星期天的早上，我载着一位国外来的朋友，前往巴黎另一端朋友的家。我们借了一辆车，那天大雨倾盆，我们在路上闲聊着生活，真是一段非常愉快的时刻。当车子开到一条狭窄的街道，也正是我要让朋友下车的地点。有一辆车堵在路中间，后备厢大开，闪着紧急灯号，显然有人正在卸行李或包裹。因为不赶时间，我也就把车子停在马路中间，继续闲话聊天；我们等了够长的时间，起码足足有五分钟之久。这是星期天早晨，我们后面没有其他的车，街道一片安静。又过了很久，车主走出大楼，赫然，问题来了！

这家伙从我们身旁走过，打量着我们，朝自己的车子走去，发动引擎就这么离开了。没有笑容，没有一声谢谢，连打招呼都没有。

没有。什么也没有！我当然知道不能期望有什么回馈——并不是因为我有风度（没有按喇叭），他就得回馈我（向我道谢）。不过，这事还是让我十分光火。我告诉朋友："你看这家伙！够过分！王八蛋！让我们挂了十分钟（我气得把时间加了一倍）。我们没有按喇叭，什么也没做，就只是保持冷静，他连声谢谢都没对我们说！"朋友点了点头，他不像我这么生气，显

---

① 普里莫·莱维（Primo Levi，1919—1987），犹太裔意大利化学家、小说家。他是纳粹大屠杀的幸存者，曾被捕并关押在奥斯威辛集中营 11 个月，受尽折磨，直到苏联红军在 1945 年解放这座集中营，才重获自由。其处女作《这是不是个人》（Se questo è un uomo）即是记录他在集中营中的生活，另著有《被淹没和被拯救的》（I sommersi e i salvati）等书。1987 年自杀身亡。

然明智多了；也因为他只是乘客，只想着跟其他朋友碰面，所以并没有把这件个谢的小问题，当成多么了不起的事件。总之，我们还有其他事情要做，我重新启动车子，到达路的尽头，把朋友放下，拥抱一下，我就走了。

在回家的路上，我又想起这件不愉快的事情。让我恼怒的并不是等待，而是因为没有感谢。让我沮丧的是，我没有收到任何小小的表示——感谢，甚或是小小的道歉也好。而且，事实上我觉得这件事已经远远超出暗自生闷气的小小自我：欠缺友好示意的那一刻，对我而言已经阻碍并且威胁到了世界的和谐，也破坏了我跟朋友聊天的和谐。我想必以为，所有的人都能成为朋友，都能意识到自己打扰到别人的时候，或至少有道谢的能力。然而，我却忘了心理的多样性，自私无礼的人是存在的。我也忘记了每个命运的奥秘，外观有时会误导行为——也许这家伙刚经历了艰困的时刻，正迁怒于全世界；也许他父母就是如此教养他要鄙视别人……

于是，我又想起了，所有互相感谢的小动作对和谐相处是如此重要。例如，在马路上没有红绿灯的情况下，行人对停下车来让自己穿越人行道的驾驶员表示感谢；行人并没有义务致谢，然而这样做可以鼓励驾驶员继续尊重行人。还有，摩托车骑士感谢那些让路使自己安然通过的汽车驾驶员……霎时，我意识到，这种极其轻微而几乎看不见的感谢小举动，显然是何等的重要。欠缺这些举动是可能带来危险的——会使人混淆冷漠无礼与轻忽藐视，本来应该让人惊讶或唏嘘的情况，会变成让人愤怒或感觉被轻视。我不由得想起了安德烈·孔德－斯朋维勒在《美德短论》（Petit traité des grandes vertus）里的段落："礼貌，是准备做大事的小动作……好态度，成就好行为。"

我慢慢冷静下来，看着雨中的道路，想起这位朋友，告诉自己这就是生活。实在不要紧的。如果这件事对我真的如此重要，我应该去跟那家伙平静地谈一谈，但是为时已晚。我知道自己该怎么做了——继续亲力亲为这些人与人之间的小动作，像感谢、道早安之类的小小事情。代替那些不这么做的人而做。也许那些粗鲁无礼的人（至少以我的标准看来他们是这种人），也能为世界贡献一些同等重要而我却没能力做到的事，甚至是我所意识不到的事。

滴滴答答的雨声，悄悄地伴随我。人生，真是非常有趣。希望还有一大段日子等着我去经历。尘世里，真是享受。

过 去 ◆ PASSÉ

积极心理学，不仅仅是珍惜当下（尽管，这是最重要的），也意味着积极响应过去——常常记起并且再次经历、想象美好的时光，借以重温珍惜。就像回放电影一样，借助旧日时光再酿快乐的源泉。偶尔，也要记起困难的时候，以便分析理解、赋予意义，从中记取教训，看看自己在事后明了这些困境所带来的教诲，也看看这些困境并没有妨碍我们存活下来。或许，这就是回望过去的逆境时，最困难也最有用的事。经常想到，每次自己觉得完全迷失、沉溺的时候，这只不过是一时误入歧路，并没有遇到真正的危险……

忍 耐 ◆ PATIENCE

有时候，生活迫使我们必须等待又要忍耐，让人觉得这一切似乎在浪费时间；然而，我们必须明白，这也是生命的一部分。面对这样的情况，抗拒、恼怒或者鲁莽行事都不是明智的。在一次访谈中，记者提问诗人克里斯提昂·博班："如何才能够耐心等待？"他的回答是："我以钓鱼者水畔候鱼的态度来等待，您能理解吗？就是，什么也没钓到，什么也没发生。水面无波，天边光线渐渐西斜，天气开始变凉，我仍旧等待着。我知道，即使在这样毫无所获的日子里，也不是徒劳无功。今日，我们所有的人，几乎都犯着同样的错误，以为活力充沛才是正道。"

没有什么是徒劳的，因为人生赋予我们的都是生命时光。我们大可不再存在于此时此刻，就如许多其他的人，无法拥有与我们同样的幸运。有一天，我们终将不再存在于此时此刻的。

陡坡与友谊 ◆ PENTE RAIDE ET AMITIÉ

如果你被带到一座小山峰的山脚下准备爬山，你评估山的坡度。你的判断结果会因单独登山或有亲人陪伴而有所不同。若有亲人陪伴，山坡会显得比较不那么陡峭。即使只是单纯地要求你强烈地想着这位亲人（有点夸张地说，就是以所谓的心理意象的技术），对你而言眼前的坡度也会显得不那么陡峭了。由此得出了三个结论：一、如果你要爬山，有朋为伴是比较容易的；二、在生活中的每一天，预期要面临很大的困难时，亲人的出现能给你灌注更多勇气；三、如果他们不在身旁，只需要微笑地想起他们，想着你对他们的关爱以及他们对你的关爱，然后义无反顾地朝目标前进。踏着敏捷的脚步，带着轻松的心情，迈向正等着你节节攀升的高峰吧！

幸福的完美 ◆ PERFECTION DU BONHEUR

有些日子里，我认为完美的幸福并不存在；有些时候则相反，好像完美的幸福会常常存在似的。在后者那些时候，所有浓烈的幸福在本质和定义上，都是接近完美的，因为这样的幸福是终极与完整的状态。也就是说，当下此刻的境界是，安于自己所拥有的一切，不会再有其他任何奢望。但是我以为，幸福越是增长、变得庞大、势不可挡，甚至成为完美时，就越不能够取决于自己。以我之见，只是因为印证了以下的方程式。

幸福 = 努力 + 运气

大幸福 = 多一点努力 + 多出非常多的运气

强烈的幸福 = 要不，您已经成为智者中的智者；否则，您就是终于到天堂了

困惑 PERPLEXITÉ

有一天，我主持了一个关于情感的成长工作坊，一名女学员的问题让我为难："困惑，是一种情感吗？如果是的话，它是正面还是负面的呢？"我有些不知道该如何回答她，因为我从来没有想过这个问题。当场，我自己也十分困惑！

困惑是一种感觉，描述一个人处于不确定与优柔寡断的情境中，对自己必须去做或去思考的事情，不知道应该采取什么样的行为，也不知道应该采取什么样适合的态度。一般情况下，大多数人都会将这种感觉视作不舒服并且是负面的。然而，如果我们贴近观察一下，从技术的角度来看，困惑似乎是一种可以归类于惊讶的精神状态。因此，它不带有既定的愉快或不愉快的色彩——我们面对的，是一些预期以外的事情。在困惑中，我们既不知道该做什么，也不知道该如何思考。

但是，我们的时代已经不再喜欢困惑。面对所有新鲜的情况时，我们都染患了行为骚动症，受到我称之为"快速反应持续症"的这种当代病症所侵袭——我们以为必须不断反应，而且必须快速反应！为了迅速作出反应，就必须迅速判断，因此就不再能够容忍任何形式的不确定。我们不喜欢"不知道"，因为我们无法接受不采取行动或不做出反应。殊不知，学会宽容，学会喜欢困惑，就是学习放过暂时无法控制的事情。这只会让我们更宁静（因为我们的许多恐惧都是来自无法容忍不确定性），以及更聪明（迅速反应的

能力并非总是优点，有时甚至导致愚蠢行为）。

香菜，互助和鼻屎

PERSIL, ENTRAIDE ET CROTTES DE NEZ

这是一段两个小女孩在学校里发生的故事（当然是真的故事）。她们开发了一种友好的互助系统。其中一个小女孩要擤鼻涕时，马上抬起下巴朝向天空，转向另一个小女孩。后者于是弯下腰来，从鼻孔下检视，然后，或者说“好，可以了”，或者说“右侧有问题”“左侧有问题”等等。起初，其他的小朋友和老师们都没有立即理解这是怎么回事。后来，大家终于搞清楚了——原来，这举动是为了侦测鼻屎。说真的，大坨鼻屎卡在鼻孔的边缘，也实在太丢人！然而，我们这些大人，有谁敢告诉对方这些有碍形象的小失误呢？我们敢告知对方有鼻屎、有香菜卡在牙缝间，或是裤裆门户大开吗？应该不敢吧？嗯，我们还真应该多一点勇气呢！

悲观主义者 PESSIMISTES

骄阳让他们想到阴雨，清早让他们想到夜晚，周日让他们想到周一。多么让人煎熬的人生啊！

小老鼠 PETITE SOURIS

每一次，当女儿掉牙，而我忘了在她们枕头下放个小礼物或小钱币的时候，心里就会充满说不出的自责情绪。[1]早上，当她们带着悲伤沮丧的神情说道："小老鼠把我给忘了……"犹如我对她们进行了双重的伤害，让她们经历失望，以及幻灭。随后，她们又很快地回复原状，因而我得到了慰藉——她们的悲伤消散得比我的快多了，真是值得我学习的好榜样。还有，第二天当她们看到我为小老鼠的事情发的道歉短信时又是那样喜悦。短信写着："对不起，昨天工作太多了，结果没能过来看你。现在补送礼物来了，大大地亲吻你。"

恐惧 ◆ PEUR

我们所有的恐惧，剥夺了自己的幸福、挡住了自己的视野。害怕失败、害怕匮乏、害怕不被爱、害怕生病、害怕受苦、害怕死亡。斯多噶学派和行为主义告诉我们，唯一的办法并不是摆脱恐惧（因为我们脑子里的许多恐惧是坚不可摧的），而是摆脱恐惧对我们的控制，也就是面对恐惧——停止逃避或不再臣服于恐惧，转身面对、直视恐惧。然后，看看会发生什么事。一般情况下，什么事都不会发生的。总之，外在看起来没有什么异样，因为让我们受伤害并且沉重打击我们的，都是在内部……我们面对恐惧时的逃逸，就像是马儿要逃离自己的影子一样。我们永远无法把恐惧远远抛在自己身后的。然而，一旦停止奔逃，就是不再助长恐惧了。

行人 ◆ PIÉTON

在这个非自然的都市丛林里，当然存在着各式各样的行人。守规则的人，

---

① 西方流行的民间传说中，当小孩掉乳牙时，小老鼠会在他们睡梦中取走乳牙，留下一个钱币或小礼物在枕头下。因此，演变成为一种习俗。

等小人灯号转成绿色才过马路；赶时间而焦躁的人，有时在灯号刚刚变成黄色时过马路，但是他们会从眼角注意汽车驾驶员，做个小手势以感谢他们没有碾过自己，并且加快脚步表示知道自己犯规，不想做得太过分；还有那些毫不在乎的人，想过马路就过马路，无视刹车减速或大鸣喇叭的汽车，他们很清楚不会就这么被碾毙，顶多只是被骂一顿。

通常，这样的情形会困扰汽车驾驶员，大呼公民道德甚或法规荡然无存。有时候，这种情形也会困扰我，特别是当我骑着摩托车又迟到的时候，被迫紧急刹车，眼见目空一切的高傲行人看也不看我一眼，慢慢地穿越马路。这种“弱者独裁”的态度，有时真让我恼火。在我看来，今日某些行人滥用权利的态度与昔日某些驾驶强者至上的态度同出一辙，都是“走开，让我先行”的观念。另一方面，我告诉自己，没关系，行人总是比汽车来得重要。继而，有一天，我心情非常好的时候，甚至对自己说：你比较喜欢哪一种情况呢？是一个行人穿越马路都得胆战心惊的城市和社会呢？还是一个认为安稳坐在“铁皮杀人机器”里的驾驶强者必须屈从行人弱者的城市和社会呢？

你很快就能做出选择的，不是吗？

尿尿 ◆ PIPI

在一场关于幸福的公开辩论会上，一名年轻女子问我快感与幸福之间的差异。不知道为什么，我直接就举出了下面的例子：“当我们很想尿尿的时候，若是能够这样做，无疑是很快意的。但这并不一定是幸福。因此可知，快感是更必须、更生理以及更短暂的，但并不妨碍幸福。然而，幸福是需要意识行为的——意识到自己拥有一副好身体，并且有个可以尿尿的地点。于是，这就开始有点幸福的况味了……”

随即，我趁势继续解释，并且确定一下尿尿的比喻没有惊吓到听众（恰恰相反）。会议结束后的签书会，我与读者之间聊天交换心得，几乎每次都会有一段令人难忘的重要时刻，一位女士又跟我谈起尿尿的事。“我对您提到尿尿的这回事感触颇深，您知道为什么吗？自从肾功能衰竭以来，我已经做了好多年的血液透析。您是医生，应该知道什么是血液透析。直到有一天，我接受了肾脏移植手术，才又开始能够正常小便。您一定无法想象我有多么高兴！我非常喜欢您举的例子！”

而我，我是多么高兴她来告诉我这个小故事。我也稍微问了一下她的情况：十余年来，她与移植的新肾脏相安无事。我祝愿她在未来的岁月里，充满快乐的小便……

神鬼奇航 PIRATES DES CARAÏBES

女儿小的时候，每年她们生日时都会有一套仪式：我会与她们每个人单独一起度过一天。很多时候，她们会要求我带她们去迪斯尼乐园。因此，我已经去过迪斯尼乐园至少 15 次了（长大以后，她们开始喜欢参观其他的地方）。迪斯尼乐园的气氛很特别，所有工作人员显然必须心情高扬、满面笑容，至少那些与游客接触的工作人员必须如此。对游客来说，这并不会造成不快，毕竟他们只不过是过客，并且很高兴有这样一个充满欢笑的地方。然而，对于在那里长期工作的人员来说，就有点复杂了，因为他们别无选择，只能尽量展露自己一口洁白的牙齿。

除了一个特定的游乐区，工作人员有权欺负游客，那就是“神鬼奇航”，游客坐上游船参观煞有介事的加勒比海，伴随着专事打斗饮酒的海盗船员，还有幽灵船、暴风雨和宝藏。经过漫长等待的游客，由一群海盗引领登上小船。为了逼真（大家都知道，海盗都是些粗鲁又没教养的人），海盗大声呵斥游客，向游客做鬼脸，并且挥刀舞剑地威慑游客。他们特别对成人以及成群结队的青少年这样做，当然会小心避免惊吓到小孩子。我们可以感觉到，这让他们放松，让他们高兴，对他们来说挺好的！这应该是他们厌倦了不停地微笑，难得有权发泄一下的工作吧！我不知道在米老鼠乐园里是否仍旧如此，还是连海盗也已经变得笑容可掬、安静又有礼貌了。

抱怨 ◆ PLAINTES

我们的邻居，炯恩，一位八十五岁、从来不抱怨的鳏夫。总之，他从来不会提到自己的抱怨，从来不会以埋怨做挡箭牌。当我们问起他的生活或健康时，炯恩坦承自己也有悲伤和困苦的时候，但是他不会没完没了地说个不停，总是优雅又守礼节。接触炯恩，以及一些跟他一样的榜样，我决心不再抱怨，不要因此阻绝了与他人的交谈。埋怨时，我们到底寻求什么呢？总之，在反复不断的埋怨里，我们到底寻求什么呢？是补救吗？然而，即使是补救（也未必真能如此，尤其是抱怨已成习惯时），也无法补偿因为过于频繁呻吟所造成的幸福损失与匮乏。

所以，当心里出现想要抱怨的念头时，应该用什么来替代呢？如何防止自己总是想要抱怨呢？除了谈谈别的事情，没有其他解决的方法可行。或者，试着开始关注那些在我们面前的人，而不是专注在自己以及自己的苦难上。

快感 ◆ PLAISIR

快感，也是值得称道的幸福源泉。然而，一般而言，快感仅限于身体的需要（例如食物、健康保健以及性欲等等），或智力（例如理解、发现等等）的满意度。所有的快感都是有益的，但并非都是幸福（因为缺乏意识）。有快感的生活，并不等于幸福的生活（因为缺乏意义）。

老生常谈 ◆ PLATITUDES

幸福的建言，往往都是一堆陈词滥调。我们很少会因为读了一篇关于幸福的论文，而有什么惊天动地的发现。基本上，我们差不多都知道什么能使自己幸福，问题是我们无法实践幸福。在这层意义上，我们都应该接受叔本华的严厉批判："总体来说，确实如此，每个时代的圣贤一直说着同样的话。而愚蠢的人，也就是说，每个时代里绝大多数的人，始终都做着同样与认知相反的事，并且永远都会如此。"我不记得是哪一位哲学家也谈到了"宏伟的陈词滥调"，他认为：所有来自智慧以及灵性的传统建言，看起来确实都像陈词滥调。可是，问题不在于认知，而在于实践——要自问的不是"我是否懂了"，而是"我是否做了"。

幸福的满足 ◆ PLÉNITUDE DU BONHEUR

满足，就是活在"那些我们感到全然幸福的罕见片刻"里。这段话载自儒勒·列那尔的《日记》在 1897 年 9 月 6 日所写的内容。因此，满足就是那些无论头脑与身体、自我与他人、已知与未知，都能幸福快乐的时刻。由万物而起，无所不在。令人难忘的幸福满足感。

以后 ◆ PLUS TARD

"我以后再关注自己的幸福——在工作完毕以后，在孩子长大成人以后，在付清公寓贷款以后，在升迁以后，在退休以后。"哎哟哟，哎哎哟……

（遇见）诗人 ◆ POÈTE (RENCONTRE)

一位女性朋友答应引荐我与自己崇敬的诗人克里斯提昂·博班见面。我乐得轻飘飘，像踩在云端上似的，感动又快乐，说不出一句话来，却不以为苦。短短的会面，交换几句无关紧要的话，对我来说已经足够了。几乎不会占用他什么时间，也不会花他什么精力。我宁愿读他的书，而不想给他带来压力。

博班以真正的眼神看着与自己对话的人。在生活中，我遇到过许多所谓知名的作家以及人士，我现在知道怎么观察他们的眼睛了。我知道，谁假装注视聆听，其实只是等待着流程或苦差事结束；而谁又是真正聆听注视，哪怕只持续了几秒钟。博班，就是真正地在注视和聆听。这可能就是世俗让他疲惫而需要离群索居的原因。那些不看又不听的人，是不会被浅薄所累的。

当天晚上，我开始读那位女性朋友送给我的博班最新著作《快乐者》（L'Homme-Joie）。作者给我题了字，我十分高兴。我不告诉你们他写了些什么，免得糟蹋了，我也不想知道这是否独一无二。这些都不重要。因为，无论如何对我来说它都是独一无二的，就好像写在羊皮纸上，还编了号码的精美版本。

我轻轻打开书页，释出文字，仿佛古人览书时，用着一柄很老的工匠刀，而就在阅读之前，我才刚去磨砺这把刀。是的，我知道，这是回顾过去的乐趣。我喜爱过去，因为过去从不曾压迫我，而是滋养着我。书中第一段故事，有如此令人难以置信的绝美，我立即停止阅读。生命中，第一次如此中断阅读，是在1984年阅读米兰·昆德拉《生命中不能承受之轻》的时候。停止阅读，第二天再重拾起来阅读。等待中，再三阅读品味，而不是在快意与贪婪的情绪驾驭下，继续狼吞虎咽整本书。而是完整地保留下来，探索作家在每一页深深撼动我们的欢愉。这本书里，有十五个故事，我要每天品尝一则——这样，我就有了两个绝妙的星期。

（行动中的）诗人 POÈTE (EN ACTION)

我要继续叙述同一位诗人。这一次是在巴黎，在他的读者见面会上。当我要去聆听自己喜爱的作家时，总是有一点害怕。

我害怕是因为，通常他们不擅长谈论自己的作品。他们擅长的是写出作品，并非是解释自己的作品。而且，有时候，作家是非常不自在、困惑、迷茫、平庸又索然无趣的。只用一个词形容的话，就是令人大失所望。我们钟爱他们写的书，却发现写书的人其实很平庸。至少，在我们面前这一刻是如此；至少，当他们试图披上演说家或教师外衣的时候是如此。

我们曾经将他们理想化；我们曾经想象，他们的写作才华也会移植到演说的场合，融入他们的风度以及谈吐。我们不应该感到失望的，因为作品才是唯一考虑的标准。但是，我们总是希望完美无缺，甚至移情到其他的人身上。好吧，总之，我很担心朋友博班是否也能像他自己的著作那样才情洋溢、感动人心又千变万化。开始演讲之前，我去了一趟后台，和他聊天了一会儿。他气定神闲，又带点激动，不知道将如何填满与读者相见的这一个小时。然而，我们之间的玩笑话又让他开怀大笑。他的笑声洪亮，是那种曾经历练过苦难的笑声。他一开始演讲，我的担忧就飞到九霄云外去了。

他面带微笑，散发着欢乐活泼的气息，表示很高兴参与读友会。真是魅力十足。克里斯提昂·博班跟我们讲诗，特别是向我们展现诗意的话语。在我们面前，他的大脑与嘴唇当场演绎出来的就是诗。我们只能张口结舌、目瞪耳开地恭听。当念到一首还不臻完美，但已经很有诗歌样子的诗篇时，他会重复好几次，只因为不满意一个字或转折的地方。我从来没有这么近距离清楚地看过，作者当场尝试以诗意的语言叙述世界。真是让我欣喜痴迷。他具备的基础，就是他对生活的看法：简单、坚定又公平。

那一夜，我被文字和图像的力量所震撼。博班坚信文字的力量与崇高。对他来说，诗歌不是日常生活的小纹饰，不是弱不禁风的小东西，而是不可缺少的重要力量，就如《圣经·约翰福音》里的圣言一样。我的想法跟他一样，都认为我们选择组合的字眼，能够具有穿透的力量，能够渗透我们的保护壳，融化自己所坚信的一切，直接触动内心，猛推着我们、感动我们，让我们七颠八倒，被迫重新审视既有的一切。突然间，就在博班说话的时候，他身后展示架上有一本我写的书翻倒落地，封面向下。真是轰然致敬，欢愉拜倒。

所有的读者，都带着轻松温热的心，离开了会场。

鱼 ◆ POISSON

“快乐得，如鱼离水。”这句令人费解的话，出自贝纳诺斯[①]。就像一个心理投射测验：我们所认知的，反映出我们是什么样的人！我们会比较喜欢熟悉世界里、看似安全的幸福，还是来自另外一个自己一无所知的世界、看似危险的幸福呢？

警察 ◆ POLICE

有一段时期，在骑摩托车前往圣安娜医院的路上，为了节省一点时间，我会借用某条马路边大约十米长禁止逆向行驶的人行道，以避免绕过一大堆建筑物，以及两个红绿灯。当然，我非常注意不要撞到或吓到路人，不过这条街道从来没有什么人。然而，摩托车禁止行驶在人行道上，也是有道理的。问题是，紧挨着我工作的部门，有个警察专属的医务室，顾名思义，就是会

---

① 贝纳诺斯（Georges Bernanos，1888—1948），法国作家、小说家，作品多探讨善恶的属灵争战，代表作《乡村神父的日记》（Journal d'un curé de campagne）、《恶魔天空下》（Sous le soleil de Satan）。

有很多警察进进出出……

有一天，我没有注意到一辆伪装的警车迎面驶过来，当时我骑在人行道上慢慢地上坡。两名警察停下来对我招手，他们向我要证件，并且要我解释一下情况。我有点可怜兮兮地解释着：我是当职医生，刚好那天早上迟到了，所以才破例这么做，我知道这是违规，我也很抱歉……我尽力说明理由，实在不想因为这时速五公里的十米人行道上坡而被罚款。警察面带微笑，很客气地听我陈诉（他应该已经逮到一堆像我这样的人了）。

当我说完话，他沉默地看着我的眼睛，然后将证件还给我，简单地说："好了，走吧。可是，身为医生，您应该做个榜样……"然后略带狡黠地向我致意："再见，医生！"我则带着罪恶感，交织着轻松的情绪，还加上感恩之情。总之，对我来说非常奏效——从此，我再也没有行驶于人行道上了。而且，我不认为罚款或严词警告会有这么好的效果，因为我会抗议，而且会觉得事不关己，还会对警察抱怨，而不是反省自己的过错。

这就是所谓的教育和预防，确实如此，而且相当奏效。脱礼帽向这位不知名的警官致敬……更确切地说，是脱安全帽向他致敬！

政治和心理 POLITIQUE ET PSYCHOLOGIQUE

有时候，我们会以政治食言的风险来批评幸福的追求。以为幸福就是对处境的妥协；然而，幸福其实会改变处境。这就像是存在于政治和心理之间的冲突——好像观照自己，就等于对周遭世界失去兴趣。这两者难道不能兼容吗？对我来说，这就好像是在否定呼气和吸气并存一样！

事实上，心理行动不会妨碍政治行动。生命中有些时候必须反抗、行动、迎击；有些时候则必须放手、接受，也就是说，纯粹地接纳自己的情绪。这不是放弃，不是任由摆布，也不是屈从。当我们理解放下的真义时，就会知道这是两个步骤的程序——接受并且观察现实，然后采取行动去改变现实。这样做，可以避免陷入原始情绪的反应或冲动。这是净化的第一步，我们在尽可能广泛的心理空间里探测、检视情绪，以决定可行的行动，致力采取那些接近自己的价值观以及期望的行动。这样做，是为了应用我们的理智与情感来应对发生的事情，而不是在紧急的情况下反应。

我们这个时代的专横，就是希望每个人都极其快速地反应，并且立即作出重要的决定，这有点像卖家企图煽动诱惑我们的说词：“如果您现在不买，今晚或明天就没有了！”我们的世界在试图诱骗我们，让我们以为随时随地都处于紧急状态。

幸福与祥和，就是要拒绝这些虚假的紧急状况。这不是逃避面对现实，而是运用智慧和洞察的工具。我相信，如果人类不关照自己内在的平衡，搁置且荒废内心，那么他们不仅会遭受更多痛苦，还会变得更冲动、更容易受人摆布。耕耘内心，使我们更能够关注世界。这就是所谓的“公民内化”——照看好自己的内心，能够使我们成为更和谐、更美好的人，也会成为更懂得尊重、更能倾听别人，而且比较不会表现出不公正的人。

让我们期许以更安静却更坚韧的方式做承诺，少一些教条，更多些自由。而且，平静也能让我们与争斗保持距离。我们不能只是借着冲动、愤怒以及怨恨行事。那些伟大的领导者如曼德拉、甘地、马丁·路德·金，他们都试图从冲动、愤怒以及怨恨里脱身而出。他们也都明白，冲动会导致暴力、侵略以及痛苦。内在平衡，将完整保留我们愤怒和反抗的能力——然而，是以最有效以及最恰当的方式表达。

积极正向 POSITIVER

“必须积极正向”，是会让我发火的句子。事实上，有时候是千万不要积极正向的。当别人对我们说这句话时，通常都是我们不希望积极正向，或者还没有准备好积极正向的时候。

积极心理学不是为了不要让痛苦情绪突然到来，因为痛苦的情绪对我们是有用的。积极心理学的作用，在于帮助我们更快（无须在痛苦情绪里面蹚浑水）、更聪明地（从痛苦中吸取教训）走出痛苦。

偏见和运动休旅车 PRÉJUGÉS ET 4×4

我有偏见，且充满偏见，就像所有的人一样。好吧……不过，我还是希望可以少一些偏见。就以运动休旅车为例，我承认在自己的评价中，运动休旅车驾驶员一开始就被扣了几分。如果他们人很好的话，我还是可以改变对他们的看法。但是，我给他们的评分还是比小汽车驾驶员的起点来得低。好吧，如果我告诉你们这些，你们就会想到，是不是因为我又有什么故事要告诉你们了。请听分晓……

有一天，我刚在法国南部主持完一个同行之间的座谈会，朋友开着一辆美丽庞然的运动休旅车到车站来接我，那车闪闪发光又硕大。喔……我不知道是如何开始的，我们就讨论起了休旅车这个主题。我向他坦言我的先入为主，对驾驶休旅车评价是负面的。他回答说："我知道，我知道，我偶尔会看你的博客……"（我曾经在博客里写过一些批评运动休旅车驾驶员的文章）。而他也向我叙述自己为什么会希望拥有运动休旅车。

小时候，他梦想着自己是达喀尔拉力赛中的选手。所以，长大成为医生以后，有一天想要换车时，他犯了致命的错误——随便去了一趟运动休旅车经销商那里打听一下情况。完蛋，就这么上钩了。出来时，他就开着这么一辆超大的武装配备。

他告诉我，自己经常招引怒目相视，被其他恼火的驾驶员呵斥。人们可以宽容小车所犯的过错，却无法容忍运动休旅车做同样的事情，例如堵塞着街道几分钟卸行李，或在人行道上暂停等等，随即就会招致一堆攻击性的看法甚至话语。诸如："以为开大车，就能为所欲为了！"他诉说着，自己如何在突然之间被打入过街老鼠之列。他更是尽全力试图扭转，例如减速开车、礼让行人、毫无怨言让有优先通行权的车子先行……他希望别人能够原谅他驾驶着一辆大玩具。

我微笑地听他诉说。嗯，这是真的，我该拒绝这所有偏见的。我会尝试不要太快评断这些休旅车驾驶员。当他们做了让人发火的事情时，我会问问自己："如果他们开的是小车，你的说法还会一样吗？"

偏见（复发） PRÉJUGÉS (RECHUTE)

昨天上午，在一条安静的街上，我穿过斑马线，视线内没有任何车辆（我承认，我没有看红绿灯）。突然，砰！一辆运动休旅车从下一个路口有点快地蹿了出来，我急忙止住。女司机十分不高兴地向我按喇叭，并且带点威权地向我指着红色的行人标志。没有辱骂，也没有攻击的举动。然而，还是让我恼火。是的，我的第一反应就是恼火："欸！你不会开慢一点吗？况且，我是在你蹿出来之前，就走在行人穿越道上的！即使是红灯！我总不会是故意跳到车轮前面，找你麻烦的吧！"

然后，我记起了自己要对运动休旅车改变看法的期许（请参看上一个词汇）。最重要的是，我告诉自己，无论如何错还是在我。而且，共同生活在城市里，若每个人都遵守规则，日子还是会比较容易的。这位女士是对的，即使她开的是一辆太大又过于虚荣的车子。哦，不应该这么说的，对不起，这句话有点画蛇添足……

对不起，这位女士，您是对的，我不应该闯红灯的。在这种情况下被按喇叭，是我的过失，我应该负责。但是，如果您是满面带笑地做出那个指向红灯标志的小手势，那就会更帅了。对，如果是这样，这个细微的“友好纠正”，对我来说会更受用的。就像基督徒常说的，如果您要惩罚我，恳请面带微笑，而不是紧蹙眉头按着喇叭。我要求太多了吗？或许吧。但是，如果我们所有人都能够这么做，生活将会更愉快，更令人赞叹，也更有意义一些，不是吗？

所以，我告诉自己，倘若事情再次发生，我将从自己开始做起，对那位女士轻轻点头示意。我会尝试的。此外，那时候，说不定她已经换汽车了呢……

初吻 PREMIER BAISER

前几天跟一对老朋友夫妇闲聊时，先生告诉我们最近碰到的一件尴尬事。有天晚上，他比平时早了许多回家，就在小区大门边瞥见自己十五岁的女儿，正在一个男孩的怀里。他描述自己在那一刻的感受：“我发现自己非常尴尬，真是难以形容。首先，我是极度地不好意思，看到她第一次亲吻男孩子。更尴尬的是，她竟然看到我正在看她。于是，我移开视线，低下头来，大步向前走了十分钟不回转。然后，我停下来缓和一下情绪，感觉到内心五味杂陈难以名状：惊讶是当然的，还有尴尬，看到那一幕甚至很不舒服，即使只是匆匆一瞥。或许，有一瞬间意识到时光飞逝的怀旧，而且也有些伤感地意会到，自己终究被取代了。在女儿的生命中，有了其他很重要的男人……”

总之，这是我所喜欢的情绪，一个非常巨大又非常耐人寻味的失落，充满着复杂、微妙，从自己过去经历的各个角落中，撷取出来的各式记忆。他的妻子则补充道：“而让我惊讶的是，在你告诉我这件事的当时，你很不高兴。至于我，撇开尴尬和怀旧的这些情绪不说，我同时也感受到幸福，看到女儿发现了爱情！”我还没有遇过这样的情形，但这终究会到来的，很正常，也很好。然而，即使我的想法跟那位妈妈一样，我的反应却肯定像那位爸爸——其实，我宁愿被告知，而不是当面看到！无论如何，命运将为我决定……

规定或禁止 PRESCRIRE OU PROSCRIRE

为了人类的进步，不仅要打击自己的缺点，还要发展自己的优点。对于禁止（“不可以做的事情”）或鼓励（“应该要做的事情”）这两种美德所进行的研究显示，限制的做法是有成效的，也就是说，孩子能够采纳家长或环境所提供的价值观；但是，却不能使他们有足够的定力抗拒诱惑。例如，与其鼓励孩子不要自私（“因为这是错的”），倒不如将孩子放在一个无私行为的环境中（例如行善），这将更有成效，而且耗费较少的心理能量——因为对一个人来说，“做”比“不做”来得容易。

当下 PRÉSENT

帕斯卡尔告诉我们：“让每个人审视自己的想法，就会发现那都是萦绕着过去或未来。我们几乎完全不想当下，即使想到，也不过是为了借助现在的光明来照亮未来。当下从来都不是我们最终的目的。过去和现在是我们的手段，只有未来是我们的目的。况且，我们永远都不是活在当下；而是，希望能活着，永远期望能够快乐。因此，不可避免地，我们永远都无法达到这样的境界。”儒勒·列那尔在《日记》里补充说：“我无求于过去，也不再指望未来。有当下就够了。我是一个快乐的人，因为我已经放弃追求幸福了。”好了，读过以上这些之后，我无须再为当下加注什么，否则就太放肆了。

预防 PRÉVENTION

在精神病学和心理治疗的复发预防中，积极心理学有个好处——帮助脆弱的人更珍惜享受日常生活，就等于是帮助他们面对以后遭遇的困难。然而，积极心理学不是一个治疗的工具，至少到目前为止没有任何这方面的证据。唯一被证实的是，积极心理学在轻度抑郁倾向的病患身上是有帮助的。因此可知，积极心理学特别适用于那些病情暂时减轻的人。也就是说，那些不再生病，但有复发风险的人。

祈祷 PRIÈRE

我们常在痛苦的时候祈祷，而不常在快乐的时候祈祷。萧沆认为我们错了，以下是他在《出生的缺点》（De l'inconvénient d'être né）一书中所写的："公元二世纪诺斯替教派（Gnostique）[①] 的一本著作中提到：'伤心人的祈祷，永远无法上达上帝那里……'由于我们只在沮丧的时候祈祷，可想而知，所有的祈祷永远都不会到达目的地。"有一天，我对一个虔诚的基督徒朋友埃堤彦提到这句话，他非常罕见地表现出有点生气。他坚定地告诉我，这句话十分愚蠢，因为所有的祈祷都能够上达上帝耳朵里！

尽管如此，萧沆的话似乎也是有用的，刚好能够让我们补足本节的第一句话：我们经常在痛苦中祈祷（因为有所求），而非在幸福中祈祷（为了感谢）。不要忘了感谢，不要忘了赞美的祈祷、感恩的祈祷，以及其他形式的祈祷。祈祷，是感谢上帝的举动（如果我们信仰神的话），可以帮助我们意识到自己生活中顺遂的地方，让我们心存感激之情。祈祷，能够疗愈我们。

① 诺斯替教派一般认为起源于公元一世纪，比正统基督教的形成略早，盛行于二至三世纪，至六世纪几乎消亡。"诺斯"（Gnosis）一词的希腊语意为"属灵的知识"，意译为"灵知"，他们认为，透过这种特别的知识和直觉，可脱离无知及现世的遮蔽，超越物质和肉体的囚禁，使灵魂得救。

利涅王子 PRINCE DE LIGNE[①]

利涅的查尔斯－约瑟夫王子，是十七世纪欧洲贵族国际化，以及武将和朝臣的完美代表，也是一位喜爱谈论幸福的作家。他给世人留下了以下六个美好的提问：

“每天醒来时，要问自己：一、今天我能让人开心吗？二、我要怎么样才能玩得开心呢？三、晚餐，我要吃什么呢？四、我会遇见一位令人愉悦又有趣的人吗？五、在某位我喜欢的女士面前，我是否也能够表现得令人愉悦又有趣呢？六、出门前，我是否会读一些，或写一些新鲜、中肯、有益又令人愉悦的真理？——我是否能够完成以上这六项要点呢？”他提出的方法，是能够长期实践的：“每周的其中两天，总结一下自己的幸福，审视自己的存在。例如：我非常好……我有钱、地位重要、受重视、受喜爱、受欣赏……若是没有这样的回顾，很容易对自己的幸福状况麻木无感。”

这看似一连串好运的生活，可能会让我们莞尔一笑。然而，这一切也能感动我们。利涅王子并不满足于享受这些好运，而是尽力想知道如何最好地利用好运。他的动机其实跟我们很接近：“看着激烈的战争，恐惧没有办法在死前得到足够的快乐；我敦促自己要好好地生活。”

春天 PRINTEMPS

春天是众所周知的幸福：生命、花朵、鸟鸣重回大地，阳光再次温暖普

---

① 查尔斯－约瑟夫王子（Charles-Joseph， Prince de Ligne，1735—1814），奥地利陆军元帅、作家。生于比利时布鲁塞尔，幼年即进入皇家军队，在“七年战争”中（1756—1763）为奥地利服役，卓有功绩；后成为神圣罗马帝国皇帝约瑟夫二世的亲信顾问。1780 和 1786 年受派出使俄国。1809 年晋升元帅，并任法庭名誉指挥。

照。对于那些年纪大的人来说，响起了消失又复活的遥远回声。或许有一天，他们也能像这棵树一样，从长眠中苏醒过来，再次开满繁花。或者像这些不知名的青草，从祖先分解又重构腐殖的土里，突然萌生，欣欣向荣。

困难 PROBLÈMES

困难，是一个现实的情况；即使是幸运儿，也会有困难的时候。然而，另一个现实是：我们几乎总是加重困难，总是在扩大、延长困难对我们生活的实际影响。还记得萧沆那句有点残酷的话语："我们都是爱戏谑的人，在自己的困难里死里逃生。"或者，这句我忘了是谁说过的话："在生命里，我已经逃过了上百次的灾难；我反而担心，灾难其实从未来临！"

精进 PROGRESSER

精进，是隐秘又坚实的幸福源泉，可以抵消生命的老化；也是让我们可以好好老去的最佳方式。一直沉浸在学习中，感觉永远像初生牛犊，像个学习者，永远希望所有尚待发现的事情，持续不断地丰富、饱满自己。

精神分析学家 PSYCHANALYSTES

当我还是住院实习医生，还在研究精神病理学的时候，我记得，精神分析学家对幸福是完全不感兴趣的，他们感兴趣的是洞悉力。对我而言，精神分析学家似乎不如一般人来得幸福。然而，他们却未必更具有洞悉力，甚至一点也不具备更好的洞悉力——因为，与幸福分离，并不足以保证能接近智慧。

多元心理 PSYCHODIVERSITÉ

就某方面来说，幸好人类之间存在着所谓的“多元心理”，正如大自然中动植物世界里的生物多样性，是我们物种的丰富资产。“多元心理”在面对许多不同情况的时候，能够提供各种不同的行为；倘若只具备单一个性，在面对这些不同情况的时候，就只能徒呼无奈了。

在人群中，每个人都可以发挥自己的作用。当维京人企图横渡大西洋到美国的时候，船上一定有焦虑的人，总会预想一些困难，例如是否有足够的武器和食品等等；有强迫症的人，总是认真检查船只的状况以及相对于恒星的位置；也有强悍无畏的人，鼓励同船者克服自己的犹豫，勇往直前。在一个公司里，偏执个性的人掌管法律和监管部门，有戏剧细胞的人任职商业服务，有自恋特质的人在总裁办公室工作，紧张焦虑的人待在生产部门，悲观的人待在金融服务单位。

以上这些不同的人格，可以组成一个有效率的团队。所以，我总是尽量避免被人生旅途里遇见的讨厌鬼惹毛自己，因为：一、我知道至少在某些时候，自己也会是个讨厌鬼；二、在某些情况下，讨厌鬼的缺点也可能成为优点。

积极心理学 PSYCHOLOGIE POSITIVE

2000 年初期的模式转变，使积极心理学进入心理学领域，即使在今日也很难衡量这个转变所代表的重要性。在此之前，临床心理学以及心理治疗的主要研究，都集中在障碍与失常上。但是，在 1998 年，权威的美国心理协会新当选的会长马丁·塞里格曼（Martin Seligman）宣布：“我们不仅要疗愈病人，我们的使命是更广泛的：我们必须设法改善所有个人的生活。”

积极心理学运动就此正式诞生。积极心理学不再只是为了帮助病患减少不幸、减轻焦虑郁闷，更要帮助他们在克服困难之后，珍惜生命，终其一生不再重蹈痛苦之中。我们帮助病患学习培育以及发展心理健康，以作为预防复发的工具。

当然，这样敏锐的洞悉，很早以前就有人表达过。伏尔泰就曾说出这句名言："我决定要快乐，因为这对健康有益。"但是，他随即也提醒了任务的艰难："我们所有的人都在追求幸福；然而，却不知道幸福在哪里，就像醉汉寻找自己的房子，只隐约知道它的存在……"有了这些支持的证据，积极心理学被提出，以帮助人类寻找幸福为目的。

肇始以来，专门讨论"主观安适"（研究人员口中对"幸福"的谨慎命名）的著作以及科学出版物，数量已经颇为可观了，而且我们以为这不过还在开始阶段。因此，出现了划时代的真正改变——追求幸福，在传统上是属于哲学的老生常谈，如今通过现代科学研究提供众多方法，就如同踩足油门，加速前进……

心理神经免疫学

PSYCHO-NEURO-IMMUNOLOGIE

前几天，我生病了，是很严重的鼻窦炎，头痛、发烧又疲劳，非常痛苦。我打电话给当天晚上有约的朋友，告知他无法去他家了。我很伤心，也着实犹豫了一下，因为我知道他还邀请了很多我喜欢的人。朋友有些失望，但还是说了些体贴安慰的话。挂了电话之后，我对自己说：不行，这也太可惜了吧！已经好久没看见他了，无论如何，我真的很想去。以当时发高烧的情况来看，这实在不太可行。但是，我以所有心理神经免疫学的念力来激励自己。这是一项全新又吸引人的学科，研究的是大脑和免疫功能之间的关系。原则是，我们的心理现象会影响我们的神经系统，而神经系统则影响着我们的免疫力。因此，压力会削弱我们的免疫系统，正向情绪则会强化免疫系统。

长期以来，大家一直思考着这个主题，然而，如今则证实了这个想法。所以我对自己说：冷天出门看朋友，看所有你喜欢的人，会加重你的病情；然而，如果这是你自己选择出门访友，而不是被迫出门，这样就能够让你开心，也算是种平衡。说实话，我的心理神经免疫学计划，结果不怎么行得通，甚至一点都行不通。因为，接下来的那几天我病得比之前严重三倍。

由此说明，科学研究结果转证到日常生活中时，从来就是不确定的。无论如何，我并不后悔。我真的很高兴能够见到老朋友。总之，重要的是，希望一年之后当我再回想起那天晚上，想到的不会是鼻窦炎。至于我的鼻窦炎，我们再看看到底会如何演进……

广 告 ◆ PUBLICITÉS

我们的世界是多么奇怪啊！前几天，我无意间看到一个顶级信用卡的广告，卡主可以拥有许多福利，其中一项是："缺雪情况下，独家保证"赔偿所有的用户，指的是"连续两天缺雪，或者由于天气恶劣，造成至少百分之五十的升降机和滑雪道关闭至少三个小时"。我并不反对保险，同时我也理解大冷天舟车劳顿到了很远的山区，结果竟然不能滑雪，实在令人抱怨。但是，赔偿到这样的地步，我实在百思不得其解。难道，我们没有比失落感更重要、更需要保险的事情了吗？这种行为，到底是要驱使我们做什么呢？有一天我们倘若能够控制天气，随意想下雪就下雪时，我们是否真的会只为了自己高兴而操控天气呢？这类预测式保险的出现，实在既不正常，也让人不放心。还是，我已经变成了一个唠叨又只会抱怨时代的老头子了？这也是有可能的。

总之，这让我想起了1968年5月学生运动[①]的口号："享乐无阻。"我们这个超级消费社会再回收利用这个口号："参加保险，享受无阻。"想必在不久的将来，我们很快就会看到这样的标语：幸福保险，保证幸福……不是的，我搞错了，其实这些都已经有了！

"妈的，该死，该死！"

《PUTAIN, PUTAIN, PUTAIN!》

前几天，我在高铁上目睹了有趣的一幕。火车离开巴黎半个小时后，我听到间隔几排之远的地方，每隔一段时间就会传来咒骂："妈的！不会吧，怎么可能！该死，该死，该死！"约莫如此，断断续续，持续了好一阵子。那是一位穿着时髦的年轻主管，独自坐在计算机屏幕前暴怒着。车厢里投来的目光或是好奇（"他是怎么了？"），或是担心（"难道他打算在我们面前直接上演精神崩溃的戏码吗？"），或是恼怒（"他快要闭上这张烂嘴了吗？"）。然后，这家伙自己平静下来了。过了一会儿，他起身去餐饮车厢买了一瓶啤酒。再回到座位，喝完啤酒，就睡着了。

我不知道他碰到了什么计算机上的麻烦，也不知道他的生活是如何地超级紧张，让他在众人面前有如此行径。有时候，我也会恼怒，尤其是当计算机对我不留情的时候。然而，倘若有其他人在场，我会闭嘴，不敢作声，也不敢高声抱怨出来。要不，也是偷偷地做。

而他，却是我行我素，有强烈的自我肯定。不过，管理压力的能力，或许少了一点……

---

① 1968年春天在法国发生的学生运动，由开始时巴黎的三万人罢课，演变至全国九百万人大罢工。此次学生运动对法国现代发展影响深远，甚至被视为是促成法国社会进行大幅度且深层的结构性变革之关键。此次学生运动更从法国蔓延到世界各地，即使是欧洲往后的学生运动，亦深受它的路线影响。

日常

QUOTIDIEN

a b c d e f g h i j k l m n o p Q r s t u v w x y z

每天都是恩典：都是幸福的日常面包。我已知道这一点，现在也相信了。我是否能够幸福地死去呢？

传道书 QOHÉLET

大家比较熟知的《传道书》(Qohélet),是以Ecclésiaste为名的;这是《圣经》中最令人不安的篇章之一。昔日,人们曾经认为所罗门王是这一长串独白的作者,其中也包括众所周知的著名句子:“虚空的虚空,一切都是虚空,都是捕风。”《传道书》的矛盾与神秘,就在于交替着长串的忧郁以及虚无主义(“已有的事,后必再有,已行的事,后必再行,日光之下并无新事!”),加上另外一些令人欣慰的段落(像是“行你心所愿行的,看你眼所爱看的”)。

这两段出自同一个人所说的话,总结起来就是:“你在日光之下虚空的年日,当同你所爱的妻,快活度日。”尽管《传道书》是悲观的,仍然载负着智慧,不断给予我们提醒;《传道书》的智慧也鼓励我们继续珍惜生命,即使生命不具任何意义——“因为在你所必去的阴间,没有工作,没有谋算,没有知识,也没有智慧。”

哲学家安德烈·孔德–斯朋维勒在一段评论中,特别提到hével一词,希伯来文的词源是“水汽、蒸汽”,翻译成“虚荣心”的意思。水汽或蒸汽,并非什么都没有,只是“几乎”没有!因此,《传道书》想要透露的讯息可能是:“我见日光之下所做的一切事,都是虚空,都是捕风。”然而,生命就是这样啊:几乎什么都没有,但总还是有点什么……

什么时候才能是真正的自己

QUAND SUIS-JE VRAIMENT MOI-MÊME?

是在幸福的时刻吗?觉得自己很幸福的时候吗?是借由幸福,才能启发自己的渴望与自我认知吗？抑或，不幸才会是启发我的动力？难道是在我反复思忖、发脾气或者惊慌害怕的时候，才感觉更接近自己吗？

我们可以选择不回答这类问题，并且告诉自己：其实，幸福与不幸都是存在于我们身上的多样面孔的展现。这样说也是没有错的。

然而，这只是推延问题罢了，因为紧接下来的问题会是：我偏爱这些面孔里的哪一个呢？我想用其中的那一个面孔来度过余生呢？

“今天，你为别人做了什么？”

《QU'AS-TU FAIT POUR AUTRUI AUJOURD'HUI?》

前几天，一位女性朋友寄给我这句马丁·路德·金（他是我最喜欢的人物之一，他的照片就挂在我书房的墙上）的话：“一生中，最该持续不断且最紧迫的问题是：你为别人做了什么？”那一天，当我读到这封信时，这句话深深地触动了我、召唤着我，并且挑起了我很喜欢的那种搅扰，也就是由知识转为行动的过程。阅读着这句话，我不会自问：“我了解这个道理吗？”而是问：“我实践这句话了吗？”马丁·路德·金的这些话，并不只在智识上紧紧攫住了我（“哦，是啊，这很有道理，也很重要”），而是整天不离不弃地跟着我——“你呢？今天，你为别人做了什么？”在那几天里，我经常自问着这个问题进入睡梦中。对我来说，结果非常有趣。

起初，我觉得这很容易，毕竟每一天生命都赋予我们为别人做许多事情的机会，我们有一千零一种安慰、帮助以及体贴的话语和举动。然而，我算是特例，因为有幸作为一名医生，在医院里，我天天履行着劝慰、倾听、安抚以及照顾病患的工作。有些日子里，这些工作使我疲累，也有些负担。但是，总体而言，这个专业让我能够帮助别人，对我来说这实在是一项恩典。另外，我也很幸运地成为作家，让我能够借由自己的著作帮助他人。还有，我也很幸运地拥有家庭和朋友，并且能够随时支持他们。因此，这一切都太容易了……

一旦抛开自己作为医生和作家的身份给予他人的帮助，以及心甘情愿给予亲人和熟人的帮助，我发现，一旦必须刻意超越自己习惯的关系圈子时，助人这回事也就变得比较复杂了。很难在日常生活中力行，也很难对自己说："今天，你为别人做了什么？对一个完全不认识的人做了什么？不是为了亲人、邻居、同事、病人或读者，而是为了一个完全陌生的人？"就这样，动摇了我对自己的肯定，也降低了对自己的坚信。

为了自我安慰，我跟自己说，起码已经做到这些了。我经常做的事情已经很不错了——尽力助人，帮助周围的人、认识的人，或者与我擦身而过的人。然而，有些人则贡献于全体人类，成就有益的事情。霎时间，我对这些不顾艰险以救援为己任的人，无论知名还是匿名者，都肃然起敬。结果，当晚我反省"你今天为别人做了什么"的时候，就变得不再那么舒适，反倒不安起来了。取而代之，我问的是：今天我是否超越了自己的习惯，走出自己熟悉的圈子呢？在未来的日子里，我是否能够做得更好呢？

我完全不知道会怎么样，我不是圣人，我只是个凡人——有些日子里，会有点累的凡人。

但是，我希望自己可以有能力并且坚持下去……

四条生活准则　QUATRE RÈGLES DE VIE

我是个非常欣赏智慧准则的人：一般情况，我喜欢准则。批评智慧准则之前，我的第一个动作是先好好地欣赏一番。毫无疑问，这是因为我自知在智慧方面仍是新手（也自知会一直这样持续下去）。总之，前些天一位女性朋友在网络上给我寄来一张图片，就像你们一定都收过的那种：一些印度智者美丽的照片，加上动人的话语。这次，则是建议我实行以下四条智慧准则。

“每个你遇到的人，都是适切的人。”没有人是无意间走进你生命之中的……

“不管发生什么事情，都是唯一会发生的事情。”所有发生在你身上的事情，都是好的，即使是在挑战你的自我、逻辑或意志。

“每一刻，都是好时刻。”发生在你身上的事情，不会太早或太晚；即使搅扰到你，也是它应该发生的时刻。接受发生在你面前的事情。

“结束就结束了。”不要对任何事情后悔，放下过去（不是忘却过去，而是放手），并且勇往直前。

奇怪的是，这些话看似如此想当然，如此有力，或许存在谬误，或根本无法实践，但竟然能够触动我，让我反思自己的生命。每一回，当我遵从这些准则反应的时候，还是能够让我避免许多磨难，避免浪费时间。所以，面对这些行之已久、陈义宏伟的生存建言时，我从来不会像某些人那样小看这类老生常谈。陈词滥调是不存在的，只是我们的生命力和好奇心困倦无感了。因为我们自命不凡或厌倦了，甚或有时只是因为自己心情不好，或只是疲累了。

寂静主义 ◆ QUIÉTISME

十七世纪的欧洲，曾经有过一个惊人的教派，名为“寂静主义”[1]。这个教派受到神秘的灵启，以一种完全自愿、平和、坚信的放任方式来亲近

① “寂静主义”来自拉丁文的形容词 quietus（寂静）。“寂静主义”一词开始为人所知，和西班牙神父米格尔·莫利诺斯（Miguel Molinos，1628—1696）受到教廷处分有关：十七世纪下半叶，米格尔·莫利诺斯神父大力鼓吹一种无为超拔的境界，其神修理论经过罗马长久审慎的分析，于 1687 年被断定为不道德的谬论。

上帝。最重要的是，他们将自己沉浸在祷告与沉思祈祷中，仪式和行为则是次要的。然而，罗马天主教廷并不欣赏，甚至大肆挞伐这种置教条与教会体制不顾，直接与上帝沟通的罪恶自然神论。寂静主义通过对上帝毫无保留、无为以及信任的形式寻求真理。结果，这支教派成为严厉批评的对象，甚至消失殆尽。

当今一些幸福的愿景，像是任意放逐于天意与生命之中，其实与寂静主义主张的无为很相近。这样的想法所导致的争议（诸如“幸福就是不理会生活中必要的奋斗”），也很类似于清静无为当时引起的争议［博须埃[①]的挞伐受到费内隆（Fénelon）的反对］[②]。然而，放松和信任，有时候代表着最明智又适切的态度——当逆境展现在面前，我们也已经尽力而为了，与其激进，倒不如寂静无为来得好。

“谁能指示我们看见幸福？”

《QUI NOUS FERA VOIR LE BONHEUR?》

“谁能指示我们看见幸福？”[③]这句内心深处的呐喊，出自《圣经·诗篇》第四章。顺理成章的，答案就是上帝。我很乐意再添加一个答案——我们。这应该不算是亵渎，因为上帝是依照自己的形象创造了我们。

---

① 博须埃（Jacques—Bénigne Bossuet，1627—1704），法国主教、神学家，以讲道及演说闻名，拥有“莫城之鹰”（L'Aigle de Meaux）的别名。他是路易十四的宫廷神师，宣扬君权神授与国王的绝对统治权力，被认为是法国史上最伟大的演说家。

② 法国一位富有的寡妇让娜·居永（Jeanne Guyon，1648—1717）因认识了米格尔·莫利诺斯神父的“寂静”神修理论，深受感动，为文大肆宣传。一向不喜欢神秘主义的博须埃主教对居永夫人展开攻伐；其学生费内隆主教非常欣赏居永夫人的神修思想理论，出面为居永夫人辩护。1699 年费内隆受到教会谴责，且被迫归正。

③ 中文《圣经》里的译文为：“谁能指示我们什么好处？”

日常生活 QUOTIDIEN

日常生活，是幸福的主要来源。这些矿层相当丰富，开发起来也容易——只需要睁开双眼，学着留心就够了。

呼吸

RESPIRER

a b c d e f g h i j k l m n o p q R s t u v w x y z

无论发生什么事，保持呼吸。当你赞赏，当你哭泣的时候，当一切俱足，当一无所有的时候。仅仅因为，你还活着。

发牢骚，不再发牢骚

RÂLER ET NE PLUS RÂLER

在朋友家度过了一个美好的夜晚，佳肴美酒，大家尽兴高谈阔论。应朋友的要求，我们很早就到他们家了，以便能在午夜之前离开，第二天才不会精神不济。然而，聊天一直持续再持续，没完没了的；我开始打瞌睡了，也注意到朋友的眼皮沉重地自动垂下来。尽管我们越来越不能掩饰疲劳的小信号，太太们却还是精神饱满，继续谈论着生活里所有重要的主题。最后，我们比原先预期的时间晚了许久才离开。我早就想上床呼呼大睡了。啊，终于，如愿以偿……多高兴啊，钻进温暖的被窝里面！突然间，我想起了……

我想起了，好几年前，当这种情况发生在自己身上时（就是，想早点上床却要等到深夜一点钟才能睡觉的时候），我都会暗自发牢骚——恼火着被留到深夜方能离开聚会，一想到第二天早晨还要早起就心烦，有点担心没有足够的时间恢复体力。可是这一次，我看到自己的大脑几乎不再抱怨，几乎不恼火了。脑子不再浪费时间和精力去后悔晚上聚会拖得太久，也不再烦心第二天可能会疲劳。脑子轻轻松松地就脱离了发牢骚的诱惑，径自专注于最重要的本质，专注于当下——此时，疲累得只想倒头大睡，能够钻进被窝里是多么美好的事啊！我的大脑直接专注在当下，因为它知道其他的都没用。总之，在这个时候，反复思考是没有用的。这一刻，只是为了好好享受，而不是糟蹋浪费。

于是，我明白了，年复一年，在不知不觉中，所有冥想课程以及正念时刻，已经开始悄然改变了我的大脑（也就是治疗师口中常常提到的“神经可塑性”）。大脑非常有效地运作以调节情绪，有时自动执行，有时在我的要求下运行。有赖于所有微不足道、多年持续不断的努力，即便在当时看不出有什么效益，但就是这些无足轻重的努力，使我们成为更好的人——变成少发牢骚，不再那么有攻击性；变得更懂得珍惜，更快乐；变得更有耐心倾听，不添加愤怒或自负。我油然升起了宇宙无垠巨大的感恩之情，向所有时代、所有文化的所有禅修者致意，感谢他们千年来耐心地将冥想发展起来。若只凭恃我一个人，是绝对无法办到的……

雪地里的雪鞋 ◆ RAQUETTES DANS LA NEIGE[①]

有一天在山上，我穿着雪鞋独自走在森林里。我缓慢又艰辛地前进着，因为刚刚才落下了很多的新雪。天气非常好，映衬着冬天特有的寒冷又耀眼的光芒。不时，我会突然陷入疏松的雪块里，深埋到膝盖的部位。然后，我再继续困难地前进。再远一点，我又再次踩进深深的雪中，然后再费力地拔起自己的双腿。通常，在这样精疲力竭的情况下，我会停下来欣赏森林的美丽、天空的纯净，静听沉默之音，像是树枝上突然飘落下雪花的声音，或是鸟鸣声……

我不知道自己为什么会在这里，在这深深的积雪里，奋力向前移动着。然后，答案揭晓了——因为，周围的一切是多么美，远比滑雪胜地的坡道更美丽，远比其他的地方更美丽。也因为，这就是我们生命的写照——我们奋力、我们咒骂，磕磕绊绊跌跌落落地前进，就在我们停下来放眼四望的时候，我们了解，自己拥有多么不可思议的幸运，能够身处当下。

---

① Raquettes，球拍状的雪鞋，适用于行走在又厚又软的雪地上。在西伯利亚和北美多雪地区，已有上千年的历史。

（差一点）错过火车

RATER (PRESQUE) SON TRAIN

有一次，我参加了一场很精彩的研讨会，会议持续了一个白天和晚上。在这场会议中，我们学到了很多，也经历了许多感人的片刻。我必须搭第二天一大早7点35分的火车回巴黎，主办这次会议的朋友（当然是与其他几个人一起主办的）坚持要载我去车站。我一再拒绝，并且告诉他，主办会议全程已经非常疲惫了，我大可以叫出租车。他一再坚持要我接受，并且告诉我：这样子，我们还可以再多聊一点。于是，我们就约了第二天清早7点10分，在我下榻的旅馆前见面。

第二天早上7点15分，他还没到。我打电话给他，是录音机。7点20，焦虑升高，我开始在街头踱来走去，想要拦一部计程车（因为已经来不及从旅馆打电话叫车了）。7点25分，朋友终于赶到，万分尴尬，解释说这是他第一次没有听到闹钟响。

看到他来了，虽然让我松了一口气，但我还是全身紧绷，因为我开始预见要错过火车了。我们火速穿过市街，我亲眼看到这一幕谨慎闯越红灯的吓人奇观（我知道，这么说很奇怪……），也就是每一次红灯亮起时，他就慢慢地向前开，确定没有来车再开过去。我们之间没有交谈。因为，他要专心开车，也因为他很尴尬。我则是看在眼里怕他分心，也因为自己的能量都被其他的事情吸去了。

一路上，我都在竭尽所能地让自己冷静下来——极力抗拒一阵阵潮涌上来对他不满的怒气（既荒谬又无用地想要怨怼他："已经告诉过你，你累了，我可以叫出租车的。"），还要平抚自己紧张的情绪（"快赶不上火车了……"）与自责（"不就是赶不上火车嘛，别把自己弄成这个样子；况且，他又不是故意的……"）。总之，车内弥漫着一片浓密又紧张的沉默。热络的交谈只能等下一次了。

7点33分，我们抵达火车站前，接着就在过道上狂奔，寻找搭车月台（在匆忙紧张时，更显艰难）、跳上高铁列车（刚好，高铁迟到5分钟）。我们终于在车门关上前的分秒之间，开始说话了。他忙不迭地直道歉，我则想让他少些自责："别担心，这会是我们难忘的回忆。几年后再讲起来，会被当成一件爆笑的故事：'你还记得嘛，当年我们竟然花不到10分钟，穿越了布鲁塞尔市区！'"

在火车上，我又想起刚才经过的事情。真是徒劳了自己的定期打坐，也空有应对压力的知识，因为这些努力并没有让我能够不焦虑、不恼怒，也没能让我不对朋友生气，甚至还给他脸色看，让他忍受我的沉默。我唯一能做的，就只是与愤怒和压力保持距离，避免自己被这些情绪完全凌驾而对朋友做出不必要的指责。

结果，我就没有多余的能量来面对其他的事情了——比方说，我可以感谢朋友冒着驾照被扣分的风险，也可以感谢他一路上的努力，而不是只有在最后到达车站的时候才感谢他。然而，这些对我来说都太困难了。有一天我是否能够做到呢？我完全不知道，我只知道在达到这种境界之前，自己还必须多多努力好长一段时间。因而，也无须勉强、显示谦虚（试图表现得比实际上来得坚强）；生命会提醒我们，自己的限度在哪里。

欢 喜 ◆ RAVI

在普罗旺斯所有的圣诞马槽模型里，都会有欢喜鲁（Lou ravi）在场。这个"欢喜"的小人物，衣衫褴褛，双臂伸向天空，惊叹圣婴耶稣的诞生。因此，他也成了人们嘲讽的对象：当别人说你是"马槽里欢喜的人"，通常意味着，大家认为你的热情和冲动都太刻板而不可靠。但是，也别忘了"欢喜”的动词，起始是意味着“强夺”。因此，心理上的欢喜，就是被幸福劫持，是一种不可抗拒的欢乐激情。我还真希望，自己能够更常快乐！

幸福的秘诀 ◆ RECETTES DE BONHEUR

社会观念一般是鄙视幸福的秘决和招数的。那些让人过得好的建议，可以非常简单，对此，我似乎从来没有怀疑过。其简单的特性，并不意味着简化。让人容易理解与实践的事情，都是简单的。因为，幸福秘诀的挑战，并不在于简单与否，而是在于，必须经常实践。

复发 ◆ RECHUTES

这一点很重要——如果你不是天赋异禀的幸福能手，即使你曾经尽心努力过，并且历经这些努力之后有所进步，你还是会旧疾复发的。

心理咨询师很清楚这一点，这很正常，所有人都必须经过这样的历程。心理变化的过程本来就不是遵循着一条直线，而是遵循着一条正弦曲线朝上进行的。每当曲线反折接近低点的时候，我们都不禁自问这到底是怎么一回事，是否表示所有的努力都没有用，永远注定要回到原点？就如西西弗斯注定要一直推着那块大岩石呢？或者只是意味着，我们的改变牵涉到自己情绪的自动操作；而情绪的自动操作在遇见困难增多或暂时疲劳的时候，就会卷土重来呢？

还记得所有改变的步骤吗？首先是想法（即告诉自己应该做的事），其次是态度（即努力而为），然后是情绪（会变得不那么暴烈）。最后一个阶段是最漫长的，而且也不会得到完整的成果。一生中，我们有可能会持续感觉到阵阵的恐惧、痛苦、自杀的念头以及暴力的冲动。我们要克服的，不是这些现象的存在，而是它们的影响力。萧沆也曾经提到：“我已经克服了自杀的渴望，而不是自杀的念头。”

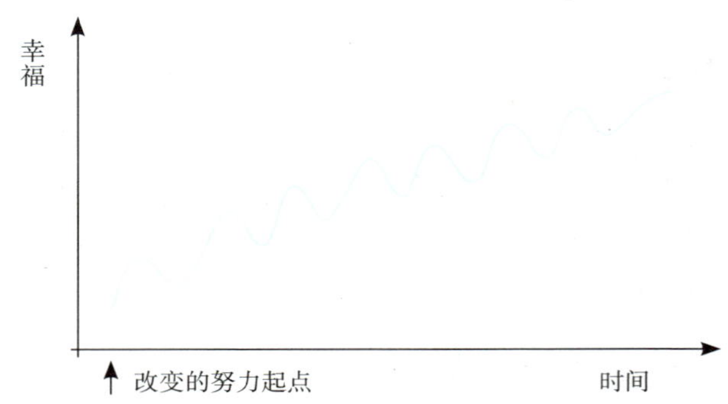

我们的心理成长历程，几乎都是以锯齿状在进步和退步……

对于痛苦情绪的掌控能力，不要太狂妄自满，也不要有太多不合理的期待。因为，痛苦的情绪总是会重新出现的。然而，如果我们能够不妥协于痛苦情绪的反攻，它终会变得不再那么沉重……

沉思 RECUEILLEMENT

最后一次独自到父亲坟上悼念时，我仔细观察了自己脑子里的思绪。独自一人时，悼念的方式是不同的；人多的时候，会有比较多的行动（像是给花浇水、清洁坟墓等等），话说得也比较多。然而，当我们独自一人的时候，就很不同了，我们面对的是自己的内心世界。我们有时间静观自己行事、聆听自己思考，还有观察自己感受。

那天，我首先意识到内心栖息着来来去去混乱模糊的想法和印象：童年的回忆，还有对父亲晚年的回忆。我完全没有任何执着，只是任由这些回忆随意出现和消失。同时只专注于当下，看着坟墓，任凭干扰的想法流过，听着身边的生命之音在流动。然后，我想跟父亲说话，向他致意，向他传送尘世的讯息；也想要重新掌控一下这些混乱的心绪。前几次来上坟时，我似乎并没有真的与父亲“说话”。因此，至少这一次，应该不要再让自己脑海里思念父亲的情绪随意流动，而是让自己稍微能够整理一下这一切。

于是，我想要感恩，感谢父亲曾经带给我的一切——努力的热忱、关心他人、热爱阅读以及戒慎怨怼。感谢父亲努力工作，才让我们兄弟二人得以完成学业，而他自己却从来没有机会接受同样的教育。我让这种感恩的情怀充满全身，感觉到胸口温暖了起来，我试着深深呼吸，让这种感觉传送蔓延遍布全身。我试着与父亲在感恩的“频道”上停留联机几分钟。

我看到，美好的回忆慢慢扫除了那些不好的回忆，并且在情感记忆里的最前线占有一席之地。在那一刻，我觉得，这就是最好的态度了。当下也有种奇异的感觉，感觉到自己似乎也传递了一些东西给父亲。这样的传递也让我饱满丰盈。我深深地体会到人们常说的：施舍也丰富滋养着给予的人。

然后，慢慢地，我又回到了墓地。重新审视着墓碑上祖父祖母的名字，心绪不禁又飞扬流荡起来。

我走在墓道之间，看着每一座石碑，慢慢地离开，感觉自己与所有的亡者息息相关，有种人类生生不息的宽慰情怀。

保持距离 RECUL

儒勒·列那尔在1902年1月20日的《日记》里写道：“当一个人说‘我很幸福’的时候，他想说的仅仅是‘我有烦恼，只是它伤害不到我’。”不想有烦恼？不可能的。不想被烦恼击中？从来就不是容易的，但是要尽可能做到。

遗憾 REGRETS

记得在一次冥想实习课中，教练要我们做一件只有冥想导师才能够做到的异事。他要我们围成圆圈，然后要求我们向前迈出一步。沉默了几秒钟之后，他告诉我们："现在，试着不曾迈过刚才的那一步。"我从来没有听过，更没有经历过这样的事情（这就是语言教学与体验教学之间的差异），对毫无意义的虚空生出惊人的奇妙，让人体验到遗憾。

字典把遗憾定义为一种"痛苦意识的状态，连接到过去，鉴于愉快的时光必然会消失"，例如遗憾自己的童年、假期或者青涩的爱情……笛卡尔也在《论灵魂之热情》（Traité des passions de l'âme）一书中描述："美好的过去，所引起的遗憾，是一种忧伤。"幸福与悲伤之间的关系，真是不胜枚举，这两者常常必须妥协于遗憾。因而，不管我们愿不愿意，都会被推向不断地反刍过去。拉·布吕耶尔[①]在《品格论》（Caractères）中，以一种悲观主义确认，人类由于运用不当，造成己身的遗憾："人们经历了时不我予的遗憾，并不能确保他们能够善加利用剩下来的时光。"

在这领域里，大多数研究都强调，遗憾是不可避免的。遗憾，可以由行动所引起；同样地，也可能是因为欠缺行动而引起。也就是说，做了一些不应该做的事情，或者反之亦然，没有去做应该要做的事情。然而，倘若一定要选择的话，宁可要采取行动之后的遗憾！

许多研究证明，事实上，一个人对曾经做过的事情后悔（至少当我们失败的时候），通常比没有去做这件事情而后悔的时间来得短。进化论心理学家也认为，遗憾的功能正是让我们可以从失败中汲取教训，鼓励我们在下一次进行不确定的行动之前，要更加谨慎。但是，长远来看，没有行动而衍生

---

① 拉·布吕耶尔（La Bruyère，1645—1696），法国讽刺文学作家，道德家。曾经学过法律，做过会计、波旁公爵的家庭教师。主要作品是讽刺性的《品格论》，这部书使他获得声誉，却也因此树敌甚多。这部著作影响后世甚大，孟德斯鸠《致波斯人信札》的文章体例及风格即直接受其影响。

的遗憾还是最沉重的——生命中，最常让我们遗憾的就是那些没有去做的事情，像是“我真应该继续求学的”“我真应该多花一些时间跟孩子相处”“我应该在父亲去世之前多跟他说些话”。

（最大的）遗憾 REGRETS (LES PLUS GRANDS)

放眼所有文学作品，许多主题都是关于人到晚年才宣泄出来的最大遗憾。感觉到死亡将至，最容易后悔的似乎是：没有忠于对自己的期许，只一味讨好别人胜过让自己满意；工作太辛劳；没有表达自己的感情；没有与朋友保持联系；没有尝试让自己更幸福。正如以上几项，“没有”一词高占了五分之四——永远都是因为缺乏行动而引起遗憾……如果，我们能够试着在死亡来临之前正视这一点呢？

遗憾与诗歌 REGRETS ET POÉSIE

我似乎同时需要诗歌以及科学才能够激发自己改变，才能够靠着规律以及坚毅，来实现这本书里谈到的所有积极心理学的努力。科学，是为了说服我的大脑（如果没有这个步骤，我是不会行动的）；诗歌，则是用来激励我，注入起跑的动力，并且在动力削弱的时候，帮助我再接再厉。我曾经是个不断抱恨的人，诗歌在反遗憾的争战里，对我帮助颇大。例如，阿波利聂《健康颂》（À la Santé）里的诗句：

时间慢慢流逝
就像葬礼缓缓走过
你将为了匆匆离去的此刻哭泣

正如你将哀泣

所有飞逝而过的时光

每当意识到自己正陷入无端抱怨的时候，我就会复诵："你将为了匆匆离去的此刻哭泣。"这诗句对我有如真言一样，常常颇有效果。无论是诗句优美的音乐性，抑或是诗人的形象，都扶持着我。我想象着，纪勇·阿波利聂在 1900 年的巴黎，既乐又苦，最后去世于 1918 年的西班牙流行感冒潮里。我想起今日已经死去的他，想起他的话语。对我来说，一样的建议，绝对比出自一个还活着的人所说的平庸言语（像是"别再这样唉声叹气了，老兄"）来得有分量。人类，实在是奇怪的小动物。

马 可 · 奥 勒 留 的 谢 词

REMERCIEMENTS DE MARC AURÈLE

在奎德国（Quades）卡牛阿河（Granua）畔的军营里，有一天晚上，马可·奥勒留大帝坐在自己的书桌前，撰写《沉思录》。由别人提供给他的一长串名单，他洋洋洒洒地开始了动人的谢词：

我从祖父伟鲁斯（Verus）身上，学到了仁慈以及乐于助人……母亲培养我虔诚……拉斯蒂克斯（Rusticus）让我明白，需要纠正自我道德并且加以细心守护……塞克图斯（Sextus）以身教让我性情温和，做个好父亲照料家庭，具备单纯的稳重并且毫不做作，遵循大自然的法则生活，尽力揣测迎合朋友的心愿……语法学家亚历山大（Alexandre）教我在争议时，不出恶言……我还要感谢上帝，赐予我这些优秀的祖先……

这份名单，真是扣人心弦，一点也不枯燥索然。因为其中透露出真诚，描绘着一个人忧心忡忡，想要成为善良又公正的人。这段文字也勾勒了所有人在任何时间、任何地点，总是努力精进，希望将自己导向更人性化的境界。真是一个既具尊严又谦逊的训练，在我所知道的文学史上，还无人能出其右。

重新质疑 REMISES EN QUESTION

许多心理上的烦恼，来自我们没有真的去实践那些自己知道有助于心灵的事情，例如重新质疑。很少有人会否认重新质疑是件好事——如果我发现自己搞错了，或者犯错了，那么重新质疑某些推理、习惯以及信任，如何导致这个错误，这是很有用甚至不可或缺的途径。然而，我们会如此做吗？会真真切切地去做吗？

难道我们的重新质疑，只是在脑子里记下自己搞错了，知道原因出在自己身上，然后就转头去做其他的事情了？在这种情况下，重新质疑不会发挥什么太大的效用；下次一有机会，我们又会落入同样的错误、同样的习惯以及同样的坚信不疑之中。我们必须强力而为，真诚且花时间来深思自己的错误。浸渍其中，不是为了反复咀嚼让自己受苦，而是为了不要忘记这些错误，真正让它们在脑海里占有一席之地。不是为了鞭笞自己，而是为了让自己进步。借由清除这些自己不断重复的错误，给幸福提供多一些机会。

结识 RENCONTRES

许多研究显示，认识新的人，并且与他们互动，在情感福祉方面有众多的好处。其中一个可能的机制是，我们比较容易对自己不认识或认识不深的人微笑，这样的笑容回馈给我们的，会让我们获益良多。这种社会关系的好处是合乎逻辑的，但最耐人寻味的是，很多时候我们会预先低估了这些好处。然而，所有的资料都证实，当我们身心状况不好的时候，与他人晤面，至少会轻微或者短暂地让我们抽离阴沉的辗转反思。我们永远想要预知行动所带来的收益，而在不顺遂的时候，我们总会拒绝先试着行动。因为，我们以为自己知道这些都是行不通的。我们以谬误的肯定，牺牲了真正的尝试。就幸福的角度来看，这永远都不是行事的良策。

谢恩 RENDRE GRÂCE

我们的祖先比我们更乐于感恩——对他们来说，有东西吃，生活在和平中，有健康的身体，甚至仅仅活着，这一切就已经很幸运了；或者应该说，已经是得到神明保佑了。例如，基督徒每次用餐前，有一个称为“饭前经”（Bénédicité）的简短祷告，这个词来自拉丁文，是“祝福”的意思。今天，我们的生活不再像以前那么艰难，然而，也可以欢喜赞叹自己活着的幸运，表示一下自己俗世的感恩——暂停下来，呼吸一下，试着感知、微笑。感谢那些自己想要感谢的人，让我们有机缘身在这里。

放弃 RENONCER

放弃，是幸福必要的步骤。然而，重要的是放弃虚像，而非放弃实质。放弃想要经历与体验所有的幸福，以及所有可能的幸福来源；并且，接受我们永远不会有时间做所有自己想要做的事情，像是旅游、休闲、聚会等等。但是，千万不要以悲伤或其他事情为借口，而放弃了细细品味每一段经过的幸福。

睡前小憩 ◆ REPOS AVANT SOMMEIL

星期一晚上，圣安娜医院的冥想小组练习时，我们谈论着刚刚做完的练习，几位学员、病患和治疗师都感觉到，做这项练习时自己快要睡着了。于是，参加本次活动的院内实习医生麦克，就跟我们讲述了一个相关的故事。他说，有一天晚上上床睡觉前，弟弟瘫在客厅的一张椅子上，开始打起瞌睡。麦克走过去问他：

“你为什么不去床上睡呢？”

“我没在睡觉，只是休息。”

“休息？”

“是啊，睡前休息！”

不容反驳的逻辑，休息和睡眠是不一样的。睡前休息，也不是坏事。休息就是安静下来，放轻松，沉醉在正念的片刻里，只专注于感觉呼吸、存在以及当下。它是介于清醒和睡眠之间的第三状态，一种没有特定目标的精神存在状态。如果，真想给它一个目标的话，我们可以选择，刻意唤起一天里所经历的小确幸，只为了让自己能够离开忧虑，进入梦乡。

韧性 ◆ RÉSILIENCE

重要的，并不仅仅是在试炼中存活下来，而是之后要让自己重新快乐起来。首先，努力重新赋予自己幸福的权力，然后，重新得到幸福的况味。

决定 RÉSOLUTIONS

作家埃里克·舍维拉尔在他名为《自我杜撰》（Autofictif）的文章里，针对下决心一事做了以下这段嘲弄：“下决心的完美时刻到了。我不再打大猩猩，也不再嚼石子了。我要试着用自己的双脚走路。这会很困难，但是，如果有时候，我们不强加上这些在磨难中增强意志力的挑战，我们会成为什么样的人呢？”不过，我还是喜欢每年年初的新年新希望。这些新的愿望至少也是有存在的必要，能让我们更接近行动。一些相关的研究显示，有决定总比完全没有来得好（像是“我不作任何努力、思考或行动，来修改或抑制自己的缺陷”），这就是为什么我不会嘲笑“做决定”这件事情，我的思考方式比较像儒勒·列那尔所说的：“我给您带来了我的祝福。——谢谢。我会尽力实现的。”

呼吸 RESPIRATION

我们的呼吸，总是悄悄地伴随着自己所有的情绪，遵循着每个当下的活动或感受而加速或减慢。但是，呼吸不仅是我们心动和承诺的见证，也是安抚的源泉以及幸福的工具。

遇见美丽、和平、温馨的时候，意识自己的气息，并且带着意识深深地呼吸，这是为了能够好好品味这一切，将它迎进自己的内在，而不是只用智力记录下来（“嘿，真美丽，真感人……”）。意识自己的气息，深深地呼吸吞吐气息，是为了不要畏怯那些会伤害我们的事情。当没有发生什么特别事情的时候，意识自己的气息，并且深深地呼吸，只是为了更加记住自己活着，而这是多么难以置信的幸运啊。

因此，将呼吸调整在缓慢且安静的节奏，是有很多好处的。然而，该怎么实践呢？我们经常会建议一个称为“三六五”的方法——每天三次，每分钟做六个缓慢的呼吸循环（每次吸气和呼气持续五秒钟左右），如此持续五分钟；一年实行三百六十五天，也就是说，天天都得做。

呼吸，爱心与善意

RESPIRATION, AMOUR ET BIENVEILLANCE

若经常练习专注于善意关照他人的冥想，会非常明显地增加福祉。特别是增加对人类的亲密感与博爱之情，不仅仅只限于自己的亲人。在这些练习中，我们体验呼吸以及善意（无论是接受还是给予）之间的关系。这就是特蕾莎修女在一篇访谈中所宣扬的：“很简单：就是，吸进爱，呼出爱！”

找回 RETROUVER

有些幸福，联系着意外以及不确定。也有些幸福比较温柔，在于寻回曾经熟悉，曾经使我们感动，甚至震撼的事情，像是定期重返自己喜爱的地方、定期与远方的朋友重聚等等。我们并非只需要新鲜事；有时候，只要我们能够意识到，一些平凡的痕迹仍然固守在那里，就足以让我们快乐起来。

闹钟 RÉVEIL

闹钟响起，是让我们走出睡眠，面对或享受生活的敏感时刻。有时候，我们并不觉得有什么特别的情绪状态；有时候，眼睛都还没完全睁开，焦虑已经跃窜到喉头；有时候，是快乐等在那里。总之，在所有的情况下，起床前给自己一点点时间，总是好的——给自己一点时间来欢喜自己还活着（就在我们睡觉的时候，已经有很多人死去了）；如果我们心情沉重了，也给自己一点时间，在痛苦的四周拓广心灵，不要带着紧缩的胸膛开始这一天。另一项睡醒时的建议是：不要有屏幕，也不要有任何信息，而是慢慢地进行体操动作，或小坐冥想几分钟，专注于当下以及身体状态的意识。

梦想 RÊVER

有一天，妻子传给我一个度假胜地的网站。我有些张皇失措地回答她：“可是……我们没办法！它在这段时间是很贵的，我们既没有足够的经费，也完全没有假期啊！”她回答说：“对啊，可是，没关系嘛。只是梦想一下，我就很高兴了！”真是好笑，当时，我真被吓到了。我们以为自己了解配偶，却总是会有像这样的片刻，发现她不为我所知的另一面。我不会让自己产生那些看似不可能的梦想，因为我不感兴趣，也许只是因为我不希望给自己苦涩的感觉。我之所以不想让自己置身于梦想之中，有时是为了避免失望。然而，幸福天赋比我高出许多的妻子，就不怕沉溺于梦境之中，甚至还让自己继续走下去，并且在真实的生活里依旧永远幸福。

革命 RÉVOLUTIONS

法国 1793 年 6 月 24 日所制定的宪法第一条是：“社会的目的，在创造共同的幸福。”通常是愤怒让人破坏一切。愤怒的人有能量改变一切，温和的人是没有这种能量的。然而，重构一个更美好的世界时，温和的人是有用的（尽管那些愤怒者并非总是愿意把位子让给温和者）。

让人安心的财富 RICHESSE TRANQUILLISANTE

我完全理解，大多数人都希望成为有钱人。我一点也不认为这是贪婪的表现或权力的欲望，这只是期望不再担心物质生活的困境。毕竟金钱是有力又有效的安定剂，也是忧虑时的缓冲器。像是，车子出故障了？没问题，我们可以支付修理费。房子起火了？不用担心，可以再买一栋更大更漂亮的来安慰自己。金钱当然也有局限与缺点：它会让人依赖，也会让人成瘾。成瘾，就是习惯于某个对象，并且必须增加剂量才能获得同样的效果。像是，觉得生活无聊？那就花钱来趟不错的旅行或买些漂亮的东西。还是觉得无聊？那就再买新的东西，越买越多，越来越贵。而所谓的依赖，就是不能停止，否则就会处于欠缺的状态——习惯用金钱来埋葬忧虑，一旦不再有能力照样处理的时候（比如财力减少了，或者面临一些无法以金钱来解决的问题），就会发现自己是如此脆弱，甚至比任何人都更无奈。

金钱，也是最好的抗忧剂。然而，有时在面对现实与逆境回转反击我们的时候，金钱是会削弱我们的。金钱，方便一切，却什么也无法保证。幸亏如此！

笑 RIRE

拉伯雷[①]曾经刻意嘲笑那些从来不笑的人。我很爱笑，也特别喜欢逗别人笑。然而，每每在面对关于一些学习笑的课程或大笑瑜伽等等的图片或报道时，我总是觉得很不自在。虽然，我对这些努力颇有好感，也认为应该是

① 拉伯雷（François Rabelais，1493—1553），法国文艺复兴时期的伟大作家，人文主义的代表。如同其他文艺复兴时期的巨匠，拉伯雷知识渊博，才气纵横，熟悉希腊文、拉丁文和意大利文，对神学、法律、医学都有很深的造诣，也通晓药理学、星相学、航海术等知识。他主张人性本善，而教育决定人的前途，因此每一个人都有受教育的权利；他在自己的作品中抨击当时的教育制度，尖刻挖苦墨守成规者和教会僵化的经院哲学。《巨人传》是他最为人熟知的作品。

十分有益的，但我就是会觉得不好意思。因为，对我来说，面带微笑是所有不在痛苦之中的人，不费吹灰之力就能办到的事情，但是勉强身体去笑，似乎太违反自然了。我认为，这太矫枉过正。然而，我在这里所批评的，是自己从来没有尝试过的一项练习——因此，我错了。

香－琵埃侯街 RUE DES CHAMPS-PIERREUX

有些日子，全世界的痛苦都涌进了自己的脑子里。记得一个严冬萧瑟的早晨，我从睡梦中醒来，脑子里出现了一幅可怕的景象，是在印度旅行时的记忆——在贝拿勒斯（Bénarès）码头，清晨六点左右，我遇见了一名年约八岁的小女孩，怀里抱着两三岁沉睡的妹妹。我又看见了她的脸，清清楚楚的。那天，就在我骑着脚踏车往医院的途中，在住家附近往自行车道的下坡小径上，我遇到了另外一名满脸泪痕的小女孩，独自步行去学校。她肩上背着书包，哀泣打动我的心扉，强烈得就像打在我脸上的雨珠。到了圣安娜医院，我给一位住在香－琵埃侯街的女病患写回信。可是，一片干旱荒凉的平原景象，却侵入了我的脑海里。就这样，很清楚的，世界的悲伤和现实，破门闯入我个人粉饰太平的日常生活里，生怕万一我会忘了它们似的。

那一天，我真的与自己的病患们同步；甚至，或许太同步了——我感觉自己真想跟他们一起哭泣，而不是灌注给他们希望的能量。

反刍思考 RUMINATIONS

反刍思考会伤害自己，以反复、循环以及毫无建树的方式，聚焦于自己的问题、情况、状态的原因、意义以及后果。反复思考时，我们以为是在反省，其实是越陷越深、自我损坏。反刍，会放大自己的问题和痛苦，缩小生活中其余可用的精神空间（尤其是美好的事物和幸福的时光）。更重要的是，反刍思考会建构坏反应和坏习惯——面临困难时，只一味老调重弹，而不是解决问题（即使无法完全解决），或者是不顾一切继续容忍困难生活下去。

想知道我们的反省方式是否为反刍思考，可以问自己以下三个问题：一、自从思量这个问题以来，是否曾经出现过解决的方案？二、自从思量这个问题以来，我的感觉是否好多了？三、 自从思量这个问题以来，我是否看得更清晰，是否有更多权衡轻重所需要的时空距离？如果这三个问题的答案都是“不”的话（必须诚实喔），表示自己不是在反思，而是在反刍思考。在这种情况下，即使令人恼怒，也不得不承认：解决方案不会来自我们的心智（“想想别的事情吧”），而是来自我们的行动。

去散散步或跟亲人聊聊吧。强迫自己合上活页夹，或者至少去做些其他的活动，不要让自己的意识里只有这件事情。让反刍思考雪上加霜的是：不动与孤独。而能够拦阻反刍思考的是：运动与人际关系（但是要注意，可不是要你去找别人一起辗转反刍）。另外一个解决方法，则是正念冥想。接受反刍寻思存在于脑海里，但不要任其孤立——以呼吸、身体、声音伴随反刍，以自己所拥有的和周遭一切的意识，伴随反刍。这会比出门散步复杂一点。然而，只要事先训练，一样是可以带来效果的……

反刍寻思正向 RUMINER LE POSITIF

这是与一位康复中的病人所做的一次咨询，就在治疗告一段落之后，针对一些细微的后遗自主掌控，进行深入微调的阶段。在这些时候，继续支持患者防止复发是很重要的（心理障碍患者往往面临复发的风险）。来到这个阶段之前，这位患者改善了许多困难，例如强迫障碍、突发惊恐以及社交焦虑等等情况。除了这些标签式的障碍之外，他还有强烈感到羞耻、尴尬、自卑以及“自己总是多余”的倾向；简言之，就是一些社会焦虑（主要牵涉到病患的父母双方都曾经有过心理疾病，彼此是在精神病院里相识的）。我很钦佩他在这些方面的长足进步，实在很不容易。但是，在他内心不同的角落里，仍然会有一些还不完善的反应。

那一天，他告诉我发生在今年秋天的一段插曲：一天早晨他醒来，发现自己严重感冒了。不过，他还是犹豫着是否要去看医生：“总不要因为普通小感冒，就去打扰医生吧……”之后，他还是决定去医生那儿。在候诊室里，他继续自问着：“我的病，值得医生花时间为我看诊吗？肯定还有别人病得比我更严重……”他一直按捺着自己想要逃离候诊室的冲动。看诊进行得很顺利，医生确认他来就医是对的。他终于松了一口气，走出诊所，拿了药单，也觉得没有打扰到别人。说到这里，我打断他的话：“就在走出诊所大门的那一刻，您跟自己说了什么？”

他说：“我跟自己说，你看，真是愚蠢，只是看个病，实在没什么大不了的。”

“然后呢？”

“然后？嗯，就没什么了。我就离开了，做别的事情去了……”我沉默了好一会儿，点着头，微笑着。他明白，对我来说，这个小过程实非微不足道，他也开始笑了。

我发问：“如果医生批评您，或者让您觉得找他看病是多此一举的话，您会这么快就忘了这件事情吗？”

“不，不，我一定会很尴尬，会像疯子一样，左思右想！”

“可是这回，您有没有反复寻味这个好消息呢？”

“没有，我没有习惯反复寻味顺利的事情！”他笑着说。

“事后，您甚至没有反省这一切？”

“没有，没有真的反省。只在现在，跟您一起才开始反省。”

“好，那么我们就来研究一下吧！如果在这次担忧（与旧有思考习惯连接的担忧，像是认为自己‘没有资格’等等）之后，您不花上几分钟来意识一下所发生的情况，您就得投入很多的时间来关闭这些旧有的自动机制。您刚刚所体验的事情，证实了自己的负面信念。您需要时间来细细品味，在记忆里稳固这件事情，实际感觉它的存在，而不是只用智力记下，然后就去做别的事情了。深呼吸，跟自己说：‘看啊，刚刚发生的事情，是怎么颠覆了你的恐惧啊。要牢牢记住这一切！别忘了……’可是，您就只对自己说：‘实在不需要害怕……’然后，就转向下一个动作去了。不可以这样草率！事后，好好研究一下是非常重要的。如果不这么做，您就会反刍重组自己的失败。您那些旧日的魔鬼，都要手舞足蹈称颂胜利：‘早就已经告诉过你，不要这样做了！’因此，也一定要花点时间，来庆祝一下自己的成功。”

当生活中事情进展顺利，尤其是当我们能够不顾自己的预期或习惯，而事情进展顺利的时候，都要留点时间好好观察和品味一番，好好感觉一下，给这件有利于信念的事情一点心理空间。就在当下，现在就给它一点心理空间。然后，在我们的记忆里找个好位置，储存这个安定人心的回忆。以期下一次，让它来阻绝旧有的自动机制。

S

享受

SAVOURER

a b c d e f g h i j k l m n o p q r S t u v w x y z

你知道如何面对困难，然而，你知道怎么迎接优雅和美丽来到自己身上吗？每天十次，停下来，欢庆生活中的点点滴滴。

智慧 ◆ SAGESSE

智慧与幸福之间，有着密切的关系。我的哲学家朋友安德烈·孔德－斯朋维勒对智慧的定义所强调的，更是如此："最大的幸福，存在于最大的清明里。"让自己快乐，却不让现实远离视线。对于现实，能够不蒙骗自己；也不要忘记锻炼自己看清不幸，并且准备迎接不幸的到来。追求幸福，应该是追求清明的幸福。

四季 ◆ SAISONS

四季变换的幸福。夏天过后，我们迫不及待盼望秋天及冬天的到来，穿上毛衣，围着炉火。然后，春天又来了。然后，又是夏季夜晚。我们喜欢这些温和的变化以及规律的周期性；我们喜欢一切都确定，明天又能重新寻回今天所失去的。

我们世界的这些季节变化，有许多好处。首先是多样的乐趣（我们大脑喜欢各种变化，甚至到了因为社会过于丰足而致病的地步）。兴致高昂地凝视天空和树木的颜色变化，家里的花朵、水果以及蔬菜的改变；昼夜长短、空气温度的变化，亲吻咬啮着我们的肌肤。

而且，四季是周期循环，总会回来的；就像自然又沉默的心理治疗，真是令人心安，疗愈我们因感觉到了生命尽头而产生的生存焦虑。四季告诉我们，每次的结束，都跟随着另一个新的开始；季节比昼夜更强烈地诉说这一切，因为季节的周期更长，让人愈加期待。四季让人期望——冬季尽了，春季让人思念；而春日光线的欢悦，让人预先感受到夏天的炎热。

还有一点：四季教我们老去。季节永恒的回归，并不会让我们觉得每次都是不变的。我们借由经历丰富了自己，也因为失去了朋友、幻觉等等而变得贫乏了。我们变老了，感觉却很好。然而，大自然还是一样地迎接抚慰我们，仁慈又敏感地准备着我们的消失，低声絮语着："即使没有你，一切都将继续；但是，不要担心，我会一直在那里的，你和我，我们都会一直在那里的。"

我已满足 ◆ SAM'SUFFIT

一幢寒微简陋的小屋门牌上标着"我已满足"①，象征着平庸的幸福，可以被视为深具嘲讽意味。然而，要如何才能知道，住在这里的人其实比我们来得有智慧呢？难道他不会是伊壁鸠鲁学派的追随者，只要拥有必需品（像是住房、食物、朋友）就能够满足，甘心放弃追求其他事物吗？这个小小自足的座右铭，难道不单纯只是这窝棚住户每天大张旗鼓对着路过的人宣告自己雄心勃勃的计划吗？

三明治 ◆ SANDWICH

有一天，我把一小块三明治丢到垃圾桶里。不用说，我一点也不喜欢这样做。然而，这个动作可让我深深反思了好一会儿。

我出差赶赴一个下午举行的会议，当天深夜再搭火车回来。因为离发车还有一点点时间，我就在车站快餐店里买了一个三明治。对我来说，这三明治实在是太大了，可是，店里又没有小一点的。吃完四分之三的时候，我觉得自己真的不饿了。我能够感觉到这回事，是因为自己在不停地吃。以前，

① Sam'Suffit，看似屋主姓名，其实只是 Ca me suffit（我已满足）的谐音文字游戏。

在类似的情况下，我都是边吃三明治边看报纸。可是现在，除非必要，我一点也不再喜欢同时做很多事情了。所以，我趁着吃三明治的时候，让自己停留在当下。这一天过得十分丰富，紧凑又累人，还需要再用更多的信息来填塞自己的大脑吗?

总之，正因为我全神贯注于自己正在做的事情，于是，确实感觉到这个时候我的胃在告诉自己："停，够了！不要再吃了。我们这些在下面的器官，已经胀满了，够了……"就在那一刻，我也听到大脑抗议着："不行，再吃，吃完它！"而在服从之前，我最好也听一下自己的思维想说些什么："吃完！先把自己塞饱再说，这样可以保证之后就不会再饿了。否则，像你这么累，可是会血糖过低的。你知道，自己偶尔会有这种情形，就是因为吃得不够。吃完吧，一小块三明治对一个身高 187 厘米、体重 80 公斤的人来说，实在没什么的，不过是小意思罢了。吃完吧，难不成要丢掉吗！钱都付了，扔掉东西实在够愚蠢的，而且也太对不起所有饥饿的人了。"

我完完整整地听了大脑里的这些想法，但是，我明白这些都不过是想当然的陈词滥调罢了。也就是说，这一回，我的胃比大脑更中肯，更有智慧（大脑往往滥用权威，让我什么乱七八糟的事情都做）。我因此听从了胃，丢掉剩下的三明治。当然，是带着一点点愧疚的。

我暗自咒骂这家三明治公司总是做这么大的分量，总是驱策我们吃得过饱，就为了避免广告促销里一直提醒我们的那些突如其来的假性饥饿。这个过度丰盛又不断刺激的社会，让我们在对抗这种暴饮暴食的小战役时，失去了招架的能力。我意识到，这些都是有钱人必须对抗饮食过度的心境。

为了试图平衡自己暴殄天物的行径，我安慰自己说，要买个三明治给下一个遇见的游民。可是，我马上又想到，这么做真是愚蠢又不够的，因为我应该要为游民做更多事情，而不只是为了停止自己的内疚而偶尔给游民一个三明治就了事。然后，我告诉自己，以后再反省这些事情吧，我不可能现在就解决这样庞杂的问题。我不过就是花点时间，来看看自己的感觉罢了，虽不开心，但也舒缓不少，因为我做到了：一、抗拒像动物般吃个不停的反射动作；二、经得住当下无益的愧疚；三、包容自己不去断定行动的对错，而只是了解这是当下最好的做法。

就在此生第一次把一小块“还完好”的三明治丢到垃圾桶里时，我觉得自己好似一只终于学会如何打开笼门的兔子。即使，主人会再把它抓回笼子里，兔子还是可以再跑出来的，因为，它已经找到了窍门。

没有幸福…… SANS LE BONHEUR...

没有幸福，当然，还是可以生活的，但会无味又丑陋。倘若没有幸福，对我们来说就只剩下悲伤和愤世嫉俗了——而这不就是我们太疲累或不够快乐的时候，面对世界的感觉？

健康 SANTÉ

长久以来，大家早就已经猜到了幸福和健康之间的紧密关系。

在“幸福带来健康”的意义上，伏尔泰写道：“我决定要快乐，因为这是有益健康的。”同样在“幸福带来健康”的意义上，按照福楼拜的说法，则是：“愚蠢、自私加上健康的身体，是幸福必备的三个条件。”

身体健康能够让人快乐，这道理是很容易理解的。然而，当今众多的科学研究，则由另一个方向证实了这层关系，即是，正向的情绪通常有助于健康长寿。这种效力是不容忽视的，因为其强度可比拟烟草——当然是指相反的作用方向。

在此，必须强调两个重要的细节。第一，如果你很难感受到正面情绪，或者你的个性类型偏向爱发牢骚、焦虑或悲观，而同时又希望健康和长寿的话，记得，有一堆其他的方法能够让自己的感觉好起来，例如体能活动，或经常接触大自然、多吃水果和蔬菜等等（顺便一说，这一切还可以提高正面情绪的能力，所以是一举两得）。

第二个要强调的重点是，这些幸福和健康相关的论据，指的是在还没生病的时候。研究显示，正面的情绪仅仅具有预防功能；一旦疾病发生，目前还没有证据可以确认正面情绪具有治愈能力。虽然，正面情绪可能有改善的作用，但是，直至今日，还没被证实具有治疗能力。如果你生病了，并且很难感受到正面情绪，那就不要折磨自己——尽量继续过好生活；贴近自己平日的习惯，尽量好好地生活行事；如果可能的话，紧贴着能够让自己过得好的那些生活习惯。

享受 ◆ SAVOURER

对有些人来说，学习享受生命的美好时光，似乎很奇怪，就像要他们学习走路一样！好像只要把我们的大脑放在值得珍惜的事物前面，它就能够自动运作！哦，并非如此，事实上更复杂。有时候，享受很简单——当自己心境祥和、身处安静舒适环境里的时候，或是当自己只需要休息且享受当下的时候。然而，在日常生活里，这样的情况并不是最常见的；很多时候，我们并不平静，有一堆事情要做、要思考，而环境要求我们必须进行一些耗费精力的活动（像是工作、开车、整理、对话等等）。

为了能够更进一步享受生活，必须学会一小块一小块来品味。要这么做，有三个要点必须努力——停止手上的事情而专注于当下；意识到当下的一切；给自己时间（即使只持续几秒钟或几分钟）来呼吸及感受这一切。

享受，就是面对清丽的天空，或是聆听鸟儿唱歌；就是在重新出发之前，停下来，花点时间观看、呼吸、微笑，而不是只记录这一切有多美好，同时继续全速前进。享受，就是看着心爱的人从火车或飞机上走下，向我奔过来；意识到我爱他们，并且我们都是幸运儿，能够再次如此重逢。享受，也是早晨醒来感觉自己的手脚在移动，身体在呼吸，心脏在跳动；享受，更是微笑面对这一切，而不是像一头匆忙的野兽跳下床来。

幸灾乐祸 SCHADENFREUDE

幸灾乐祸，就是看到别人倒霉时抱着恶意的喜悦，特别是在我们将他人视为竞争对手，甚至视为敌人的时候。幸灾乐祸看似隐约积极的情绪，然而却是不健康的。我们通常会试图隐藏起来，因为它是建筑在别人的痛苦或不舒服之上。大多数的情况下，幸灾乐祸是缺乏自信的表征——看到被我们视为敌人或竞争对手的人身陷麻烦，可以让我们心安。然而，这是必须仔仔细细地从我们心里抽离铲除掉的！除非我们的价值观认为，他人遭遇的不幸对我们有利。不过，这也并非是个太好的想法……

精神分裂症与爱 SCHIZOPHRÉNIE ET AMOUR

在圣安娜医院，有一位年轻的女子要求跟我做咨询。她的眼神里带着一种只有那些活在不幸中的人才有的悲伤与疲惫。尽管如此，她却有着一张平静的、充满信念又关注周遭、坚信生命终究有意义又重要的笑脸。她来向我述说自己的故事，并非一定要咨询我的建议，只是希望听听我的想法。有时候，人们以为我有智慧，只是因为我写了几本书。我也不揭穿，何必呢？我只是尽己所能，其实我很清楚，大部分时间是病患丰富了我的智慧，只不过他们往往看不到这一点。

她向我叙述自己的一生，尤其是她的婚姻——她嫁给了一个患有精神分裂症的男孩。刚开始的时候，情况并不很清楚：“他只是跟其他的人不一样罢了。”然后，病情渐渐显露，并且在两人之间的关系里愈演愈烈；男孩严重的精神分裂症，伴随着妄想症、住院治疗以及其他各式各样的困难。因此，生活真的非常不易。很多人都多多少少、直接或含蓄地建议她离开伴侣。其中有不少人是看护、医生和护士。她一概拒绝了：“你们了解吗，我爱他。我们能够只因为心爱的人生病了，就离开他吗？”我们讨论着这个问题——没有人会建议我们离开自己的配偶，只因为他罹患了癌症、多发性硬化症或糖尿病。我们觉得这是不应当的。然而，为什么我们会劝离精神分裂症的配偶呢？

过了一会儿，她告诉我，让她恼火的问话是：“您不觉得自己很自虐吗？”她常常觉得，这是别人对她的评断。其实不会。从她向我叙述的方式，我并不觉得这是自虐。她没有因为伴侣生病而不喜欢他，而是依然爱他（但他的病情让她觉得负担沉重）。这不是自虐，而是爱、诚实与勇气。总归一句，这是很伟大的。说真的，我一点也不想以“自虐”来解释她的人生选择，尽管这从外界看来有些奇怪。我反倒是钦佩她。

我对她说了一些了解、同情和尊重的话。我们相互告别，我紧紧地握着她的手许久，然后，有点昏昏沉沉地关上门。仿佛是我接受了咨询，仿佛我是病人，她是治疗师；她给我的，远比我能够给她的来得多。我在心里重复说着：“这女孩，是多么坚强啊。”佩服，真是件好事。我们可以欣赏美丽的事物、美丽的风景。我们欣赏名人，认可他们的聪明才智和优点。然而，最感人、最可喜的是欣赏普通人。他们令人惊喜，让人感兴趣又感恩——我微笑着，欣喜万分，有幸身为人类，经历这一刻。我告诉自己，这会成为宝贵的人生教诲，从中我们会得到启发，然后竭尽所能，全力以赴……

科学 SCIENCE

以科学的方法研究幸福，会不会是一种幻想破灭的方式呢？我想不会，并且在这方面，我非常认同神经科学家安东尼奥·达马西欧（Antonio Damasio）的看法："在发现心灵奥秘之际，我们会视心灵为整个大自然中最完善的生物现象，而不再视心灵为深不可测的谜团。然而，即便有了针对心灵本质的解释，它还是能够继续存留下来。就像玫瑰的芬芳会继续散发出香气，即使我们已经破解了玫瑰的分子结构。"同样的，有关积极心理学的科学解读，并不会妨碍幸福，而是会继续保持它的风味与诗意。

小气财神 SCROOGE

在查尔斯·狄更斯（Charles Dickens）著名的《圣诞颂歌》里，讲述了一个可恶难缠又不人道的伦敦商人艾比泽尼·史古基（Ebezener Scrooge）的故事，特别嘲讽那些发生在圣诞夜里，各种形式的人性欢乐和温馨。12 月 24 日，史古基工作完毕回到家中，碰见三个鬼魂，带着他经历了许多冒险，让他睁开双眼，看清楚自己是如何苛刻。他还看见，如果继续这么生活，等待着他的未来，将会是悲惨又孤独的死亡。小气财神被这些景象吓得惊魂未定，决定改变自己的生存方式，只为了变成一个善良的好人。结果他发现，这是多么愉快的事情啊！

今日，我们很难想象 1843 年这个小故事出版时所造成的轰动。关键之一，无疑是基于人类的基本心理——当我们被硬逼着面临自己死亡的景象（圣诞神灵让小气财神看见自己的尸体），很可能就会开始想要活出不一样的人生。就像所有的积极心理学故事，描述的是对人心有利的改变。狄更斯写作小气财神的故事时，也是希望能够提醒大众关注当时社会的不平等现象（小气财神拒绝任何名目的慈善事业，并且认为穷人是他们自己罪有应得）。

狄更斯深深了解人类灵魂，小气财神变得善良慷慨，这故事引起的嘲讽，直可比拟积极心理学在某些时候所引起的反应。他写道："小气财神成为好朋友、好主子、好男人，就像显贵旧城区或城市乡野等美好老世界里的资产阶级。有些人嘲笑他的转变，但他任人嘲笑，一点也不以为意。因为他非常清楚，在地球上，每件好事一开始都不能逃过遭人取笑的命运。既然，这些人一定是盲目的，他以为，倒不如让这病态做出鬼脸、让眼角笑出皱纹，总比其他缺少吸引力的形式来得好些。他从内心笑起来，这就是他的报复。"

小气财神成为有德之人的首要动机，是因为恐惧（死亡），然后是为了幸福（希望予人幸福能使自己幸福）。对我来说，这不是一个童话故事，而是一个合乎逻辑的发展过程。

幸福秘诀 ◆ SECRETS DE BONHEUR

当记者问那些快乐的人幸福秘诀的时候，他们经常只是泛泛而谈。事实上，他们可能不晓得这些秘诀，或者他们不知道如何说起。

就像伟大的运动员，他们依照本能来行动。他们的天赋并不在于解释自己的行为，而在于完美地展现出极致。如果你想要借由接触各种导师来了解、学习幸福，与其聆听他们的教诲，倒不如观察他们的行为。

生命的意义 ◆ SENS DE LA VIE

两条导引我们通往幸福的主要途径（即幸福主义的途径）之一，就在赋予自己生命的意义。什么能够赋予我们生命的意义呢？往往是善待自己周遭的一切——钟爱并保护亲人、人类、动物以及大自然的生命，并且让这一切变得更美好。但是，要如安德烈·孔德－斯朋维勒所说的：“安置意义，可不是像让自己坐进一张软席里那样。拥有意义，并不像持有一件小饰物或银行账户那样。我们寻找意义，追随不弃，失去意义，期待意义……”

我们给予自己生命的意义，攸关理想的追求以及建构，有时候会暂时达到。生活有意义的感觉，必定是多变的——有些日子忧悒，我们甚至会觉得一切都没有意义，或者更糟的是，觉得曾经对我们有意义的都不再有意义了，甚至可能从来不曾有过意义。在这些时刻，要有智慧，不要管幸福了。但是，不要放弃追求对自己有意义的事情。因为，我们只是一时偏离罢了，并不会永远迷失的。

祥和 SÉRÉNITÉ

祥和，是适意的优点，奠基于和平、安静和宁谧。没有内在的烦恼，也没有外在的干扰。就是和谐。在我们身上，还有世界和我们之间的和谐。感觉自己是世界的一分子，像一片平静的海面，像一阵夏天温润的微风，也像一座屹立不动远眺天际的高山。祥和与平静是有些关系的，这是我喜欢的两种状态。

但是，在我眼里，这两者却又不完全一样。两者之间的差异，攸关于质量更胜于强度（否则祥和就只是一种完美又完整的平静）。祥和更胜平静。祥和之于平静，就如幸福之于适意，那是一种超越——超越于外在或总是占上风的现实世界。平静是属于我们这个世界的，比如自己身体以及心灵的平静、周遭的平静，在这两种情况下都意味着潜在的身体特性。

我们自身的平静，是指心脏跳动平缓、呼吸顺畅、肌肉放松等等。而我们周遭的平静，则是指没有太多的噪音、骚动，任何变化都是渐进和缓地发生。当祥和生于平静时，就会发生新的事情——觉悟到一切当下之物，觉察到内在与外在平静之间的共鸣感，内在与外在之间的界限消散殆尽。我们还是一如往常，却是面对着一扇开向其他事物的门。只有两指之隔，就可以切换到另一面。一如往常地在那里，又不仅只是在那里。除了祥和，无法用其他言语来形容这到底发生了什么事，以及我们当时的感受。

幸福的门槛 SEUIL DU BONHEUR

有一次，我与一位个性猜疑、挑剔又严谨的朋友谈话。他正处于轻度抑郁的时期。他问我如何实践积极心理学的练习："每天，或者几乎每天，你都是做什么，让自己很好的呢？"我解释说，除了每天要做的事情，我还会在早上打坐，只要情况允许就会到自家附近的树林里散步，每天晚上睡前，都会重温三段当日发生的美好时光。

他叫道："每天三段，这也太多了吧！对你来说，什么是所谓的好时光呢？"于是，我向他叙述自己刚刚捕获的一些新鲜的快乐，比方说在自家花园里看到一只白胸雀（一种树林里的小鸟）、收到一封读者写来的动人感谢函、一位身体经常欠安的家人近日情况很好、仰观几次天空中飘过的云彩、没有接到任何让我悲伤或担心的坏消息。

"哦！够了，我知道了：你把门槛放得非常低！结果，你的日常生活，当然就能变成快乐的日子。"是的，没错，老兄。并不需要中了彩券、买了新鞋，或者是死里逃生，才能快乐吧？平凡的生活，其实是最可能经常带给我们重重欢乐机会的。唯一需要做的努力，就是留心——至少在某一段时间里，转移自己的忧虑；并且至少有一些时间把自己导向生活里的其他事情。

性爱与幸福："哦，很棒！"

SEXE ET BONHEUR:《OH, OUI!》

完成这本书的初稿之后，我当然交给了文学主编看。他给了很多中肯的建议，也注意到了一个令人惊讶的观点："真是奇怪，你从来不谈论性。然而，在我看来，性行为与幸福，似乎也是很重要的。"是的，亲爱的同事，这是很重要的。是的，我几乎从来不会在书里或生活里谈论性。是因为矜持，无疑的，也因为自己有点落伍。此外，我觉得自己与性的关系，类似于有些人与幸福的关系，也就是：说太多或听太多关于性事的谈论，会让我很快厌烦。不过，撇开我的个人感受，关于性与幸福之间，有什么可说的呢？

首先，这两者皆隶属于多重机制。当然，性基本上是一种生物设定，为了感觉天生又必要的快乐。因为，性是人类物种存活不可或缺的条件。然而，也像所有的快乐一样，可透过心灵来丰富（或完全破坏）性爱；学会放任享受，可以扩大这种动物乐趣，并且将其转换为欢乐与强烈满足的感觉。另外一个连接性与幸福的重要机制是：性行为通常会吸收并且动员我们所有的注意力。关于注意力和幸福之间的关系，有一项非常有趣又重要的研究发现，在人类从事的活动中，性爱是唯一一项大多数人会保持完全专心的活动（比如不会分心想其他的事情，或者想看手机屏幕）。今日，我们知道这些专注能力能够促进福祉以及所谓的心流（flow）——当精神完全参与一项令人愉快的活动时所处的状态。

让我们来谈谈最后一个机制，即互惠的机制——性爱是一种交流，让获得以及给予的双方都拥有一样的快乐。这种亲密感与互惠关系的相互影响，也是幸福的源泉。基于这些，以及其他的原因，可知性爱与幸福是息息相关的。此外，借由保险套贩卖量的评估，暑假期间以及圣诞节假期，是性行为的高峰，也就是一年当中人们倾向于感觉比较幸福的时期。

性爱与幸福："普普，通通……"

SEXE ET BONHEUR:《BOF, BOF...》

所有的人，或差不多所有的人，当然都在性爱与幸福的关系里享受欢乐，并且从中受益。然而，也有必须注意的事情。

首先，有些人并不需要借助性生活才能够快乐，甚至没有性也可以非常快乐，在宗教团体中有很多这样的例子——无论是由于抑制、放弃，或者拥有其他自己觉得更幸福的因素。例如，那些献身宗教的人，可以没有性生活，却能够非常非常的幸福。

另外，应该注意的是，正如许多研究所显示，人们对于性生活的论点，凸显了男性与女性之间差异的刻板印象——向志愿者提到性行为，无论是以视觉或口头的方式，还是下意识或开放的方式，始终会导致他们（她们）根据自己的性别，以较之平常更扭曲的方式来看待自己，以及自己所抱持的态度。例如，女性会不自觉地倾向于比平时更温柔、更顺从，男性则倾向于更有自信、更强势。因此，性爱演讲以及图像的泛滥，对我们的幸福，特别是两性关系的幸福，有显著的反效果，并且没有建设意义。这些性别的刻板观念，确实破坏了我们对幸福的看法和期望。

在另一项研究中，研究人员发现，在一系列匿名男子不同情感表达的照片中，大多数女人眼里最性感的男人，是骄傲和主导性强的男人，而最不吸引女性的图片，则是表达幸福的男性！这给我们的寓意就是：为了吸引异性，男人应该更热衷于炫耀招摇，而不是展露温润的笑容。乍看之下好像很有趣，然而细看就不免有点伤感——女人的许多错误的感情选择，恐怕是靠着这套机制在运行的。

沉默 SILENCE

对我来说，沉默带有幸福的味道，带有虔诚、关注世界的味道，还有缓慢、谦逊的味道，以及开放的味道。必须保持沉默，才能够让幸福接近，才能够聆听幸福穿越我们。希腊诗人欧里庇得斯（Euripide）说："如果，你有比沉默更强烈的话语，就说吧；否则，便保持沉默。"传说，欧里庇得斯住在萨拉米斯岛（Salamine）上的一个山洞里，日日与书籍为伍，面对着大海和天空沉思。

快乐的时候，我首先就是想要闭上嘴巴。因为，当下没有任何文字，能够适切地表达自己的心境。之后，也不会有其他文字能够达到这目的，因为，幸福是最难以言喻的感情。或者更确切地说，幸福是最难用文字转达以让别人产生共鸣的感情——就像阅读一段幸福的见证或故事，并不容易使人快乐，有时候反倒会使人恼怒。所以，不容易以幸福为主题创作出精彩的故事、小说或电影——对读者和观众来说，不幸，更能打动心灵。

坏脾气的猴子 SINGE DE MAUVAISE HUMEUR

年轻的时候，有一本书叫做《我像一只质疑的母猪》，超现实的书名让我着迷。这是一名教师的见证，解释自己为什么离开了教育岗位。最近，我读到一篇关于灵长类的专文，这一次是文章的内容让我着迷——它讲到囚禁在动物园里的猴子的情绪。文中提到，猴子被人类游客惹毛了，因此每天黎明就醒来，储备弹药（猴子把一些石头、混凝土块，还有其他可以发射的东西，东藏西匿在笼子里）。到了白天，若是有太多人、太多叫嚣声或者太过于撩拨它们做猴戏的时候，猴子一旦恼火了，就会炮轰栅栏外面那些讨厌的人类——那些只知愚蠢撩拨，不知珍惜己身自由的人类。

灵长类动物学家对于黑猩猩预期情感状态的能力，颇感兴趣。黑猩猩的愤怒不仅仅是反射动作，更是深思熟虑过的。因此，它先考虑情况，继而设计行动计划以表达愤怒。猴子的情绪，就是借由反复思考经历过的不愉快，因而预期将会发生的不愉快，而导向这样的行为。这就是黑猩猩行动计划的由来。

至于我，这个故事让我着迷的地方是，我觉得自己更接近猴子——我跟自己说，如果我被关在动物园里，如果整天都要这般地被召来唤去，是否也会像猴子一样，寻出一套自以为合理又有趣的消遣方法呢？向那些嘈杂的游客丢石头，难道不是一种转恼怒为欢欣，而且可以接受的方式吗？当然，如果保持坐禅不动，人们自然是会丢花生给我的。可是，那就比较不好玩了。

雨中微笑 SMILING IN THE RAIN

有一天，在一场我为同事们主持的积极心理学成长营活动结束之后，有人问我："对你个人来说，在所有这些技巧里，哪一项让你获益最大呢？"经过了几秒钟的思考（通常，专业人员之间，至少在公开场合，是不会问这类问题的），我回答说：我不知道是什么让我获益最大，但是，最近让我获益，以及直到最近自己才学会做的是，在逆境、悲伤以及担忧的时候微笑。从早晨就微笑，从黎明开始就微笑。当感觉到生活的忧虑就这样直逼眼前的时候，还是要微笑。只因为我们活着。

微笑，可以给人力量，可以带来昔日或者未来的幸福影像。总有一天，幸福的承诺是可能实现的——我们看不清楚幸福，但是却能够感觉到它们的存在，就在这里，在我们身边。真奇怪，我没有花许多时间来了解，但是，却花了许多时间实际地做这件事：逆境中，在考虑哭泣之前，何不考虑微笑。

自命风雅 SNOBISME

一般来说，自命风雅挞伐幸福，多于声讨不幸。这很符合逻辑，因为枪击救护车是不可取的。[①] 然而，如果幸福真的像我以为的那般，是生存痛苦的解药，为什么要枪击救护人员呢？

史努比 SNOOPY

1959 年查尔斯·舒尔茨（Charles Schultz）的《花生漫画》（The Peanuts）里，有一段狗儿史努比的话：“有些日子，我觉得心情真是奇怪。我控制不住自己，想要追咬猫儿。甚至有时候，仿佛若是不能在日落之前咬到一只猫，自己就会发疯似的。于是，我深吸一口气，然后，不再多想这些了。这就是，我所谓的真正成熟。”

我也这么认为，我很同意史努比的话：这种舍弃的能力以及努力，是接近于成熟的。因而，我思索着什么是相当于“需要咬猫”的心理状态；毫无疑问，那就是舍弃自己的反复思忖……那么你呢，你需要舍弃的又是什么呢？

苏格拉底 SOCRATE

有一天，某人去见苏格拉底：“听我说，苏格拉底，我必须告诉你，你的一个朋友是如何行事的。”

智者打断了他的话：“暂停一下，你所要告诉我的事情，是否能够通过三道筛子？”

“三道筛子？”那人充满惊讶地回应。

---

① “枪击救护车”是指局面已经很困难了，又再火上加油。

“是的，我的朋友，三道筛子。检视一下你要告诉我的事情，是否可以通过这三次筛滤。第一道是真理的筛子。你是否检视过，要告诉我的事情，是真实的吗？”

“没有。是我听来的，而且……”

“好吧，好吧。或许你可以试试第二道筛滤，就是善的筛子。你想告诉我的事情，如果不是完全真实的，那么是否至少是善事，能够行义呢？”

对方欲言又止，回答道：“不是，不是什么善事，恰恰相反的是……”

“嗯，”智者说，“那就让我们来试试第三道筛子，看看你要对我说的事情，是有用的吗？”

“有用？并不尽然。”

“嗯，好了，”苏格拉底笑着说：“如果你要告诉我的事情，既不真，也不善，又没有用，我宁愿不要知道。至于你，我奉劝你，还是忘了这件事情吧……”

若是能够不陷溺在流言蜚语以及一些不确定、恶毒又无用的坏消息里，就能够腾出许多心理空间，好好品味生活！

太 阳 ◆ SOLEIL

转向太阳——阴影就会永远在你的背后。

孤 独 ◆ SOLITUDE

孤独，不会是幸福的障碍；只要孤独是自己的选择，而不是必须忍受的无可奈何。抑或，当孤独只是暂时性的，就像一个受人关爱、照顾的人，也会有想要自处安静、远离人群一天、一星期、一个月的时候。然而，他知道远方有人继续爱他、想念他。有些研究显示，一直独自生活的人，相较于那些有配偶的人，是一样幸福的；反之，那些离婚、分居与丧偶的人，就比较复杂了。身份证上的孤独（指单身），并不一定伴随着日常生活的孤独——独居的人，往往比那些有配偶的人拥有更多朋友、更多闲暇活动。丰富的社会关系，似乎能够替代，或者至少能够给予同等于夫妻生活的幸福。

冬至 ◆ SOLSTICE D'HIVER

通常在每年的 12 月 21 日，白昼停止继续缩短；从第二天开始，白昼的光明就会开始赢过黑夜的时间。每年的这段过程，都让我欣喜——因为即使在隆冬之际，太阳还是不遗余力地帮助我们等待春天。它会带给我们更多阳光，让我们更能够承受严寒。每天，虽然感觉不到，但其实又多了几分钟。知道这件事情是美好的。我们的生活通常也是这样——痛苦是与生俱来的，伴随着我们穿越暴风雨的中心；而黎明的曙光，总是诞生于幽暗的黑夜中。永远不要绝望。

出口 ◆ SORTIE

一天晚上，已经很晚了，在圣安娜医院里结束了一段很久的咨询之后，我陪同最后一位病人走到办公室门口。这是他第一次来咨询：在医疗技术专业语言上，就是“初次咨询”。可怜的初次咨询者，通常跟心理医生述说了一堆痛苦的事情之后，咨询结束时总会有些迷失——他们有如置身在一道宽敞的走廊上，所有的门都神似，他们认不出来自己原先从哪条路来的。不知道出口是在左边还是右边。

这名患者非常沮丧，严重失眠，但也很搞笑。在他来说，揶揄经常有抗拒绝望的功能，或者有像抗郁药一样的作用。因此，就在那一刻，当他不知道走哪条路的时候，他没有像你我一样问道：“出口在哪里？”（在集体潜意识中，精神病院常与疯人院混为一谈。疯狂则被视为迷宫般，不容易找到出口。）他仅仅用黯然又滑稽的眼神看着我说：“有出口吗？”整个晚上，甚至到了第二天，我都因为脑子里萦绕的这句话而发笑。

谢谢你，亲爱的病人，你只用了一秒钟，就扫除了我一整天诊疗的疲劳。即使，你自己仍在痛苦中。

慷慨的姐姐 SOEUR GÉNÉREUSE

一位女病患日子过得很不好，充满了心理问题，非常非常不容易交到朋友，并且无法持续维持友谊。幸好，她有一位爱她的姐姐，竭尽全力照顾她，经常邀请她参加聚会，介绍自己的朋友给她。因此，这位病患用了一句灿烂的话语对我做总结：“我姐姐对我实在很好，她把自己的朋友借给我……”

烦恼 SOUCIS

烦恼，有如焦虑与担心的尘埃，执拗地覆盖在我们的心灵上——让我们在自己剩余的生命中，打开窗户，让外面清新的空气将烦恼驱除殆尽。

苦难 SOUFFRANCE

西蒙娜·韦伊写道：“不要力求不受苦，也不要力求少受苦；而是，力图不要被苦难所改变。”这句话，像是非常实际的祈祷，也是努力的方向。我们不能铲除痛苦，只能抑制痛苦的影响力。总之，无论如何，不要让痛苦阻断了幸福的来访。

希望别人幸福

SOUHAITER LE BONHEUR D'AUTRUI

别人的幸福，应该能让我们快乐。如果不能如此，是因为我们不明白一件根本的事。对于我们喜欢的人，这是很容易的，因为我们非常愿意为了自己喜爱的人幸福而快乐。踏出这个小圈子，可能就只有冷漠或妒忌了。如果我们不容易接受别人的幸福，至少要自私地提醒自己一点：地球上的人越是幸福，我们的生活就越快乐；幸福越多，暴力和苦难就会越少。

纾解 SOULAGEMENT

纾解，是一种快乐，因为不愉快被中断了。如果不愉快真的很强烈，基于反弹效应，纾解几乎可视作幸福。例如，病人的纾解来自救命的药品或安抚人心的医生，看见自己的痛苦减轻甚至消失。另外，纾解也意味着脱离危险或解决问题。纾解有其智慧，也有其效用——纾解涉及的是刚刚中止的不愉快，以及即将开始的愉快。

这里有个小小的心理练习，让我们能够更好地体会这种感觉。每次恼火之后，保持专注于当下；重新观察引发牢骚的诱因；一笑置之并且重新回到当下。尽可能维持浸淫在练习里，就像慢跑或维持瑜伽姿势一样。完成练习并且充分享受过当下以及缓解的恩典之后，如果还有问题，我们可以让心智重新回到问题上，尝试解决——看看该怎样做，未来才能避免这样的问题。

下列难度不断增加的几个舒缓恼火的例子，能够给予我们一些概念以及自我训练：差一点错过火车，最后终于赶上了；塞车浪费了许多时间，最后终于到家了；费尽九牛二虎之力组装家具，最后终于完成了；跌断手腕非常痛，最后终于打上石膏不再痛了；跟家人赌气冷战，最后终于又开始交谈了（即使，原本的问题一点也没有解决）。

叹息或不再叹息

SOUPIRER OU NE PLUS SOUPIRER

克里斯提昂·博班在《天空废墟》（Les Ruines du ciel）一书中写道："叹息时所做的一切，都染上虚无的色彩。"记得今年年初，我的新希望就是决定做事情时不再叹息。我不希望生命中有太多虚无的时刻。既然不是受虐狂，我就先从拒绝那些让自己叹气的事情开始，例如那些令人厌烦或过于频繁的邀请，以及苦差事。有时逃离这一切，就像逃离一部太无聊的电影。然而，当不得不去做一些会让自己叹气的事情时，我则尽量努力抱持一分轻松的心情去做，而非心不甘情不愿地去做。（字面上就表达得很清楚了，不是吗？）

不想叹息行事，以免染上虚无，但这些片刻毕竟也仍然是生命里的时光，即使觉得无聊、即使做的事情实在无趣（像是洗碗、倒垃圾等等）、即使觉得身处他方会比较好……这些时刻也不会是虚无，而是活生生的。我们在此呼吸、聆听、观看、感觉。这就不错了。那些死去的人，说不定宁愿经历这些我们正在叹息的时刻。

就在我下定决心实践新想法之后，接下来的假期里我生病了。发烧、全身酸痛、动作迟缓，我不得不关在房里休息好几天。同时，其他的人则出门大吃大喝，到处散步游赏。这小小的病痛，实在让我不悦，然而，我并没有怨天怨地。我阅读，也（不得不）观察别人不去看的事情，像是窗外云影的变化、街上走过的路人、静止的家具，也聆听别人不去听的声音，像是外面的喧嚷鼎沸、地板的咯咯作响。我几乎没有叹气，而是尽力过好这段日子。

今日，奇怪的是，我觉得看着时间流逝，生病的这几天竟然是假期里最美好、最丰硕的时光。因为那是最充满沉思的时刻。因为那是我所经历的没有叹气的时光，远远强过大吃大喝、参观巷弄或博物馆的时刻。

因此，一直到今日，面临沉重负担的时候，我仍然坚持决定不再叹息——要么避免，要么修改，要么接受，就是不再叹息。我希望能够好好地坚持下去。我希望，当自己崩溃的时候（反正这都是会发生在我身上的事），可以很快地就能够觉察到，而重新开始克服。不叹息……

幸福的源泉 SOURCES DU BONHEUR

有非常多的源泉，能够引领我们走向幸福。其中最强而有力的，无疑是社会关系、为维护自己的价值观所付出的行动，以及接触大自然。当然，有无限多的方式来探索这些领域。并且，还要努力对那些虚假的消费快乐，如购买不必要的东西（不断购买新的衣服、新的小玩意）、做无意义的事情（浪费时间在电视或视频上）等等敬而远之。我常常会想起哲学家古斯塔夫·提邦的话："人渴慕真理，然而，他寻找的是源泉——或者仅仅只是饮水槽？"我们的幸福真理到底在哪里呢？在超市游荡之间，还是在森林散步之际？是在购买之中，还是在捐赠之时？是占有，还是沉思呢？

微笑 SOURIRE

有三个很好的理由，让我们尽可能经常微笑。我强调：尽可能经常微笑。当然，不是时时刻刻都得微笑，例如，有真正令人困扰的问题，或者真的很不幸的时候，是没有必要强迫自己微笑的。我说的笑容，是在大致情况相当不错，而所面临的困扰只不过是些平凡忧虑（生活中需要支付的小小代价）

的时候。

尽量经常微笑的第一个原因是，微笑能够使我们心情更好。我们通常认为，当大脑高兴的时候，会指使我们展开笑颜。确实是这样的。然而，也可以有另外一个方向的运作——我们脸上带着微笑的时候，能使大脑多几分欢快。许多研究都已经证实了这一点，就是所谓的反馈循环效应。在笑容和好心情的大脑中枢之间，也存在着反馈循环效应。

因此，不仅微笑是幸福的证明，反之亦然。至少在我们没有什么理由哭泣的时候，轻轻一笑，也是能够渐渐提振心情的。因为，身体会全面影响大脑，我们呼吸的方式，以及站立的姿势是否挺直，都会影响自己的情绪；即使是轻微的影响，一旦持续长久，也可以有强大的影响力。一些研究评估了这类长时期的影响力，得到的也是同样的结论：越微笑，越有利于幸福与健康。这也是一种既简单又环保的方法，能够慢慢作用于自身安适。然而，如果我们真的非常难过，想以微笑扭转情绪是没有用的；微笑，只能在我们没有太多麻烦的时候，才能奏效。

经常保持微笑的第二个原因是，能够吸引生活中美好的事物，尤其是来自其他人身上的事物；别人会比较容易亲近我们，给予我们更多帮助与关怀。我经常在散步的时候，嘴角带着一抹微笑；我观察到，很多人会跟我问好（有些人应该是以为我们认识；但是，我认为很多人是因为我的微笑而感觉到跟我有所联结）。

第三个原因，微笑即是温柔善良对待他人的举动——摆张臭脸，会让世界更难看一些；展露笑颜，则使世界多几分美丽。就只是多了一点点，然而无论如何，一点点也是好的。

记忆与过往 SOUVENIRS ET PASSÉ

小时候，我拥有的是记忆；现在年纪大了，我拥有的是过往。也就是说，一个个更紧凑又连贯的记忆块，讲述着一个故事，就是我的生命故事。记忆的召唤，取决于我们的情绪状态——如果我们快乐，来得最容易的是幸福的回忆；反之，召唤来的则是伤感的回忆。这就是情感的一致性。同理可证，自己的过去，可以用阳光或阴郁的方式来述说，以强调自己的幸运或不幸。为了避免被当日的情感左右，我们是否应该在快乐的日子里写自传，然后，在阴郁的日子里取出来重新阅读呢？

“要记得，我曾经爱过你”

《SOUVIENS-TOI QUE JE T'AI AIMÉE》

有一天晚上，邻居受邀一起晚餐。用餐结束之际，邻居说起他们夫妻生活中的一个小仪式。当丈夫早上离家骑上摩托车奔向巴黎的车阵之前，或是当他有点郁闷时，通常都会亲吻着妻子说：“如果我出了什么意外，要记得，我曾经爱过你。”这样的话语，总让太太又感动又焦虑。从另一方面来看，既然谁都无法知道未来会发生什么事情，这样说也挺好的。不过，总是有些怪异……所有的宾客，不是对这个故事感兴趣，就是觉得这个故事很好玩。看得出来，在座的女士们特别喜欢这个故事。于是，朋友又补充说：“我也经常跟太太说：如果我死了，你可以另组家庭，不用担心。”这又是另一个爱的证言，甚至比前者更崇高——他告诉另一半，他们的爱之强大，以至于即使他死后，也希望她继续幸福。即使是跟另外一个人。

斯宾诺莎 SPINOZA

他的名字叫巴鲁克（Baruch），意指“非常幸福”。斯宾诺莎与笛卡尔生于同一个时代，他对于人类的情绪非常有兴趣，深信的是：“一种情绪不能被阻止或铲除，除非是被另外一种更强烈而相反的情绪所取代。”换句话说，并非只是理性才能够释放痛苦的情感；而是，展露愉悦的情绪，最能解放痛苦的情感。斯宾诺莎想必也认同积极心理学的原理，主张越是“实践”并且持续召唤某种情感，就越容易体会这种感情。当事事顺利时，做些小小的努力让自己快乐；如此，当事情不顺利时，就大大增加了拥有一点喜乐的机会。

斯宾诺莎不曾有过算得上幸福的生活：1656 年，在他 23 岁那年，被逐出阿姆斯特丹的犹太区。原因不明，想必是因为批评了某些宗教的教义。不久以后，又被一名精神失常的人用刀子刺伤。很长一段时间，斯宾诺莎总是穿着这件被武器刺破的大衣，似乎是为了不要忘记狂热导致的后果。后来，他以打磨显微镜和天文光学镜（这些精致的成品备受赞誉）为生，同时也致力书写一部复杂又重要的哲学著作。书中的理论基础，在历经几个世纪之后，仍然灌溉着我们的思维。

土鲁斯橄榄球队 STADE TOULOUSAIN

我热爱橄榄球，也喜欢土鲁斯橄榄球队。大家都知道，土鲁斯橄榄球队是法国、欧洲，甚至（在有些日子里）是全世界最优秀、最聪明的队伍。因此，我也拥有这支球队的衬衫、球衣和 T 恤。我知道，这有点傻气，但事实就是这样。

有个星期天，我去加油站加油，穿着橄榄球队漂亮的 T 恤（从这点就可以识别出谁是真正的土鲁斯人：他不会说“土鲁斯橄榄球队”，而只是说“橄榄球队”。对他来说，不需要详加说明，因为只有这一个够大、够美、够强的橄榄球队）。加油站收银员看看我土鲁斯橄榄球队的 T 恤，大声地说：“我一点也不喜欢橄榄球！我比较喜欢足球！”哼……我几乎要把汽油还给他。他一定是看到我的表情，继而补充说：“除了当南非队跳起 Gnaka 舞的时候！”[①] 接着，他径自向我表演起球赛前的哈卡舞（haka 是比赛前跳的毛利舞，不是南非国家橄榄球跳羚队，而是新西兰全黑队跳的）。我不禁放声大笑，他也跟着大笑。瞬间，我就不再那么不自在了，还向他发话：“我不相信您所说的话，您怎么可能会不爱橄榄球呢！”最后，我高兴地付了钱，彼此友好地告别，就在我要离开的时候，他甚至为我跳起了哈卡舞的最后一个动作。

真是奇怪，几个月后，我还记得这段有点不可思议又不重要的对话。事后，我也明白了，那件 T 恤在原本没有任何交流可能的情况下，扮演了一次完美的沟通工具。加油站店员只是响应了我对土鲁斯橄榄球队热爱的宣言，就让我们有了这段诙谐的回忆（至少对我来说是这样）。

停止！ ◆ STOP!

停止下来，细细品味！许多研究显示，暂时中断一项愉快的活动，能够增加满足感。觉得奇怪吗？例如，在一段舒快的按摩中，暂停休息几分钟；在一场让人沉醉的电影或戏剧的中场休息几分钟；让热烈的对话暂停片刻……这一切，最终都将让我们拥有更满意的体验。阴暗面是：广告人员就会借此辩解说，电影或节目中的一连串广告，其实并不煞风景；光明面则是：如果是我们自己选择停止在当下的体验中，在心理上退一步来领悟这个经验，这无疑是一个更有效的方式来增加体验的乐趣，而非承受一连串广告的疲劳轰炸。我们的意识，一直有着令人着迷的力量，能够增加自身的安适与幸福！

---

① 收银员搞错了，把 haka（哈卡舞）说成 Gnaka。

成 功 SUCCÈS

我们的成功，只是为了被遗忘。不断歌颂，会危害我们的幸福；那只不过是以过度和欺骗的方式，在奉承吹捧自我罢了。成功更好的用途，是为了感恩，感谢生命赋予我们幸运，并且感谢所有的人——在我们努力的背后，总是有一连串数不清的人，曾经启发、鼓励、引导、帮助我们。我们吞咽代谢了他们给予我们的一切，将这些据为己有；然而，如果没有他们，我们会成为什么样的人呢？

南 方 SUD

1900 年 9 月在南方一个叫蒂罗尔（Tyrol）的小镇上，弗洛伊德询问同行的小姨子米娜（Minna）："到底为什么，我们要离开这个风光美好、静谧，又盛产蘑菇的好地方呢？……仅仅是因为，我们只剩下不到一个星期的时间；也因为，正如觉察到的，我们的心向着南方，向着无花果、栗子、月桂树、龙柏、带有阳台的房子、古董商……"一说到幸福，我们欧洲人的心就会向着南方。因为那里有恬静的夜晚，有阳光和蝉声；也因为那里有灌木丛的香味、葡萄棚下的对话，还有清晨地中海宁静的潮音。

自 杀 SUICIDE

某日在书展上，我遇到了一位跟我同样受邀的作家朋友。他很晚才赶到会场，神情十分激动，因为有人卧轨自杀，致使他乘坐的火车误点了。他说："你有没有意识到，大多数人只想到因为这事件的延迟，让他迟到，带来麻烦。可是，有人刚刚才断送了自己的性命……”

今年，我频频旅行。自杀导致火车误点的事件，我已经遇过两次了。每次，我的第一个反应都是同样的：“糟糕，我要迟到了！”旋即，第二个反应是羞愧万分：“开什么玩笑！你那小不起眼的迟到，跟一个人的死亡、一个完全绝望的故事比起来，算什么啊！”

与这位朋友讨论了一下，当别人的不幸突然冲撞进我们井井有条的生活时，所造成的情绪和意识的波动。第二天，他发给我一封电子邮件，正如他所说的“小说家的问题”——我们的讨论让他想到了最近坠入大西洋的法国航空公司的空客飞机，机上乘客是如何经历了自己最后的瞬间。让他震惊的是，所有记者提到的都是事故的技术条件，却没有提到这些人在经历生命中最后几分钟里，可能有的意识情况。

对我来说，这不是“小说家的问题”。只是，特别敏感的小说家，往往比其他人更经常又激烈地提出这些困惑。因为，他们满怀怜悯之情（甚至当他们试图证明自己不是这样的时候，也还是抱持着哀矜之心）；正是这样的怜悯之情，让他们面对所有的人类经历时，满怀敏感与好奇。即使，面对的是一些惨不忍睹、极端、终结的情况……

迷信 SUPERSTITIONS

说也奇怪，有些人对于幸福充满迷信。有点像看待健康一样，有些人在被问到“都好吗”的时候，不敢回答“好得很”，因为担心会引来厄运，惹病上身。同样，我有些朋友一点都不喜欢承认“现在，我完全沉浸在幸福里”，总是担心这样会带来厄运。

事实上，当一切顺利时，我们的健康也迟早会出现或大或小的问题，而减少自己的幸福感。但这一切显然是没有因果关系的，也就是说，不会因为承认自己快乐或健康，事情就会变坏；而是因为，这些现象都受制于“均数回归趋势”定律——任何超出平均值的现象，都会自然而然地趋向回归平均值。幸福的高峰与不幸的深渊，都遵循着这条法则。因此，就更有理由在幸福的时候，好好享受快乐，以期在不幸的时候，不至于太过绝望。两者之中，没有哪一个是永恒的。

幸福天才 SURDOUÉS DU BONHEUR

有些人是这样的，生命一应俱全，拥有好基因、模范好父母、命中幸运，再加上生活智慧。这是如何知道的呢？总之，结果就在眼前，他就是一个真正的幸福天才。他们具有完美的情绪特质——生命中的美事，让他们能够获得快速、饱满又持续不断的快乐；坏事当然也会降临，但他们不太会被打击，并且随即遗忘。这对他们来说似乎不费吹灰之力，而这也就是我们所谓的幸福气质。不用羡慕这些人，他们的幸福不会减损我们的幸福。最好是观察这些人，从中学习，或经常待在他们身边，好好“利用”——因为情绪是会传染的，最终我们也能攫住一点他们的安适，就像得感冒一样。幸福的感冒……

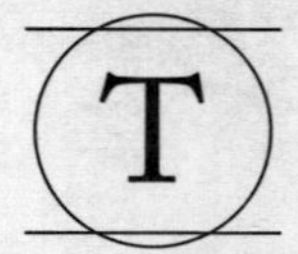

悲伤

TRISTESSE

a b c d e f g h i j k l m n o p q r s T u v w x y z

迎接悲伤，聆听悲伤，将它视作一位讲道理又离谱的朋友。继续行走，继续生活。然后转身一看：它已经不在那儿了。

下载 TÉLÉCHARGEMENT

有一天，我必须在网络上下载一些数据。有点匆忙，还有很多事情要做，加上没完没了的下载……哟！真是久！我恼火了，却不自知。突然，我察觉到了——怎么了，这算久吗？！不会的，其实不算久，几分钟就可以得到这么多的数据。只是你自己不耐烦了。你那些珍惜当下的长篇大论都跑去哪里了呢？还有与病患一起在这方面的努力都跑去哪里了呢？你是不是搞错了？老兄，深呼吸一下，放松一下紧张的肩膀吧。稍微闭上眼睛。微笑吧，傻瓜！这样做不是比较好吗？

电视 TÉLÉVISION

太常看电视，似乎真的会让我们多一些不满意，也会增添一点不快乐。所有的研究大致上都证实了这一点。当然，这个因果关系反过来说也是成立的：当我们感到不满意或不快乐的时候，比较容易被电视吸引（看电视，是让人不去想生活中不顺遂的方法）。在这两个方向的因果关系中，几乎所有相关的书籍都提到了一个很容易实行的建议——少看电视！走路、看书、聊天，都是照顾精神的最佳节目。

做自己喜欢的事情的时间

TEMPS POUR FAIRE CE QUE L'ON AIME

有时间做自己喜欢的事，肯定是最有效的幸福秘诀之一。简单得令人不安，然而积极心理学就是这样。如果有足够的时间来进行的话，大部分活动都是能让我们更快乐的；因此，没有足够的时间来从事一些活动，让我们比较不容易快乐。整理花园、照顾孩子、上市场买菜，甚至某些工作，这些事都可以成为乐趣或压力，端看是否拥有足够的时间。拥有足够的时间，真是无上的奢华。有时候这是可以用金钱买到的（有钱人花钱雇人代劳很多烦琐的工作，让自己有空闲的时间去做真正喜欢的事情）；有时候，则可以透过智慧换取，选择某些生活方式，例如，少工作一点或者少花一点钱，换来的是好好享受生活。

四重疗法 ◆ TETRAPHARMAKOS

四重疗法（出自希腊文，意指“四种治疗的方法”），被认为是哲学家伊壁鸠鲁的教义精髓，由弟子第欧根尼·德·奥伊罗安达（Diogène d’Oenoanda）精简浓缩成四句格言，并且刻在门框的三角楣上：

不要畏惧神祇。不要害怕死亡。学习让自己快乐。学习让自己少受苦。

这样的纲领，完全适合我。我也要把这段格言，刻在圣安娜医院我的办公室入口的门楣上！

治疗 ◆ THÉRAPIE

2005 年，正值行为学家与精神分析学家的“心理医生争执”之际，我的病人菲利普模仿了阿尔弗雷德·德·缪塞[①]的名句“不管是哪种瓶子，只

---

① 缪塞（Alfred de Musset，1810—1857），法国浪漫主义诗人、剧作家、小说家，发表过一些关于社会、政治和文学艺术的论文；除了三部优秀的小剧本和几首诗外，其余的作品都是三十岁以前完成的。1852 年获选法兰西学院院士。他与作家乔治·桑的恋情最为人所津津乐道。

要能醉就好”，送给我一句：“不管是哪种治疗，只要能让我们不再苦恼就好！”他把这句格言当成送我的礼物。让我们回归本质——治疗，只是一种工具。助人为先。

挺胸站直！ TIENS-TOI DROIT（E）！

我们的精神状态，充分地透过自己的身体来表达。比方说，当我们悲伤的时候，常会不由得眼光下垂、声音沉重、说话缓慢。众多的科学研究报告还指出，我们站立的姿势（挺胸站直或弯腰驼背等等），会影响我们的精神状态。例如，填写生命满意度调查问卷表时，随着采样者在低矮小茶几上填写（不得不弯腰扭曲身体），或是在相当高的桌面上填写（可以保持头部和身体挺直），所得到的结果是截然不同的。以弯腰姿势回答问卷的人，满意度倾向下降；相反，以直立姿势填写问卷的人，满意度则冲高。

因此，当父母告诉你们“挺胸站直！”的时候，你们是充耳不闻？还是觉得这样做一点用也没有呢？就我个人而言，长久以来我一直习惯弯腰驼背，再配上一脸愁容。自从我想要让自己抬头挺胸，便开始站直，嘴角带起小小的笑容。这好像对我帮助良多（我说“好像”，只是不想装成内行的样子。我其实非常肯定抬头挺胸的效果）。这好像也能让别人受益——我感觉（也许有些天真），一个心理医生抬头挺胸、面带微笑地安抚病患，同时也能够借由身体传递给病患稍微多一点的东西。不过，抱歉的是，我没有任何科学研究来支持自己的这番论点。

引人流泪 TIRE-LARMES

对于那些引人流泪的伤心故事，我一直都是最好的观众。当然，就像大多数人一样，或者至少像大部分男性那样，我讨厌让人看到自己流眼泪。比方说，在戏院里，当热泪澎湃涌上来的时候，我会强迫自己抽离电影，脱离情感，向各个方向转动眼球，不让眼泪聚积。然而，不只是在电影院里，即使读一段故事也会发生同样的情形。几年前，我读到了一则这样的小故事。

圣诞节前夕，一个小女孩没有征得父母的同意，径自拿起漂亮的包装纸，想要亲手包装一件礼物。父母责备她，因为她搞得乱七八糟的。她一言不发，默默承受一切。第二天，父母发现了一个小小的礼物，有点笨拙地包裹在那张昂贵的包装纸里面。他们既尴尬又感动，并且后悔自己昨日的反应。打开礼盒一看，里面竟然是空的。父亲很恼火地说："这就是你说的礼物！"小女孩随即号啕大哭，哽咽地告诉父母："不是空的，盒子里面，装的是满满的亲吻，要送给你们的！"

就在此时，我已经开始溃堤了。说实话，我所知道的版本甚至更添油加醋，我就原汁原味地告诉你们吧。父亲拥抱女儿，请求她原谅。不久之后，小女孩意外丧生。父亲把盒子放在自己床边很久很久。每当沮丧的时候，他就会拿起盒子，抽出一个想象的亲吻，提醒自己孩子放在盒子里面的爱。

这则故事未免也太夸张了，同时催泪又耐人寻味。这样的故事，我不知道你们怎样看；但是，对我来说，这类故事会让我努力深思，在面对自己的小孩烦人的时候，也会让我更冷静，并且更宽容。

坟墓 TOMBE

我与女儿和妻子，来到土鲁斯附近一个小小的墓园里，给父亲上坟。我们带了一些鲜花，并且给坟上的花朵浇水。我们五个人站着，沉默不语。实在不容易说话或一起大声祷告。但是，总不能一直这样，伤心又尴尬，一句话也不说吧！在这样的时刻，我觉得自己是一家之主，应该由我来做一些事情。

于是，我要求女儿们每个人感念爷爷，让心中存留的一切美好回忆，日常生活里他所有的影像、话语，以及那些小小的手势和关怀，自然涌现出来。我们的眼睛都微微润湿起来，咽着唾液。很高兴能够回想起那些时刻，同时也伤感时光不再。我们互诉着许多事情，汹涌回荡，着实不易。我们交流着与他共同经历过的关系里，所存在的爱与亲情。就像许多同世代的人一样，父亲并不太自在于表达感情。然而，今天再想起这一切时，却发现他从来不曾停止过与我们沟通关爱之情。

这让我不禁想起，前一晚读到的蒙泰朗[①]的句子（我发誓，蒙泰朗的话，可不会就这样在重要的时刻无端端地跑到我意识里来的）："是那些没有说出口的话，让死者在棺木里如此地沉重。"接着，由于当时的悲伤与肃穆，女儿爆出了一句短短的话语，惹得其他两位姊妹哈哈大笑。结束了。功德圆满。非常好。我欣喜。

降，雪…… TOMBE, NEIGE...

一位女病患告诉我她的梦：去世多年的丈夫，有了情妇，而且生活美满。她做这个梦的同时，正好是她刚认识一位第一次让她想要再过夫妻生活的男人。醒来之后，她感到混杂着悲伤又宽慰的情绪——悲伤的是梦境里的"不忠"，宽慰的则是，她也将允许自己开始一段新的夫妻生活。她面带微笑地对我说，希望丈夫在"高高天堂旦"的连理关系，也能让他幸福。在她离去之后，有好几分钟，我还沉浸在她孀居和爱情的故事里，看着外面雪花飘落，想起阿波利聂（与这位女病患交谈中，我们曾经提到的诗人）的诗句：

---

① 蒙泰朗（Henry de Montherlant，1895—1972），法国散文家、小说家和剧作家。主张"交替"的理论：刻苦和享乐互相交替，刚毅自持和放任自适各不相碍。其作品风格谨严、自然、亲切，兼有法国古典作家的纯朴和浪漫派作家的激昂，为评论家所称道；批评者则认为这种完美的风格传达一种夸大和贫弱的思想。1972年自杀身亡。

啊！降雪尽情地下吧！我多么渴望，心爱的女人还能够在我怀里。

就在当下这一刻的生命里，一切仿佛都温柔和谐，带着些许的忧伤，片刻的奇妙平衡。

“全然的幸福！” 《TOTAL HAPPINESS!》

一位躁郁症病人，有时会严重地抑郁，有时又病态地兴奋。总之，两者都是同样的伤脑筋。有一天，他打电话告诉我：“医生，真是太棒了，我从来没有过这么好的感觉。我决定离职去澳大利亚。我身体健康、精神旺盛。真是全然的幸福！”这个持续数天的全然幸福，真不是什么好兆头。天不从人愿，他住进了医院急诊室。我倒宁愿他有的是一些小确幸。

喜悦里的磨难 TOURMENTÉS DANS LA JOIE

一天，我读到了博班的一句话，在心里回荡不已。“喜悦里的磨难，远超过悲伤的磨难。”就我而言，我完全了解，人是可能被喜悦折磨的。而当我说起这种感觉的时候，亲人当中真正的乐观主义者却难以理解。我可以理解这样的情形，因为这也引起了我在面对幸福时所感觉到的隐忧，像是：“幸福终将停止！会如何停止呢？会在什么时候停止呢？接着，会不会就是不幸的到来，就像要我偿还幸福租金一样？”像我这样不擅长幸福的人（我只不过就是个好学的学生罢了），暴露在这些磨难里面，我并不在乎。我宁愿在喜悦里受磨难，也不愿意承受悲观的阴霾而愤世嫉俗、听天由命。我宁可在喜悦里受磨难，也不要不快乐！

简单的好 TOUT SIMPLEMENT BON

前几天，我一边吃早饭，一边信眼游读女儿的面包包装袋上的说明（通常，我都尽量避免这么做。但是那天，我却禁不住）。上面印着："这切片奶油面包，好吃，就是这么简单。"这段谦虚的广告词，就这么在我脑海里回荡不去。在这些简明的语句之后，还是不免拖着一长串歌颂面包的各种优点……然而，我的注意力还是被牢牢地抓住了，而且我还记得这段广告词和面包的品牌。真是有趣，在竭尽了所有夸大的广告辞令，像是"可口，美味，赞不绝口"之后，又回到了简单、实质与基本，只用个"好"字。几乎是最基本的——可见，坚持极简是如此不容易，我们还是在"好"字上添加了"就是这么简单"……

我不禁想到，在一些美好的时光里，我们也做着同样的事情——就在简简单单地说"真是快乐"之余，总是要适时添加上"太棒了""超乎想象""一级棒""妙不可言"等夸张的幸福用语。不过，我们或许也可以有个借口——我们必须保持至少多于负面情绪三倍的正面情绪。也许是这个缘故，让我们不知不觉地就浮夸吹嘘起来了？

一切顺利 TOUT VA BIEN

在一切顺遂时幸福，实在不算是荒谬的计划。正如哲学家阿兰所言："我们应该教导孩子快乐的艺术。不是苦难临头时的快乐艺术，这应该留给斯多噶学派费心。而是，当情况差强人意、生命的辛酸化成一些小烦恼以及一些小小不舒适时的快乐艺术……"

悲剧 TRAGIQUE

不要被表象所愚弄，幸福本是一个悲剧性的主题，绝对不是粉色多彩的糖果。人类的幸福，是建立在我们的意识中双重且不可分割的运作所产生的结果。这个运作的第一面就是寻求福祉——幸福，是在有利的环境下感受愉悦的意识行为。第二面是面对死亡，我们都是会死的、终将一死的，我们尤其意识到自己是必死的。我们恐惧如影随形的死亡，而幸福就是解药，因为它提供了短暂的不朽，让时间暂停，甚至消失。然而，幸福也传达着一个短暂却强大且令人不安的讯息——幸福终将消失，就如人总会死亡一样。因此，幸福就是一种“悲剧的”情操。悲剧性的意义就在于，人们意识到命运与宿命沉重地压在自己身上。悲剧是，在人类生存条件的逆境中接受和整合苦难，以及死亡。这是一个悲惨的问题：如何在这样的情况下生活呢？而幸福就是这个问题的答案。

哲学家安德烈·孔德－斯朋维勒写道：“悲剧，就是在抗拒和解，不愿意与矫揉的情感、自以为是或愚蠢的乐观取得协议。”哎哟！他又写道：“这就是生活，没有道理，没有天意，也无须寻求宽恕。”好吧，好吧……最后，他还说明：“就是这种要么就接受，不然就离开的真正感觉；不过最后，还是心甘情愿地接受了。”呼，终于能喘口气了。他在别处又补充说：“至于那些主张幸福不存在的人，只是证明了他们从来没有真正不幸过。反之，那些曾经历过不幸的人都知道，幸福是存在的。”幸福与不幸的务实态度，是由亲身体会的。

是的，人生是一场悲剧，世界是悲惨的。但我们还是愿意微笑，继续向前，心思明澈，而不愿意只是咧嘴强笑而无法真正欢喜快乐。再者，或许幸福也不是悲剧，而只是悲剧里的沉重部分。因为这个必要的沉重，幸福才有价值，才有趣味，并且提醒着我们幸福是绝对必要的。

另一位哲学家克莱蒙·罗塞也提醒我们："所有对现实的默许，都是明澈和愉悦的融合，这融合就是悲剧意识……现实给予的，是唯一能够承担现实的力量，也就是愉悦。"因此，持续不停地向往幸福，并不需要与世隔绝到一座金色的城堡里，也不需要糊里糊涂地将自己寄情于酒精、毒品、视频游戏，或把自己放到辛苦的工作中。只需要接受世界是个悲剧的事实就可以了。

幸福不是一个可以让我们蜷曲躲藏在里面的泡沫，而该泡沫建立在一个空头的保证之上，以为有一个专为幸福打造的世界。这些都有赖于心灵智慧帮助我们了解——无法有一个调节适当的内在，有的只是一个活生生的内在，一个痛苦心灵突显幸福心灵之必要的内在。

幸福条约 TRAITÉS SUR LE BONHEUR

人们常常以为，关于幸福技巧的书籍，在我们这个时代占尽优势。然而，我却不敢如此肯定——幸福书籍保有最高纪录的时代，有可能是在十七世纪。伏尔泰、卢梭、狄德罗、戴芳夫人（Mme du Déffand）、夏特蕾夫人（Mme du Châtelet）[①]，所有当时伟大的思想家都曾经谈到幸福。这种现象有许多历史因素，其中有来自宗教（天主教全能权威在日常生活中的衰落，表示寻求灵魂救赎的衰落，也是追求幸福的兴起），或来自哲学（现代个人思想的萌芽）和政治的原因（追求幸福的民主化）。每当宗教力量削弱的时候，个人自由就会增长，民主思想就会扩大，追求幸福就变得更重要。希望这种现象能够持续下去……

① 戴芳夫人和夏特蕾夫人都是法国启蒙时代重要沙龙的幕后推手。

工作与幸福 TRAVAIL ET BONHEUR

工作与幸福？在《创世记》里，愤怒的上帝将亚当和夏娃从天堂（在那里，不需要工作）驱逐出去，迫使他们必须辛劳流汗，才能赚取面包。故事就是在这样糟糕的情况下揭开了序幕。到了前工业化社会，糟糕的情况有增无减：工作被视为一种诅咒和耻辱，富人不需要工作，而是要穷人为他们卖命。随着启蒙时代的伟大革命思想的诞生，这种观点有了改变：幸福被认为是一种权利，工作被认为是一种价值。游手好闲的态度开始被质疑，而劳动则是幸福与尊严，就像哲学家艾尔维修[①]所指出的："忙碌的人是快乐的人。"

狄德罗稍微缓和了这样的看法："如果是木匠自己跟我述说，他作为木匠一天的乐趣，我会比较信服。"然而，工作者热爱自己的工作，并且在工作中充分发挥所长的印象，已经铭刻在人们的心里了。新颖的是，今日我们观察到，个人发展中对于工作不断提升的期待——理想的情况下，工作不再仅仅是为了糊口，更是一种创造生命意义、学习以及跟自我实现紧密联结的方式。所以，在一项针对 6000 名大众所做的调查里，1/4 的受测者很自然地把工作当成幸福的源泉。超过一半的人认为，在他们的工作中，正向的方面大于负向；学历越高，越多人有这样的想法（管理人员中占 70%，而不具备文凭的工人只占了 30%）。

在这项研究中，最后我们注意到，条件最差的群体（像是工作情况不稳定的人，以及失业者），更倾向将工作视为幸福的必要条件。就像经常发生的，当幸福的源泉被剥夺或禁止的时候，越能感受到它的价值与重要性。以上对工作的看法，即是一例。

---

① 艾尔维修（Claude Adrien Helvétius，1715—1771），法国启蒙思想家，出生在巴黎一个宫廷医生的家庭，毕业于耶稣会办的学校，曾任税务官。他考察了第三等级的贫困和贵族的糜烂生活，因而痛恨封建制度。辞去官职后，专心著述，并和狄德罗等人参加了《百科全书》的编辑工作，严厉批判封建制度及教会。

刻不容缓 ◆ TRÈS VITE

我一点也不喜欢，真的一点也不喜欢听见电话录音机留言中对方跟我说："立马！"如果对方窃窃地留下一句："马上回电给我，赶快。"这样强加在身上的压力让我心里很不舒服，甚至会让我变得有些挑衅地故意被动，想不到吧！本来我会自动回电的，反而故意迟些时候再回电。我知道这样做挺愚蠢的，然而我必须遏止这种社会里弥漫的"加速"流行病！总之，在我们这个时代，应该经常做的是减速而不是加速，才能够让自己过得比较好。

反幸福的 3A ◆ TRIPLE A ANTIBONHEUR

3A，是用来标示香肠的质量，或者国家财政的可靠性的。不过，它也可以涉及幸福，就是，事前（Avant）、事后（Après）以及他处（Ailleurs），这就是"反当下"以及"反幸福"的 3A 变化格式。心绪越是习惯在事前、事后逃跑到他处，而非把握当下，就越会降低幸福感。有句箴言说："若是想要快乐，就得远离 3A！"

愁绪 ◆ TRISTESSE

愁绪，是永不枯竭的灵感源泉，远比其他负面情绪如愤怒、恐惧、嫉妒、羞耻等等，来得丰富。原因很简单，忧愁使我们更接近自己，促使我们以己身的缺陷与艰难的角度来反思生命；还有（这个"还有"是必不可缺的），矛盾的是，愁绪也是最接近幸福的痛苦情感——忧愁能让我们接近某种平静的状态，使我们放慢脚步、解除武装、放弃与生命争斗（有时候也是件好事）。在其他的负面情绪中，愤怒反而会使我们离幸福而去；惧怕，则只有把自己层层锁住，幽闭在反恐惧的碉堡里（如自己的家、亲密关系、自己的追求或梦想里），才可以感觉到幸福。

然而，忧愁却是另一回事。忧愁的柔软，有时让它像是幸福的表亲。根据雨果所言，忧郁就是“悲伤的幸福”。由于这两种原因，愁绪有时候也可以是有生产能力的。就像是有点令人吃不消的好友，有时候讲理，但总是反复思考、小题大做。因此，当愁绪抓住我们袖子的时候，一定要聆听并且看看它要告诉我们什么。然后，打发它走。然而，也不能太快，不能在它还没说完话之前，就打发它走。否则，忧愁会锲而不舍一再回来，很快就会铺天盖地掩埋我们的生活，远远超出它本来应有的范围，正如：“愁绪降临停息，像夜、像雾又像雪，一视同仁地覆盖在所有事物上面。”

正确使用忧伤，也是幸福的关键。

三件好事情 TROIS BONNES CHOSES

有一个常见的积极心理学练习，就是晚上睡觉前，回想一下当天经历过的三段美好时光。不需要是多么特殊的时刻，就只是微小的美好时光，像是亲人之间的谈笑、阅读了有趣的文章、一个赞赏、一段感人的音乐，或是，在 11 点 15 分到 11 点 18 分之间，生命美好的短暂感觉等等。强烈密集又专注地回想这一切，也就是说，不仅仅花两秒半的时间，轻触一下这些瞬间的记忆，随即转而操心起当天或明天的事情。不能这样。而是要真正给予这些美好的时光一个空间，用整个身体，不只是用脑子，去召唤、直观以及再次感受这一切。不要有过多的反思，而是细细地品味享受。如此，连续几星期每天晚上实践这样的练习，将会提高我们的士气、安适，以及睡眠质量。

然而，谁会如此一再反复长期实践这个练习呢？就连我，完全信服这是愉快又有意义的练习，并且详知所有的研究理论，也还是必须经常重新启动，激励自己，才能持续实践。积极心理学的困难就在这里——看似简单，却比我们想象中更严格要求规律。

太多幸福吗 ◆ TROP DE BONHEUR?

可能太幸福吗？不会的，就像健康一样，没有“太”健康这回事。以上这两者都不可能，就只有一个简单的原因：幸福一如健康，都是脆弱、暂时的状态，并且不仅仅取决于自己。反之，却可能会谈论太多自己的幸福，或太炫耀、太执着于自己的幸福。这三个错误是会伤人的——前两项伤害别人（当他们遭遇不幸的时候），第三项则伤害自己（当不幸降临在自己身上的时候）。

太幸福 ◆ TROP HEUREUSE

有一位我很喜欢的女病患，跟我咨询已经很长一段时间了（其实细想起来，所有的病患我都喜欢）。她的一生实在不容易，然而，她还是坚持不懈、规行矩步，努力地渡过难关，穿越了昔日重重的枷锁。她很聪明、上进又不退却，因此，最近几年来终于走出困境，生活似乎变得快乐起来，幸福也变得比不幸多了。她感到快乐，虽然不是每一天，不是时时刻刻都快乐。但是，对她来说，生活大致上是变得幸福了。

然而，她却不习惯快乐的生活。即使我们努力讨论过这个问题，有时候，过去的恐惧还是会涌上心头——她害怕这一切不会持续，灾难会再次临头。她这种怪异的感觉，是恐惧灾难“重新逮住”她；至于被什么人，基于什么原因，她则完全不解。然而，就是害怕……

前几天，她下班后搭乘通往郊区的列车回家，即将与伴侣团聚（她生命里的两大全新的近况，象征着她终于“像每个人一样正常”，“有权利拥有简单的生活幸福”）。她心里胡思乱想这些让自己快乐的小事情，突然，阴郁的想法又来袭了：“这一切幸福都不会持续，无法持续下去，你将付出代价，你会被三振出局……”她又一次感到五内纠结，她知道这些避之不及的不舒服，都是无稽荒谬的。她开始深呼吸，安抚自己，回想起我们之间对这个问题的讨论。

突然，内心担忧争斗的虚拟世界，被查票员的声音拉回到现实：“女士们先生们，大家好，麻烦你们，查票……”她急忙翻找自己的通勤卡。糟了！自己带的不是平时的袋子，通勤卡在家里。不管她怎么解释，罚款减轻后还是四十五欧元。恶法亦法！

然而，奇怪的是，她像松了一口气似的。虽然查票员的顽固态度让她有点恼火。然而，最重要的是让自己大大地松了一口气：“怎么，你还在担心幸福太多吗？看吧！自己碰上了什么事！别担心了，生活自会让你付租金的，就像现在这样。你不必担心什么大灾难，只要管好这些小麻烦就好了。有一天，你的幸福可能会被撤销，就像任何人都会被撤销幸福一样。在这件事情还没到来之前，尽情享受吧。别忘了准备一点钱，来应付麻烦！”

与其害怕失去幸福，倒不如好好享受幸福。并且，用幸福的力量来强壮自己，以微笑跨越生活里的小麻烦！

为时已晚 ◆ TROP TARD

我很不喜欢病患对我说：“啊，好可惜，没有早一点服用这种药、遇到这位心理咨询师、有这样的诊断！否则，就可以不用受这么多年的痛苦了。”每当听到这番话时，我都会倾身凑到病患面前，好像听到了一件非常严重的事情，神情凝重地请他们重复刚才说的话。一般来说，病患都会感到惊讶，因为通常我们对别人说这类话的时候（如“来不及了，真可惜”），对方或者会漠不关心，或者会安慰我们（“不会的，不会太迟的”）。可是这回，却被要求重复一遍（毕竟，他们面对的是精神科医生）。于是，他们复述刚才的话，通常会减轻一丝抱怨的语气。我则会回答他们：“很好，但是，如果为时已晚，您要怎么办呢？”常常，他们都会豁然明白，并且笑了起来。

对啊！每每谈到幸福，这类自动出现却没用又害人的老生常谈，像“为时已晚”，就是我设法要从病患心里驱逐掉的。但是，我不想对他们说“迟到总比不到好”之类的话，大家可能已经跟他们说了一千次了。我只是要他们马上行动。因为我知道，我们很少能够以智慧让自己从遗憾里解脱出来，而往往是透过经验来抽身。于是，我就让他们有个小经验——当场被捕，并且借此机会更仔细地审视一下这些害人的老生常谈。

“你从来没有对我说过这句话”

《TU NE M'AVAIS JAMAIS DIT ÇA》

这件事发生在有天中午和我的二女儿（一位总是欢喜赞叹生命的女孩）一起吃午餐时。我们决定做个煎蛋。我说：“去，帮我打六个蛋。”我看到她手里拿着鸡蛋盒子，停下来微笑，配着只有大脑正在全速转动的人才会有的明锐眼神。看着我疑惑的表情，她解释说：

“真有趣，你从来没有对我说过这句话！”

“什么意思？”

“是啊，你常常会对我说一些句子，像‘吃饭前，先洗手！不要忘了钥匙！做个好梦！晚上睡得好吗？今天过得好吗？’但是，刚刚的那句话，我从来没听过，这是我生命里的第一次！”

于是，我们放声大笑。她说得对，她的头脑很警觉。我们跟亲人往往总是重复说着同样的话！最后，就变得充耳不闻了。特别是如果我们总是说着相同的长篇大论（就像父母常常对孩子们言者谆谆，只想到教育）。结果，他们再也听不进我们说的任何话语了！我们的话， 变得可预知又没用，我们也变成了制造废话的机器。然后，偶尔因为情况有一点不同、一点出人意料，我们的话语又有了新意。正是这一刻，女儿活跃又快乐的大脑，攫住了当下的真义。

那一天，我为了她新颖思想的脱俗，高兴了好久——我是否也能经常活在正念中，全然意识到生命以及别人对我说的话呢！

紧急

URGENT

a b c d e f g h i j k l m n o p q r s t U v w x y z

紧急，紧急，当下一切都迫在眉睫。

可是，你知道什么才是重要的：看着生命之草欣欣向荣。

紧急或重要？ URGENT OU IMPORTANT?

在我们的生活中，紧急的事经常与重要的事背道而驰。“紧急”，是去做生活要求我们做的事情，例如工作、购物、修理，或花些时间为别人做些什么……“重要”，则像是在大自然里漫步、静观美丽的事物、找时间跟老朋友谈话……

“紧急”很快地取代了“重要”的位置；“重要”似乎总是可以等待，几乎从来不迫切。一如既往，在理论上，我们都是了解的。然而，一旦落入实践中，我们该怎么办呢？就我个人而言，每天早上我都在“紧急”与“重要”之间拉锯。因为起得很早，我能在全家人都还在熟睡的这段时间里做些什么呢？借此机会处理急件吗？赶上落后的工作进度，书写搁置的电子邮件或文章吗？这些正是我想做的事情，减轻“待做而未做的工作”这个重担，将让我宽慰。等到做完这些事情之后，就会觉得好一点，这是马上就可以印证的事情。

或者，我该对自己说：“不。先做重要的事情。去板凳上坐下来，至少先从一刻钟的正念冥想练习开始。其余的待会再说。如果现在你不先从重要的事情做起，等一下所有紧急的事情会让你忙得喘不过气来。直到晚上，你都还是无法全部做完的。所以，坐下来，转向当下，你知道这有多么重要吗？”有时候，当我有办法做到的时候，总是会觉得好很多。有些时候则比较困难。于是，我让自己全天都有一些正念的小瞬间，一些有益的时刻。然而，在内心深处，我很清楚地知道，这两者之间是不能相提并论的。因为，自己正渐渐在匮乏中……而我一直都还没有找到解决的办法。

尽管如此，近几年来我在冥想方面得到的最大进步，就是明白了“紧急”

与“重要”之间的战斗，是打从早上日出就开始的。而这场战斗，只要自己一息尚存，就会永远延续着。有时候，我会站在“重要”的这边，有时候则会是“紧急”的奴隶。这样很好，表示我还活着……

有用 UTILE

积极心理学有一个可以被称为“功利主义”的趋势：权衡利益，并且追求在优势中获益。例如，幸福有益健康——因此，医生们对积极心理学感兴趣。幸福能使人表现良好——因此，公司要求员工参加研讨会。我们或许觉得这一切很烦人。然而，我们可以说，有另外一些潮流，比起这个潮流要来得更空洞无用。一旦走上幸福之路，无论最初的动机是什么，人们通常都会变得比之前好。因为，幸福能够让人变得更好。即使当初追求幸福的理由，是值得商榷的。

乌托邦 UTOPIE

当一切都不顺遂的时候，幸福看起来好似乌托邦。以词源上来说，就是一个不存在的地方。然而，幸福就如一根小草，即使到处都铺着“不幸”的水泥或柏油，小草终究还是能够冲出夹缝，迎向阳光。

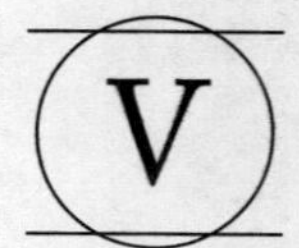

美德

VERTUS

a b c d e f g h i j k l m n o p q r s t u V w x y z

厚德，就是幸福。做好事能够使你幸福。

疫苗 ◆ VACCIN

“可怕的”义务，就是永远不能停止呼吸……我遇到过好几位十分焦虑的病患，只要一想到呼吸这件事，竟然就会开始陷入恐慌。他们告诉我，自从小时候他们就意识到自己必须不断仰赖空气，像这样吸气、呼气，直到岁月尽头……

有位女病患，最怕将来有一天必须装上人工肺走完一生。你们知道的，人工肺就是那种庞大的机器，以前是用来帮助脊髓灰质炎引起呼吸肌瘫痪的病人。最早的时候，需要有人不断运作打气机。后来，演进到使用电力自动运作。但是，还是不免……一直聆听这位女病患，以及跟她不停地讨论治疗呼吸这方面的困难，刚开始的时候，我有点把她的焦虑带到了自己身上。有一两次半夜，我从强烈的窒息感中惊醒过来。之后，我就不再有过这样的情形了，而她也终于度过了这段艰难的时期。自从我开始练习正念冥想，这种事就再也没有出现在自己身上了。

记得当我还是小孩子的时候，“铁肺”一词使我印象深刻。我十分高兴，后来有了脊髓灰质炎疫苗，我对这疫苗的发明者充满着无限的感激之情。

胡思乱想 ◆ VAGABONDAGE DE L'ESPRIT

有一项关于“胡思乱想”的卓越研究，针对大约五千名年龄各异的志愿者，随机追踪记录在一天当中不同时刻的心理状况，为期数周。结果显示：一、他们的头脑有一半的时间总是在胡思乱想（也就是说，正想着其他的事情，而不是专注于手上正在做的事情）；二、越胡思乱想，越不容易幸福（在追踪记录的时候，也同步评估当下的情绪）；三、即使心不在焉时的情绪是愉悦的，即便正在做的是愉快的白日梦，也永远不及专注于自己正在做的事情来得愉悦。

研究人员把得出的结论发表在科学刊物上，标题是《胡思乱想的心灵，是不快乐的心灵》。还有另一个结论，也可当作建议：专注于正在做的事情，即使是工作，也比想着别的事情，哪怕想的是愉快的事，都更能够让自己快乐。这种相关性，同时也是因果关系——并不仅仅是因为我们不快乐，所以胡思乱想（例如沉溺在阴郁的反复思考中），反之亦然。我们不知道该如何稳定心绪，让自己专注于眼前的事情，因而往往削弱了幸福的能力。这就是冥想能够提高正面情绪的原因之一，因为冥想能够强化我们活在当下、稳定心灵的能力。

打破的盘子 VAISSELLE CASSÉE

在每一个行动中，大脑世界悄然伴随着我们。然而，我们的亲人却觉察不到这一点。除非我们跟他们解释……

这件事发生已经有些时日了，场景就在我家的厨房里。正当家里其他成员收拾餐桌的时候，这天是轮到二女儿把盘子放进洗碗机里面。她静静地做着这件事，我突然看到她的脸上闪现了只有在想到趣事时才有的灿烂笑容。接着，她就叫道："我说，已经很久没有打破什么东西了！"顿时，全家人哄然大笑。这是真的，经常会有人打破玻璃杯或盘子；而且，更妙的是，常常都是二女儿打破东西。所以，此刻也只有她会突然意识到没有打破任何东西，只有她觉察出一切事情进行得很顺利，并且因此而高兴！那一天，女儿给了我们两方面的教诲。

第一，是认知心理学的教诲。我们所做的一切，都伴随着内心的喋语。

其中混合着当下发生的事情、自我的经验，以及对眼前事情的期待。我们所经历的外在事件，就跟其他人所经历的一样。然而，在内心发生的事情，就只属于我们自己的了；第二，是积极心理学的教诲。为事情顺利而高兴，即使只是件简单的事情。

不久之后，对我来说甚至还有了第三个教诲。有一天早上，二女儿刚打破了一个玻璃杯（因为她不够注意自己的动作）。我还记得之前的场景，于是，瞬间止住了自己爱发牢骚的习惯，微笑地看着她说："你可以小心一点吗？！"我还记得前几天的开怀大笑（真是天赐的恩典），因此，我对自己说：时不时还是值得打破些盘子的……

价值 ◆ VALEUR

价值观，就是我们会优先考虑的存在目的。在理想的情况下，我们可以将价值观当作日常生活中的首要重点，像是爱、分享、公正、慷慨、善良、简单、助人、团结、尊重自然、爱护动物、坦诚等等。按照自己的价值观行事，并且倡导自己所奉行的价值观，能够使我们幸福。无论发生什么事，即使自己的行为不被"奖励"或认可，都是能够使我们幸福的。所有的研究都告诉我们，实践这些价值观，能给人带来幸福。

瓦尔哈拉殿堂 ◆ VALHALLA

瓦尔哈拉殿堂，是维京人的天堂。你必须是一名骁勇善战的武士，并且为了战斗阵亡，瓦尔哈拉殿堂才有意义。在瓦尔哈拉殿堂里，有野猪吃，每天早上开始战斗，直至死亡，再由奥丁神（Odin）使其复活，然后再大吃大喝一顿。因此，只有对喜爱这一切的人，才是有意义的……

广阔的世界 ◆ VASTE MONDE

有一天，我传简讯问女儿什么时候回家，想知道是否需要等她一起晚餐。我的讯息是："你在哪里？"她狡黠地回答："我在世上，宝贝！"她通常都是满怀喜悦地活在世界上，就像那一天传给我的讯息那样。我实在不需要知道她几点会回到家里——她回来的时候就会回来，就是最好的了。

魔术贴还是铁氟龙[①]？ ◆ VELCRO OU TÉFLON?

真是奇怪又无聊：面对自己的想法，就像大脑有两面似的，一面是魔术贴孔，另一面是铁氟龙。魔术贴面吸引负面想法，牢牢粘着不放，不离开脑海，这就是反刍思考；铁氟龙面则吸收正面想法，滑至我们的良知，然后消失，这样真是浪费，真是可惜！如果我们能够经常想到要扭转自己的心理功能，让忧虑滑过，让欢乐反刍，那又会如何呢？

自行车 ◆ VÉLO

事情发生在前几天，我骑着自行车穿越巴黎。刚开始时，一切顺利。在交叉路口，一辆车子停下来让我先行。驾驶员脸上甚至还带着微笑。我向他轻轻点头致谢，他也友好响应。我是有优先权的，然而，只要他加速而不是刹车，就会从我眼前驰过……五分钟之后，来到有些狭窄的道路，有一辆车子在我后面。它并不是静静地跟着我直到前方较宽的路上，而是迅速超车，差点擦碰到我。如果我稍有偏差，就会被撞倒在地。我在心里痛骂道："王

① 铁氟龙为一种不粘性的化学材料。

八蛋！”

然后，我又继续骑着自行车。我当然知道，刚刚第二个情绪激动远远比第一个强烈。而且，我知道如果不做任何反应，这段遭遇将会在精神上留下强烈的记忆。这很正常，因为攸关生命。尽管如此，如果我仍然滞留在单纯的情绪记忆里面，我对汽车驾驶员的看法就会被扭曲，不再记得有另一半的汽车驾驶员是好的。于是，我脑里充斥着想当然的错觉，以为自行车骑在路上处处危险。

结果，我又回想起那位礼让我的汽车驾驶员，还有，当我在车阵中穿行时没有向我按喇叭，并且遵守规则的那些驾驶员（我应该也让他们烦扰不已）。我重新调整了一下看法，让自己冷静下来。我得承认，这么做也是为了自己……

蒙面复仇者 ◆ VENCEUR MASQUÉ

佐罗（Zorro），这个费解的人物，披着黑色斗篷的蒙面复仇者，是我幸福童年里的一大记忆。当时只有一家电视台，每周四下午“蒙面侠佐罗”就会出现在黑白电视里（当时周四不用上学，但是星期六要上学）。我仍然记得那种稀有的幸福——那个时代不像今日这样，孩童们能够自由、不受时间限制又大量地接收屏幕影像。我似乎认为以前比较好，应该是因为我老了。然而，可以肯定的是，对于我们这些60年代的老小孩来说，幸福是比较容易的——因为，当物质稀罕又偶尔有之的时候，总是比源源不绝、无限供应，来得容易让人珍惜。

秋天的风 ◆ VENT D'AUTOMNE

有一天，我无法腾出丝毫时间与远道而来的佛教徒朋友碰面。他如此响应我这种西方式的过度忙碌、永远腾不出时间的生活："谢谢你的答复，克里斯托夫。秋风轻轻地吹拂在我们脸上。我们就像这样，在当下相遇。每一步都充满着和平……"

我读完这几行字，完全被他讯息里传达的智能、温柔、简单以及慷慨，震撼不已。我觉得自己几乎准备取消几秒钟之前所有的事务，只为了片刻的相遇……

真 理 ◆ VÉRITÉ

对一位哲学家来说，宁要伤心的真理，也不要抚慰的谎言。就我个人而言，即使承认难以驳倒这个看法，但也很难认同这样的立场。只因为我是无可救药的护理人员。亲爱的安德烈·孔德－斯朋维勒对我们之间的这个争论，已经做了完美又合情理的总结："克里斯托夫，身为好医生，希望病人和读者能够拥有健康；我则希望读者能够拥有多几分的真相、洞悉力与智慧……然而，有能够让人舒服的谎言或幻觉，也有能够伤人的真理。因此，对哲学家来说：宁要伤人的真理，也不要让人舒服的幻觉；宁要杀人的真理（前提是，真理杀的只是我），也不要让人活下去的谎言。对医生而言，想必不同。这只证实了，哲学与医学是两种完全不同的东西。当然，两者都是合理，也是必要的。'个人发展'有时候产生的错觉，会让人以为哲学与医学是同一回事；也就是说，哲学能够治愈，健康足以取代智慧。我一点也不相信这个论点。"读完这段简单、有见地又智慧的话，难道不会使大脑快乐吗？

美 德 ◆ VERTUS

美德，意味着为了符合自己价值观所做的努力。做个贤德之人，并不是偶尔或者不得已时，才做做好事，而是必须凭借意志行善。操守良好，并不会妨碍快乐或满意；相反，实践道德态度时所感受到的正面情绪，证明着诚恳（我并非只是做做样子）以及真实（这确实符合个人价值观）。因此，美德的养成，完全属于积极心理学必要的一部分——美德，带领当事人与周遭的人，一起迈向更幸福的境界。

从事这项主题的研究人员，穷尽各种文化，从各类宗教圣书到哲学论文或礼仪，在所有人类认为必要的优良品质中，费心列表说明。他们总结后得出了六种称之为“崇高”的道德，分别是：智慧、勇气、人道、正义、节制、升华。每项美德都与“力量”联结，精进实践有助于达成目标。例如，以节制来说，实践的力量就是自我掌控、谨慎及谦卑。这些结果都是从大量的研究中评估而来，并且有可能在未来接受考验。然而，积极心理学再次印证了希腊哲学和亚里士多德的信念：“善之于人类，就在于灵魂归顺美德的行动中。”

邪恶 ◆ VICE

亚里士多德认为，邪恶总是成双出现：一是过多，另一则是不足（例如，鲁莽与怯懦，贪婪与挥霍）。在追求幸福的路上，会有什么邪恶呢？一方面可能是过度，也就是痴迷于追求完美：“我真的够幸福吗？不亚于我身边的人吗？我所拥有的是最大的幸福吗？”另一方面则可能来自忽视，也就是带着懒散的面貌（“对我而言，生命实在没有什么用”），或者是带着过动的面貌（“我太忙碌了，无法幸福”）。亚里士多德补充说，在这两个极端之间，存在理想的中庸之道。这不该被视为妥协的区域，而要视作两座深渊之间的山峰。

拉罗什福柯也说：“在善的成分里加入恶，就如在药品里添加毒物。然而，必须小心调和节制，使它能够有效地对抗生活里的罪恶。”拉罗什福柯又点醒迷思，要我们在实践美德时，切记谦虚为怀。这是真的，有时候谦虚里面掺杂了一丝傲慢，就像儒勒·列那尔强调的：“我为自己的谦虚而傲慢……”说得非常真确，就像某些慷慨的行为，单单是为了沽名钓誉。然而，这只不过是个小问题，重要的是，别忘了实践道德行为！

生 命 ◆ VIE

生命美好。生命艰难。以上两种说法，都是正确的。无须尝试建立一个平均值。还不如早早承认，生命里有掴掌，也有拥抱。

旧 衣 服 ◆ VIEUX HABITS

父亲去世以后，我们清空他的衣柜。母亲非常激动，我也十分感伤。然而，让我安慰的是，我拿了一些父亲的衣服，准备继续穿。现下写这几行字时，我身上穿的就是他的一条苏格兰格子长裤，似乎是二十世纪八十年代的时尚风格。每次穿上这条长裤，女儿都会大叫，妻子则叹气微笑。当然，肯定不是因为父亲的衣服把我拱到时尚的尖端。但是，这满足了我的两个基本习性：一是，不要丢掉“还可以穿的”衣服；另外，借着贴身的接触，经常想到“自己的”死亡。每个人都有自己的神经状态——这些旧衣服抚慰我的精神，让我喜乐，至少使我满足又和谐。

老 先 生 ◆ VIEUX MONSIEUR

他是我的一位幸福导师。今天，他也是一位生病的老先生。最近，我有好几次又见到了他。面对这位二十五年来令我受益良多的人，我非常感动。同时也为他担心，因为他年事已高，又罹患危险致残的疾病。他该如何面对这两个隐忧呢？坦白说，我也有点担心自己——担心自己最崇抑的幸福智慧模范，将如何面对人生尽头，如何通过这个一步步逼近的疾病与死亡的撞击考验。

于是，我慢慢聆听并且细细观察他。他老了，行动迟缓，不再神采奕奕。再加上痛苦间或来袭，在他脸上和身上都留下了痕迹。他也显得倦怠，因为我注意到他隐隐地放弃了某些动作（像是捡起掉在地上的物品），或是放弃了某些言语（像是解释一些复杂的事情）。但是，除此之外，有些时候他仿佛苏醒过来似的，脸上明亮了起来，声音清朗，双眼再次炯炯有神。

幸福又回来了，就像阳光穿透云层，又像风突然鼓胀起迟滞的桅帆，再次欢乐地让大船快速前驶。于是，他高兴了起来，对一切又感兴趣，而且还灵思泉涌，传播慷慨仁义。他还是原来的自己，还是我所认识、爱戴敬仰的那个人。快到尽头了，他快要接近生命的终点了。然而，在年华的尘埃之中，他一点也没有弃绝、没有改变，仍然坚持同样的价值观（生命毕竟是值得的，每一次当我们尽可能地微笑，都会让生命更美丽），以及同样的幸福（欢喜地看着生命本质以及周围的一切）。他已经将生命安住得最好了。他尽量让自己活得快乐，并且尽力带给别人快乐。他知道，自己在尘世的日子即将接近尾声。这让他有些悲伤，因为他是如此地热爱生命。但是，这并不妨碍他继续快乐。

我感觉到，温柔和感激之情交织在一起。我觉得自己放心又平静，比以往更有动力追随他的教诲——每当生命给你机会的时候，记得要全力以赴，别忘了要快乐。

老心理医生 ◆ VIEUX PSYCHIATRE

我的教子欧飞，与他的妹妹欧荷来家里作客。我请他们给女儿的鱼换水。排空水族箱之前，他们得用小捞网兜住鱼。他们当然互不相让吵了起来。欧飞是个小心谨慎的男孩，责备欧荷太粗鲁了：“慢点！你想吓死那条大鱼吗！没看到它都那么老了。是不能吓老人的，他们是会被吓死的！”怎么说呢？被逗笑了之后，我也有些被吓到：因为，自己竟然认同这只老鱼，而不是认同小孩！甚至，我也以为他说得有道理，惊吓对我的心脏不好（对任何人也是不好的）。这个有趣的小插曲，倒是个好建议，也好好地提醒了我要注意健康。“听到了吗，老兄！继续努力减轻自己的焦虑吧！”

面孔 ◆ VISAGE

真好玩，我发觉在这本书里（至少在这本入门书的法文版里），面孔一词刚好在橱窗一词之前。我并没有刻意如此安排，即使这会让我高兴。面孔，就是我们情感的橱窗。我们当然可以在任何情况下，学习培养沉着镇定，也就是美国人所谓的扑克脸，即是扑克牌玩家泰然处之的脸孔，希望对手永远不知道自己的感受，不知道自己拿到的是好牌还是坏牌。如果你将生命看做一场规模庞大的扑克牌竞赛，想必是要好好练就一张扑克脸，虚张声势吓唬对手，赢得赌金。否则，宁可把力气花在别的地方，让情绪自由地在脸上呼吸。别忘了，这就跟大脑的运作一样——心灵总是比较容易反刍负面的情绪（胜于反刍正面情绪），面孔也是一样。脸上保持眉头深锁的时候，总是比幸福笑颜的时间来得长。应该试着重新平衡一下了吧！

橱窗 ◆ VITRINE

这是童年记忆里一个伟大的时刻！在塞文山脉（Cévennes）爷爷居住的贡吉（Ganges）小镇上，就在他经常带我去喝石榴汁的里奇咖啡厅对面，当时有一家叫做“杂货”的商店。那里卖的都是一些除食物和衣服以外的东西，像是扫帚、墨水管、平底锅、洗衣粉、梳子……还有玩具！满坑满谷的玩具，真像阿里巴巴的宝穴。那个年代的孩子不像现在的孩子有这么多玩具，因此，当他们面对玩具的时候，就更是怦然心动了。

有一天，我跟爷爷一起散步闲逛到了这家商店前面，橱窗刚刚换新，真是令人叹为观止！橱窗里是一片西部场景，布满数不胜数的“小骑兵”。印第安村落里搭着一个帐篷，还有徒步和骑马的战士；远一些，牛仔们驾着一辆公共马车走近；更远一些，有一座木制的防御碉堡，不禁让人想起了阿拉莫（Alamo）要塞①。很长一段时间，我跟爷爷就这样站在橱窗前面，兴致勃勃地品评着这片场景。就在我们转身要离开的时候，爷爷看了我一眼，诡异地一笑，说：“走，我们进店里去。”爷爷认识贡吉镇里所有的人，因此，我本以为他是要去跟老板闲聊。但是，一进到店里，我就听到爷爷说：“整个橱窗都买了，给这位小朋友！”女店员小心翼翼地把玩具一件一件地装起来，于是，我们就抱着好大的箱子离开了……

真是有趣，当时仿佛浸淫在一阵浓烈快乐的气息中，如此永远定格在内心的记忆里。我当然还有很多其他关于爷爷的记忆，但是，每次回想起来，终究还是这个记忆最令我印象深刻、最让我感动。因为，爷爷一点也不富裕。那一天，他肯定是倾家荡产，只为了延长我们两人共享的那段孩子般雀跃的美好时光……爷爷，感谢你所做的一切。曾经认识你，真是太棒了！

在他人身上，看到正面

VOIR LE POSITIF CHEZ AUTRUI

在我身上，还存留着童年岁月里，在别人面前经常会有的自惭形秽与不

---

① 位于美国得克萨斯州，最早由传教站改成的要塞。得州独立战争时被墨西哥军队包围，在长达十三天的战斗后，墨西哥军队攻占阿拉莫，所有男性抵抗者均被处死；几周后，得州的军队以“铭记阿拉莫”为口号，击败墨西哥军队，得州独立，复加入美国。

知所措（我常常觉得其他人比我聪明、比我好看，或者比我有才华）。我很容易看到他人身上那些令人崇拜赞赏的地方。

在这方面，我只保存了那些年的经验对自己最有益的地方——能够为他人的优点而高兴。并且，避免了最糟糕的一面——在比较之中，我可以欣赏敬佩他人，但不会因此而贬低自己。很幸运的是，我从来不需要经过“优越感情结”那道关卡；也就是，为了不想自惭形秽而不再欣赏他人，甚至不惜蔑视他人。

护窗板 ◆ VOLETS

有一年夏天，昏热的白昼过去之后，睡觉时，所有的窗户都大开着，以便让夜晚的凉风吹进屋里。到了凌晨三点钟左右，一场大雷雨开始阵阵作响。真是再好不过了，可以清凉降温。然而，这倾盆大雨同时也意味着，大开的窗户周围会因为雨点洒进来而积水。雷雨的声响吵醒了我，加上担心会淹水的念头（缺一不可），促使我半梦半醒地从床上起来，巡视屋内并且关上房子里所有的窗户。小女儿也因为同样的原因起身。我问她：为什么在这个时候起床？她解释说自己也是起来关窗户的。在这个家里，就属我们两个是最容易担心的人，所以也难怪会在这个时间点出现。然而，我还是不免想到两件事情。

第一是，她在这样的年纪，竟然已经觉得有责任起身关家里的窗户了（不过，她就是这样，就是如此自动自发、有责任感又有同情心）。第二是，看起来没什么，可是暗地里焦虑却让我们为他人服务。好，我很清楚这种情况，只不过此时又再一次确认了。当另外三位“老神在在”的家人呼呼大睡的时候，我们这两个“忧心忡忡”的人，就上下巡逻，还兼来回拖地。就因为这样，她们可以翻个身继续呼呼大睡。明天早上，那三位爱睡觉的会比我们这两个来得有精神些，更有精力嬉笑打闹。这就是所谓的人才组合，不是吗？

意志 VOLONTÉ

意志，已经不再是心理学上的时髦用语。然而，在积极心理学，还勉强算得上时髦。哲学家阿兰在自己的《谈话录》（Propos）中指出："悲观主义源于情绪，乐观主义则是意志。"对于阿兰来说，毫无疑问，人类的本质是悲伤的，就如空气的实质是清新的一样。因此，他写下了"所有放纵自己的人，都是悲伤的""严格来说，情绪，永远都是坏的"等等。如果我们放纵自己的本性，我们之中的许多人就会顺着斜坡往下走。与阿兰生于同一个时代的纪德（Gide），在著作《日记》（Journal）里建议道："顺着斜坡是很好的，然而，要是上坡才行。"准备努力精进，满怀毅力和谦逊，这些都是提升幸福的方式。还有其他不是我们可以决定的因素，像是依赖运气或是借助他人的好意。我们需要所有能够提升幸福的途径。

悲伤之旅 VOYAGES DE TRISTESSE

悲伤之旅，是指所有踏上悲伤哀愁的旅途，像是探望得了重病的亲人、参加朋友的葬礼等等。这种旅行的基调，是沉重的、痛苦的，亦是怪异的，为生命添加了一种不寻常的重力。这样的旅行，就像走在一片没有鸟叫的森林之中，每一步都不轻松，每一步都不寻常。每一步，都让我们走近痛苦和死亡——担忧即将死亡的心爱之人，也有点思忖起我们自己的死亡。每个细节，都感动着我们，所有的相会都是强烈的。下榻旅馆中接待员的面容、医院护士的眼神；走廊的味道，进入病房以及看见病人的第一眼；或者教堂前的广场，然后是通往墓地碎石子路的声音。

节哀，不要再向痛苦里添加悲伤。轻柔地感受着什么是可以说的，也许是必要说的话。什么是适宜的举止、合适的话语。不要假装掩饰什么，也不要在安慰他人的时候哭泣，不要在应该讲讲天空、阳光、生命的时候，添加沉重。而是感受这一切，扎实地活在当下。

每一秒都诚心专注。每句话、每个缄默，都沉重不已。一句温暖的话语，可以超乎想象地温暖我们的心。而一句中伤的话，也能使我们哀痛不已，一蹶不振，没有什么是轻松的。 每一次的呼吸里，都弥漫着悲惨的气息——这也就是悲剧，提醒着我们，痛苦和死亡，从来都是离笑声和生命不远的。难以形容的混杂心情，交织着悲伤，难以置信，对所有细节的极度敏感，所有的事物都能渗透到内心里面。仿佛呼吸着来自冥界的气息，走在深渊的边缘。然而，鸟儿还是依旧在我们身边歌唱，云彩依旧在高高的天空上飘着。

然后，是归程。一点也感觉不到轻松，只是暂且喘息一下，压力或许比较不那么强烈罢了。而回忆冲撞震撼着我们，让我们完全无法整理出头绪。动物性又原始本能的记忆，充斥着各式的影像、声音、气味、印象、眩晕，以及情感。没有办法赋予这一切任何意义。没有任何意义，仅仅是温柔如棉的痛苦，夹杂着尖锐伤人的刺针，迫使我们更竭力地呼吸，迫使我们更专注地看着火车窗外飞逝而过的一切，让我们重新连接生命。

慢慢消化着自己所经历的一切。感觉好似不可能，或者很难重新拾起生命。但是，我们又很肯定自己能够重新拾起生命。行动，就是最好的止痛剂；行动，可以让我们遗忘这一切。跟死亡世界交锋一遭之后，再次轻而易举地恢复生活，真是让人既放心又不安。

有时候，突然一道强烈的光芒，照亮一切。一个陌生人突如其来的微笑，我们规律的呼吸抚慰着自己，让自己平静下来。抬起头来，看着飘过的云彩。阳光，正从云端小小的裂缝之中，穿透出来……

瓦尔登湖

WALDEN

a b c d e f g h i j k l m n o p q r s t u v W x y z

哲学家梭罗在湖畔住了两年，就住在树林里的小木屋。我梦想去那里：这样好吗？毕竟，不能实现的梦想，总是比较美的……

睡美人列车

WAGON DE LA BELLE AU BOIS DORMANT

在一列清晨的火车上，出发半个小时之后，我从埋读的书里抬起头来，发现了一个惊人的景象：每个人都在睡觉。我还从来没有见过这样的情形，列车里所有的人都睡着了。我觅寻着是否还有另外一些像我这样睡不着而睁开的眼睛。找不到，当下这一刻我是唯一醒着的人。于是，我好好地欣赏眼前这一幕(不确定在生命里,是否常常能有如此的机会)——有些人仰头向后，嘴巴张得大大的；有些人弯着手臂支着头；还有一些人，随着梦境和火车的晃动变换姿势。我抱着好玩又善意的心态，一一看着这些置身梦乡的面孔和身体。几乎对他们满怀着责任感，就像正看着自己女儿小时候睡觉一样。

我很喜欢这样，期望着没有人会走过车厢打扰此刻的宁谧，自己是唯一的守望者；就像起得很早，当大家都还在睡觉的时候，我开始打坐或工作。这并不是什么优越感，而是满足了自己孤独的社会性格——我单独一人安静自若，而其他人就在不远处，对我一无所求。同时也是自我孤独的幸福，又有所连接的幸福。

瓦尔登湖 WALDEN

“我是在马萨诸塞州康考特镇（Concord）瓦尔登湖畔，自己建造的一间房子里，撰写了这本书里大部分的章页。我独自一人住在森林里，方圆一英里之内没有任何邻居。我自给自足，生活了两年又两个月。如今，我又回到了文明生活。”

美国作家亨利·梭罗（Henry Thoreau）的《瓦尔登湖》（Walden）一书，就是这么开始的。在这本自传体的故事里，我们看到作者倾心于极简的幸福，放弃一切不必要的东西。只需一瓦避雨，有东西吃，偶遇其他的人。然而，最主要是在日常生活里与大自然的接触。这就是梭罗两年之中的森林生活，为他带来深沉宁静的幸福。这本经典书籍，迷倒了几代读者，从普鲁斯特到甘地；是当今环保生态运动的灵感源泉，也被奉为“递减幸福”的理想表率。这本书从头到尾，我都喜欢。书中结论之前的最后一句话，真是朴实的典范：“就这样，我结束了第一年的林中生活，第二年与第一年类似。最后，我在1847年9月6日离开了瓦尔登湖。”

华尔街 WALL STREET

“我在阳台上跟一只蚂蚁赛跑，结果我输了。于是，我坐在阳光下，想到华尔街那些家财万贯的奴隶。”这句话显然是克里斯提昂·博班对于简单生活的幸福相对于竞逐财富的混乱，所写下的精辟脚注。

韦伊 WEIL

我正在重读西蒙娜·韦伊的书《重负与神恩》（La Pesanteur et la Grâce）。在书中精彩的序言里，哲学家古斯塔夫·提邦回忆说，韦伊是个不容易相处的人，非常苛刻又理想化。但是，在绝对的理想主义里，她又是多么的超然卓越。伟大的灵魂往往都是如此——难以相处，可是读起来却又让人惊艳。

提邦提到西蒙娜·韦伊如何认为“选择”是“一个低水平的概念”：“必须对善恶同等看待，真正的一视同仁。也就是说，对两者投射一样的关注光线。结果是，善会自动胜出。”接着又进一步提到：“当我仍然游移在做与不做一件恶行时（例如是否要占有向我示好的女人、是否要背叛朋友等等），即使是选择了善，我也一点都没有超越被自己拒绝的邪恶之上。为了让‘善’行完全真纯，我必须超越可悲的游移不定；我行之于外的善，必须确实诠释出自己的内在需求。”西蒙娜·韦伊实在不能算是个随和的人，不是吗？然而，暂且在能够间或做到“纯粹”的善行之际，我们也可以开始做一些不很纯粹的善行。受惠的人，也许不会那么讲究善行的纯度……

担忧 WORRY

一位女性朋友最近送给我一个钥匙环，上面印着一句看起来与我的调调相仿的英文格言（这也就是她会选来当作礼物送给我的原因）：“Live. Believe. Worry a bit.”我翻译成：‘好好生活。保有信念。再加上一点担忧。”这句话看起来倒像是食谱，有主要元素（生活），次要元素（信心），还有让食物更有滋味、不可或缺又有益，但必须只能加入少许的调味料（担忧）。这道食谱与材料比例，完全适合我……

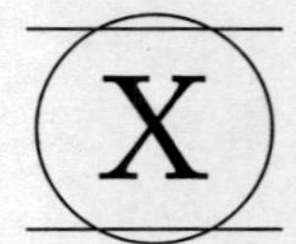

匿名

不幸能够成就精彩的小说。叙述起来高潮迭起，真正经历起来却艰辛万分。幸福的生活会无聊吗？当然不会。只不过是既欢愉又安静罢了。

X　X

X，是匿名的字母。我很幸运，经常能够遇到匿名读者对我的友善举动。我记得在2011年11月的某个星期里，有两个好运从天而降。首先是一张非常大的明信片，重现莫奈（Claude Monet）维特尼的庭院（Le Jardin de Vétheuil）的景致。读者署名乔琪特，然后写着她的姓和居住的瑞士城市。她满怀友善地感谢我的《情绪》（Les États d'âme）一书给她的帮助。但是，她没有留下住址。

第二个好运，是在刚参加完的一个小型发表会上。所有人都离开之后，我才发现一封写着我名字的信，静静地躺在签名会的桌子上，好像随时会被人遗忘了似的。信封里面有一张CD，还有两张明信片，表示感谢我写的书。这张CD精选合辑，多年来陪伴着这位女读者的心情，而她则是低调得差点让人忽略了。同样，这封信也没有留下地址，只是署名桑德琳。

这样的言语举动，每次都深深地触动着我。这样的匿名行为，也总是让我感动不已，甚至让我觉得有点不自在，因为不能够向他们表示感谢之忱。我不禁自问，到底为什么会有这样退缩谦让的举动呢？是习惯了不愿意透露姓名？是痛苦的自我否定？还是来自不想打扰别人的反射行为？匿名，是因为不想为难我回信和致谢？或者是一种完全谦逊的方式——只想感谢我，不期待回报？或者，这是一种智慧的做法，旨在自我遗忘与减轻自我的心理负担？这种自我谦退的方式，一直让我着迷（想必我离这个境界还太远）。我非常高兴，这两位女性读者在这条路上领先了我。感谢乔琪特和桑德琳的教诲。

匿名行动 ◆ X EN ACTION

行善不欲人知，被视为积极心理学里很好的练习。这对行善的一方很好，对受益的一方当然也非常好（一想到有人只希望我们好，不求感恩，至少不求我们直接表达谢意，真是令人高兴）。比方说，留点小费，表示自己满意所得到的服务，即使我们不会再来这家餐厅或酒吧。然而，原则是这动作必须不是为了有所图（像是“留点小费，让人看得起，有益下次光临”等等），而是纯粹想要让别人快乐。一位美籍女同事说，当她心情好的时候，在高速公路收费站，会为自己后车的驾驶员支付通行费。永远不会再遇见那个人，也不会收到他的感谢。行善不为人知，能够让人提高士气，也是美化世界的方法——因为这行动将摒除自私，使群体获益。

词汇借用 ◆ XÉNISME

词汇借用，就是借用另外一种语言，保持原字不变。在自适与幸福的领域，词汇借用之多，真令人惊讶，像是 cool（太帅了）、zen（禅）、top（超厉害）……法国人以爱发牢骚又不擅长幸福著称，也表现在法文这个语言本身的限制上！

喜旱植物 ◆ XÉROPHILE

喜旱植物，就是能够存活在干燥地方的植物。幸福，有时候也必须耐旱，必须像骆驼一样容易知足。就是能够在生活中“穿越荒漠”（大家都知道，荒漠是极其干旱的地方）——在荒漠中，很少被肯定认可、很少成功，有时候甚至连爱情与亲情也很少（意味着最艰难又深远的缺乏）。尽管如此，还是必须不忘记要快乐，不放过饮用所有小小幸福的清凉水源来解渴。

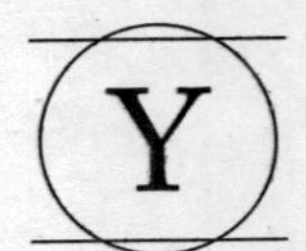

阴阳

YIN ET YANG

a b c d e f g h i j k l m n o p q r s t u v w x Y z

不幸时的幸福是：有人抚慰着你。幸福时的不幸则如：夏日的最后一天。以上两者相随相继，滋养着你的生命。都是好的。

游艇 YACHT

有段时期，我好想拥有一艘游艇。这样的念头并不会常常出现，只有当我在夏日宁静码头漫步的时候，才会兴起。这时候，我希望自己也能在日落时分，听着夏夜暖风送来阵阵帆缆清脆的敲击声，在美丽的甲板上小酌一杯。不过，念头一下子就飞跑了，也不会让我难过。这种几分钟的一阵豪华梦想，让我开心，又不会留下任何苦涩。羡慕有钱人吗？听听圣奥古斯丁曾经怎么说的："我们只看到有钱人所拥有的，却看不到他们所欠缺的。"

没问题先生 YES MAN

没问题先生，是金·凯瑞（Jim Carrey）主演的一出喜剧片的主角。主人翁离婚之后，退缩回自己的世界，拒绝一切别人给他的建议，如出游、参加各类活动等等。无所不在的保护层，毫不犹疑地抗拒生命里逐一到来的新鲜事。除了安全无虞或沉闷不堪的日常例行，他一概拒绝其他所有事物，因此变得匮乏。有一次，接受一位朋友的告诫之后，主人翁报名参加了一个成长营队，学习赞颂肯定的美德与力量。结果，他完全颠覆了自己的生活——不完全是愉悦的事件层出不穷，颠覆了他的判断基准，结果，他的生活添加了许多欢乐，也添加了无穷的压力。

电影很夸张讽刺，然而，传递的讯息却很中肯——为了拒绝而说"不"，通常可以保护我们，但却无法带来滋养；为了接受而说"是"，虽然颠覆我们，但是，也能带来丰富的生活。

阴阳 YIN ET YANG

阴与阳，是中国道家哲学里支配世界的两大原则，也就是全然的互补以及相互依存；两者缺一，就不能存在。阴代表女性，阳则代表男性。积极心理学遵循道的教诲，也提醒人们，幸福的核心里可能会出现不幸，反之亦然。生命经常向我们证实，幸福与不幸两者，不仅相依相随，而且可能缠结一块，或者各自独立。

至少随着时间流逝，有时候，不幸里存在着幸福。就像，今日的失败将成为明日的转机；或者，在家人的葬礼上，大家欣喜能够在哀伤中齐聚一堂。

有些时候，幸福里也夹杂着不幸——就在我们意识到幸福会改变、扭曲，或者离我们远去的时候。例如，那些看着孩子长大离家的父母，因为孩子有能力展翅高飞而感到快乐，同时也不免带着轻微的不快乐，因为他们知道，在日常生活里，不久就得与孩子们分开了。

太极图，象征二元性，也象征阴与阳之间相互依存以及相互融合。

太好了！ YOUPI!

除非是在烂书，或者是在烂片里，否则没有人会再用“Youpi!”这个表达热情的口头语了[①]。这个词的起源已经不太可考，应该是个借用词汇，就像在积极心理学里有许多借用词汇一样，像是英文里的 Whipee 或美式英语里的 Yippee，都是热情的呼喊。而你呢，什么才是你内心或外在的热情欢呼声呢?

① 法国年轻人已经不再使用 Youpi 一词了。

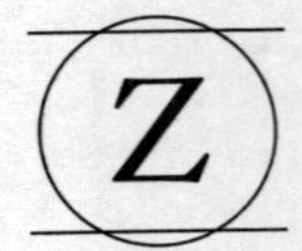

禅

ZEN

abcdefghijklmnopqrstuvwxy Z

禅之道：精进以期减轻负担。不要试图解决一切，让死结慢慢销蚀吧。生命的每一天，坐下来，沉思，打坐。我在。

转 台 ◆ ZAPPER

起初，电视观众是为了避开广告而转台。在英语里，to zap 是指开始“屠杀、射击、除掉”。之后，这个字被用来形容以一种快速又肤浅的方式，从一个节目跳到另外一个节目，不仅仅在广告的时段，而是，只要当节奏放缓或者缺乏兴趣的时候，就会转台（结果，导演就把原本每三分钟的高潮频率，调制成每三秒钟切换一次影像）。最后，转台的意思就变成，只要注意力降低就改变想法或主题。所有关于这个现象所进行的研究都证实：无论对专注力、智力还是幸福感而言，思维切换的习惯都是有害的。

斑 马 ◆ ZÈBRES

几年前，美国有一本畅销书如此问道：“为什么斑马不会溃疡？”这个问题比乍看之下显得更重要。想象一下，如果你自己变成了斑马……生命势必经常受到威胁，因为在你生活的大草原上，你是大型食肉动物最喜欢的猎物。狮子总是以你为狩猎的对象，而你通常都能够死里逃生，但是仍然不免惊险万分！在你心里，可能会有很多可怕的记忆。每天夜晚，都会从差一点被攫住的连连噩梦边缘惊醒过来。下一回，当你到水边解渴的时候，总是会非常焦虑地想着：万一有狮子（或者更确切地说，是母狮子，因为猎食是它们的工作）躲在角落里伺机而动呢？

总之，如果斑马有像我们一样的大脑，它们很可能满是溃疡。因为，它们不仅是被狮子追逐的时候会焦虑，甚至在被追逐之前以及之后都会焦虑。也就是说，它们一辈子都会生活在焦虑之中。幸好，它们的大脑不像我们这样运作。斑马没有溃疡，因为它们只活在当下。只有在危险的当下，它们才万分焦虑。一旦危险过了，就不再焦虑，只享受眼前。我们实在应该学会像斑马一样……

禅 ZEN

事实上，大乘佛教分支下的禅，一点也不好玩，一点也不轻松！总之，一点也不禅。到底是在怎么样的情况下，让“禅”在我们的想象，以及我们所使用的词汇中，竟然与轻松的概念联结在一起呢？无论是石头宗，半闭双眼、面壁冥想数小时，还是临济宗，以大家无法解决的矛盾悖论著称的公案，任其溶解于虚空里。

说实话，禅，一点也不轻松，而是非常严苛的。然则，禅也有让我们接近幸福愿景的地方——像所有大乘佛教的教理，禅宗主张众生本身皆有能力达到觉悟。除此之外，没有其他要实现或发现的了。只需要从空无中解脱自己，超越那些阻塞生活以及心灵的长物就可以了。就像圣埃克苏佩里（Saint-Exupéry）所说的：“看来，达到完美的境地，并不是不再需要补充什么；而是，没有什么可以删除了。”对于幸福来说，不也是一样吗？

变焦放大 ZOOM

一个完美的夏日午后，不太热，带点暖风，也没有扰人的苍蝇在我身边飞旋。就这样躺在花园的草地上，隐约思忖着要阅读或是午睡一下。但是，在此之前，我端详起紧贴着地面的景象——那是一片欢乐的丛林，不可思议地混合着植物风光，由各类青草以及野花所组成。里面隐藏着勃勃的生机，有或漫步或做工的昆虫。然而，匆忙或紧张的眼睛，看不见这样充满振动能量的生活景致。灵魂向我低语："真美。"身体向我轻诉："真好。"身心两者都要求我在那里多待一会儿，尽力将鼻子贴近土地。我觉得自己不仅仅是在欣赏，或者转变想法。而是，正在与生命的力量连接。很难用言语来形容清楚。我不禁想起了韩波（Rimbaud）以及他的诗作《感觉》（Sensation）。你是否也愿意，我们以此诗，作为这本幸福指南的结语呢？

夏夜湛蓝之际，我会走上小径，谷穗轻刺着，我踩过浅草：爱梦想的我，会感觉到丝丝的凉意滑过脚边。任由风儿梳理抚触我的头。我不发一语，也不想什么，但是无限的爱，直袭灵魂；我将远游、远游，像那吉卜赛人，快乐地漫步于大自然里——仿佛有女子并肩同行。

结 语

当我死去的时候

在雪雨交织的加油站里，等待着装满汽车油箱之际，我突然想到，自己还活着；天上荣耀，随即转化了眼前所见到的一切。不再有什么是丑陋的，也不再有什么是令人无动于衷的了。我终于了解，被剥尽一切的频死之人。我要代替他们品尝，并且默默献上每一秒钟无情的壮丽。

——克里斯提昂·博班，《天空废墟》

我常常会想到自己的死亡。

我记得很清楚，自己第一次与死亡的相会，是在一个令人惊恐又害怕焦虑的夜晚。当时，还是小男孩的我，脑海里突然爆发这样的想法：有一天，你也会死，永远消失，再也不会回到这个世界。我记得很清楚那个夏天的夜晚，那个房间，自己睡觉的那张床。还有，自己那样的痛苦和深不可测的寂寞。我不记得，被我哭泣的睡梦惊醒过来的父母，是否对我说了什么安抚的话，只记得被焦虑紧紧地攫住，然后放开，好似一个可怕坚实又有力的手腕，抓住了一只无忧无虑飞翔的麻雀，然后释放："鸟儿，没什么好急的；我会再找到你的。"那次以后，这样的焦虑从来没有离开过我。之后，我的专业也让我知道，这样的焦虑不会放过任何人。没有人可以逃脱。真的没有。

因此，就像所有人一样，我常常会想到自己的死亡。这就是为什么，我也像所有人一样，如此热爱幸福。面对未来终有一天会消失的事实，面对这个隐秘又持续的意识，幸福就成了无可匹敌的解药。相形之下，金钱、名誉、肯定、崇拜，不过是为了让人暂且遗忘事实的平凡药水。就像那些多糖饮料，是无法真正解渴的。唯有幸福，才是灵汁，让我们享用生命的况味，并且让我们有力量知道死亡的存在。就像清水活泉安抚着我们，总在生命和生活的某个地方，源源不断地流着。

一个春天的早晨。

今年的冬天非常严酷难熬，有时候甚至十分凄楚。亲人去世，我生病。这两件事情不能相提并论，但是却一起到来。儒勒·列那尔在《日记》一书中写道："病痛，是死亡的练习。"随着年龄的增长，我们觉得自己老了。长久以来，病痛只不过是可以不去上学的借口罢了，终究是会痊愈的。如今，疾病却变得像战争里没有射中我们的子弹；会让我们受伤，却不会要我们的命。是在向我们宣布故事的结束，对我们耳语："该准备离开了。"我们只需倾听病痛，微笑，然后继续前行。

春天。就在今天早上，在身体的每一个细胞里，明显而强烈地感受到春天的到来。

窗户大开，敞向星期天早晨的空气与光线，也敞向星期天的乐章。我辨识出星期天早晨里，千般喧嚷中特有的安静。太阳出来了，风有点凉，但是慢慢就会变得温煦。在家里，各人做着各自的事情。孩子们玩着，我们可以听见他们的欢声和笑语，不断从一个角落游移到另外一个角落。远处传来手摇风琴微微哀伤的曲调，旋绕着一缕智慧的悲伤，是一种让人还会想要生活与微笑的悲伤。

待会儿，朋友们来家里午餐，我们会品点好酒，一起谈天说地。霎时，我会从谈话中抽离出来，面带微笑云游去了。我会意识到鸟儿高歌，还有虫儿啃噬园里花卉的窸窣。我还会察觉到，蜜蜂沾满了花粉，从花朵里退出来。我会想到蜂蜜的奇迹。自己身边的谈话声，化为嗡嗡的幸福快乐，我甚至不会想要明白这到底意味着什么。

邻近的教堂，钟声响起。

我不再需要任何事物。就在当下这一刻，我现在就可以死去。我已经见识到了幸福。我常常猜想着，幸福到底是什么模样；也常常感觉到，幸福的存在。我常常听到幸福在我身旁呼吸，或者就在我身后。我可以离开了。可以把自己的位置让给别人。我已经享用了自己该有的份额。降临在我身上的一切，就像一连串令我受之有愧的恩典；然而，随着不断攀升的奇迹，我甘之如饴。最终，我会在喜悦中死去。

我真的很想知道，在生命的另一边，我会发现什么……

著作权合同登记号 桂图登字：20-2014-167号

图书在版编目（CIP）数据

记得要幸福 /（法）克里斯托夫·安德烈著；慕百合译．—南宁：广西科学技术出版社，2017.9
ISBN 978-7-5551-0778-1

Ⅰ．①记… Ⅱ．①克… ②慕… Ⅲ．①成功心理－通俗读物 Ⅳ．①B848.4-49

中国版本图书馆CIP数据核字（2017）第080252号

JIDE YAO XINGFU
记得要幸福

作　　者：［法］克里斯托夫·安德烈
翻　　译：慕百合
装帧设计：lemon
产品监制：陈恒达
责任编辑：陈恒达　冯　兰
责任审读：张桂宜
版权编辑：王立超
责任校对：曾高兴
责任印制：林　斌

出 版 人：卢培钊
出版发行：广西科学技术出版社
社　　址：广西南宁市东葛路66号
邮政编码：530022
电　　话：010-53202557（北京）　0771-5845660（南宁）
传　　真：010-53202554（北京）　0771-5878485（南宁）
网　　址：http://www.ygxm.cn
在线阅读：http://www.ygxm.cn

经　　销：全国各地新华书店
印　　刷：北京富达印务有限公司
地　　址：北京市通州区潞城镇庙上村
邮政编码：101117
开　　本：880mm×1240mm　1/32
字　　数：377千字
印　　张：14.25
版　　次：2017年9月第1版
印　　次：2017年9月第1次印刷
书　　号：ISBN 978-7-5551-0778-1
定　　价：48.00元